相干探测光学成像技术

Coherent Detection Optics Imaging Technology

李道京 崔岸婧 高敬涵 吴 疆 著

国防工业出版社

·北京·

内 容 简 介

相干探测光学成像技术，即基于激光本振相干探测体制的光学成像技术，可同时获取目标相位信息，包括主动激光成像和被动红外成像两种重要方式，在运动目标成像探测和遥感对地观测等领域具有广阔的应用前景，其成像处理在数字域，近年来已成为计算光学成像的重要形式和研究热点。

本书共分4章，介绍了相干探测光学成像技术概念特点和应用方向。针对主动激光成像，基于单元探测器和阵列探测器，系统地论述了合成孔径激光成像、稀疏采样激光成像、子镜结构激光合成孔径成像技术。针对被动红外成像，阐述了红外综合孔径成像和红外合成孔径成像技术。介绍了相干探测光学成像验证实验情况并给出了数据处理结果。

本书是作者近年来对相干探测光学成像技术及其应用研究的工作总结，适合于从事激光雷达、红外相机和信号处理等领域科技人员参考使用，也可作为高等院校相关专业的教学和研究资料。

图书在版编目（CIP）数据

相干探测光学成像技术 / 李道京等著. -- 北京：国防工业出版社, 2025. 4. -- ISBN 978-7-118-13593-0

Ⅰ. TN911.23

中国国家版本馆 CIP 数据核字第 2025B99B33 号

※

国防工业出版社出版发行

（北京市海淀区紫竹院南路23号　邮政编码100048）
三河市天利华印刷装订有限公司印刷
新华书店经售

*

开本 710×1000　1/16　　印张 16　　字数 289 千字
2025 年 4 月第 1 版第 1 次印刷　　印数 1—1500 册　　定价 99.00 元

（本书如有印装错误，我社负责调换）

国防书店：(010) 88540777　　书店传真：(010) 88540776
发行业务：(010) 88540717　　发行传真：(010) 88540762

前　言

相干探测体制具有探测灵敏度高、可同时获取目标相位信息的优点，目前相干探测体制在微波成像领域已获得广泛应用。光波和微波都是电磁波，光学成像和微波成像原理相同，将相干探测体制引入光学成像，对基于电磁波的微波和光学成像探测技术融合发展，具有重要意义。

相干探测光学成像技术的成像处理在数字域属于计算成像，这将使传统光学系统的共焦共相问题在数字域解决，由此可大幅降低对微调机构等硬件的精度要求，便于工程实现，深入研究相干探测光学成像技术对先进光学系统的发展也有重要的推动作用。

本书是作者近年来对相干探测光学成像技术及其应用研究的工作总结，主要内容涵盖了国内外研究进展以及作者在此领域最新的研究结果，主要特点如下。

（1）系统地介绍了相干探测光学成像技术的概念内涵和应用方向，明确了关键技术。

（2）关于主动激光成像，基于单元探测器和阵列探测器，系统论述了 SAL/ISAL 成像和子镜结构激光合成孔径成像技术，分析了天基 SAL 和地基 2m 衍射口径 ISAL 的系统方案和性能，对实际系统的研制具有一定的参考价值。

（3）论述了相干探测红外成像技术，介绍了红外综合孔径成像方法和红外合成孔径成像系统设计方案，提出了光学合成孔径成像新的技术途径。

本书的主要内容由李道京等负责撰写。李道京确定了相干探测光学成像技术研究思路和本书内容框架，撰写了第 1 章内容，参与了第 2、3、4 章的撰写工作。

崔岸婧撰写了第 3 章主要内容、第 2 章 2.4 节和第 4 章 4.3.5 节与 4.3.7 节；高敬涵撰写了第 2 章主要内容和第 3 章 3.4 节；吴疆撰写了第 4 章主要内容。

感谢西安电子科技大学邢孟道教授、邵晓鹏教授、全英汇教授、刘飞教授、肖国尧副教授、孙艳玲副教授在信号处理、光电探测器设计工作给予的支持和帮助！

感谢中国科学院长春光机所丁亚林研究员、姚园研究员、谭淞年副研究员和王烨菲助理研究员，在光学系统设计工作给予的支持和帮助！

感谢中国科学院成都光电所鲜浩研究员、魏凯研究员、高晓东研究员在激光试验工作给予的支持和帮助！

感谢中国科学院国家天文台姜爱民研究员、莫小范副研究员在光学合成孔径研究工作给予的支持和帮助！

感谢中国科学院理化研究所王志敏副研究员、上海科乃特激光科技有限公司雷蓉工程师在激光器研究工作给予的支持和帮助！

感谢西南技术物理研究所周鼎福研究员、柯尊贵研究员、杨泽后研究员、杨峰研究员在激光雷达和焦平面探测器研究工作给予的支持和帮助。

在本书的撰写和研究过程中，作者得到了中国科学院空天信息研究院仇晓兰研究员、李亮研究员、王宇研究员、吴谨研究员、种劲松研究员、尤红建研究员、吴淑梅副研究员、杨宏高级工程师、牛云峰高级工程师、赵亚威助理研究员、中国科学院国家空间科学中心郗莹高级工程师等领导和同志的指导、帮助和鼓励，在此向他们表示最诚挚的感谢！

本书的撰写和出版，得到国家自然科学基金项目的资助，在此表示感谢。

相干探测光学成像技术还在不断完善和发展之中，本书介绍了作者的一些研究结果。限于作者水平，书中不足之处和错误一定不少，恳请读者批评指正。

目 录

第1章 绪论 ······ 1
1.1 概念和内涵 ······ 1
1.2 研究意义 ······ 1
1.3 研究进展 ······ 2
- 1.3.1 相干探测激光成像 ······ 2
- 1.3.2 相干探测红外成像 ······ 9

1.4 本书的内容安排 ······ 21
参考文献 ······ 21

第2章 单元探测器激光成像 ······ 25
2.1 引言 ······ 25
2.2 机载衍射光学系统 SAL 成像探测 ······ 26
- 2.2.1 样机系统设计 ······ 26
- 2.2.2 系统性能分析 ······ 29
- 2.2.3 信号处理和仿真 ······ 31
- 2.2.4 飞行实验数据处理结果 ······ 37

2.3 地基多偏振 ISAL 成像处理 ······ 42
- 2.3.1 激光信号退偏效应和基于顺轨干涉处理的运动补偿 ······ 42
- 2.3.2 偏振实验系统组成和信号处理流程 ······ 47
- 2.3.3 运动目标多偏振 ISAL 成像结果 ······ 50

2.4 天基 SAL 系统分析 ······ 55
- 2.4.1 系统功能和组成 ······ 56
- 2.4.2 工作模式和流程 ······ 63
- 2.4.3 系统指标分析 ······ 64

V

  2.4.4 目标速度参数估计 ··· 73
  2.4.5 成像仿真 ··· 82
 2.5 地基 2m 衍射口径远距离 ISAL 系统分析 ···················· 85
  2.5.1 系统指标 ··· 85
  2.5.2 系统方案 ··· 85
  2.5.3 性能指标分析 ··· 88
  2.5.4 地基大口径 ISAL 探测性能验证实验 ················· 93
 2.6 小结 ··· 98
 参考文献 ··· 99

第 3 章 阵列探测器激光成像 ·· 102

 3.1 引言 ··· 102
 3.2 直接阵列探测器 ISAL 成像 ······································ 103
  3.2.1 直接阵列探测器与相干阵列探测器对比分析 ······· 103
  3.2.2 基于时分相移数字全息的复图像形成和 ISAL 成像 ······· 106
  3.2.3 基于激光回波信号相位调制的复图像形成和
     ISAL 成像 ··· 116
  3.2.4 基于激光本振相位调制的复图像形成和 ISAL 成像 ······· 130
  3.2.5 激光复图像形成及其 ISAL 成像室内桌面物理实验 ······· 138
 3.3 空间域稀疏采样 ISAL 成像 ······································ 147
  3.3.1 基于单次观测的 ISAL 成像 ··························· 147
  3.3.2 基于重复观测的 ISAL 成像 ··························· 149
 3.4 子镜结构激光合成孔径成像和验证实验 ···················· 159
  3.4.1 子镜结构实验样机 ·· 159
  3.4.2 成像方法和处理结果 ···································· 159
 3.5 小结 ··· 164
 参考文献 ··· 165

第 4 章 相干探测红外成像 ·· 169

 4.1 引言 ··· 169
 4.2 红外综合孔径成像 ··· 170
  4.2.1 红外综合孔径成像原理和方法 ························ 170
  4.2.2 五通道红外综合孔径成像系统设计和实验 ········· 172

4.3 相干探测红外合成孔径成像 182
4.3.1 相干探测红外合成孔径成像原理和方法 182
4.3.2 稀疏阵列红外合成孔径成像处理 184
4.3.3 观测性能分析 192
4.3.4 三孔径红外合成孔径成像系统设计和仿真 195
4.3.5 三孔径红外合成孔径成像复图像形成实验 216
4.3.6 静止目标三孔径红外合成孔径成像实验数据处理 232
4.3.7 相对运动目标三孔径红外合成孔径成像实验数据处理 238
4.4 小结 243
参考文献 243

第1章

绪　　论

1.1　概念和内涵

相干探测光学成像技术，即基于激光本振相干探测体制的光学成像技术，可同时获取目标相位信息，包括主动激光成像和被动红外成像两种重要方式。

现有基于单元探测器和激光本振相干探测体制的合成孔径激光雷达（Synthetic Aperture Ladar，SAL）/逆合成孔径激光雷达（Inverse Synthetic Aperture Ladar，ISAL）与红外射电干涉成像概念，就是相干探测光学成像技术的两种重要形式，可看作主动合成孔径雷达（Synthetic Aperture Radar，SAR）成像和被动射电成像两种微波成像方式在光学波段的应用，由于其借助信号处理技术实现成像，也属于计算光学成像范畴。

随着技术的发展，将相干探测体制从单元探测器扩展到阵列探测器，即可获取带有相位信息的目标复数图像，这不仅会完善相干探测光学成像技术而且将促进计算光学成像研究。

1.2　研究意义

深空探测、天文观测和高轨对地观测均需要大口径望远镜，制造大口径望远镜难度较高，需考虑通过一系列易于制造的小口径系统组合拼接形成大口径光学系统，由此形成光学合成孔径成像技术[1]。

目前基于光学合成孔径的大口径望远镜主要分为拼接成像和干涉成像两大类，拼接式望远镜本质是通过多个小口径望远镜拼接获得大口径对应的成像分辨率，干涉式望远镜则是通过对两个或多个小口径望远镜信号的干涉处理（互相关）实现与基线长度对应口径的成像分辨率，两者成像分辨率的实现方式虽有一定区别，但其应用效果基本相同，目前都得到发展和应用。拼接式典型代表为已发射的詹姆斯韦伯望远镜[2]，干涉式典型代表有欧洲航天局（European Space Agency，ESA）提出的达尔文阵列望远镜[1]。其光学合成孔径过程为对多个子口径信号先进行相干合成，成像后实施光电探测模数转换（Analog – to – Digital Converter，ADC）采样，其成像主要依赖于硬件实现，对光路微调机构精度有较高的要求。

干涉成像是光学合成孔径成像的基础。地基望远镜的实际应用表明，传统红外波段长基线干涉成像技术不成熟[3]，多数望远镜还要靠增大望远镜口径来提高自身分辨率。传统干涉成像困难的主要原因在于：红外信号是宽带噪声信号，即便两个望远镜的信号是同时采样的，两望远镜空间位置不同导致的波程差（延时），也会使两个信号存在时差而去相干，且光谱范围（带宽）越大，越容易去相干。

借鉴干涉型射电望远镜实现结构，设置波长可调谐激光本振相干探测器，可形成新的基于相干探测的红外干涉成像系统结构，其干涉成像处理在光电探测 ADC 采样后通过计算机完成[4]。激光本振和相干探测器设置后，激光作为载波不仅可保证两个望远镜红外信号相位的正确传递，而且可在电子学实施窄带滤波形成窄带红外信号有利于干涉成像。与此同时，激光本振的引入，将大幅提高红外系统探测灵敏度[5]。在此基础上，可形成基于激光本振相干探测的红外合成孔径成像技术，使红外合成孔径成像在 ADC 采样后的计算机上用软件实现，大幅降低对机械微调机构的精度要求，提高大口径望远镜工程实现的可行性。

显然，当激光本振波长固定时，除用于存在相对运动条件下的 SAL 和 ISAL 成像外，相干探测体制也可用于子镜结构激光合成孔径成像，应用前景广阔。

1.3 研究进展

1.3.1 相干探测激光成像

随着激光技术的发展，激光雷达作为现代雷达的一种，目前已得到快速发展和广泛应用，其典型应用包括目标探测[6-7]、SAL/ISAL 成像目标成像与识别[8]、地形测绘[9]和水深测量[10-12]、风场测量[13]和微动检测[14]等。激光信号相干性的提高，已使微波雷达常用的相干探测体制可用于激光雷达，极大地提升激光雷达的系统性能，未来有可能在没有大气影响的空间应用[15-17]中发挥不可替代的作用。

基于单元探测器光纤结构的相干激光雷达的重要特征为，采用激光本振相干探测，可同时获取信号的幅度/相位完整信息，并通过平衡探测器实现混频和共模抑制。激光本振的存在使其探测灵敏度高，抗干扰能力强，探测性能在原理上远优于单光子探测器。

相干探测激光成像主要包括 SAL/ISAL 成像、激光三维成像和子镜结构激光合成孔径成像三种形式，涉及单元探测器和阵列探测器。

相干探测体制同时还可用于目标探测激光雷达，典型的如片上调频连续波（Frequency Modulated Continuous Wave, FMCW）波形激光雷达，和传统的飞行时间（Time of Flight, TOF）型激光雷达相比，其发射峰值功率低抗干扰性能好。对 TOF 型激光雷达，通过增设激光本振，原理上也可实现相干探测获得高的探测灵敏度，同时提高抗干扰性能，其可发射高重复频率窄脉冲的特点，也有利于抑制目标/平台振动影响。

1. SAL/ISAL 成像和存在问题

作为相干探测激光成像的重要形式，SAL/ISAL 成像的研究历史可以追溯到 20 世纪 60 年代，其基于激光本振相干探测的成像原理及技术实现方法，为子镜结构激光合成孔径成像奠定了基础。

国外地基 ISAL 工作一直在持续，其应用方向扩展到 GEO 目标成像观测。2013 年，美国国防部与 Raytheon 公司签订合同，宣布由其研制远距离成像激光雷达，用于对地球同步轨道目标进行 ISAL 成像。国外同时对关于合成孔径激光成像方式、信号产生和振动抑制关键核心技术也进行了深入研究，其实际系统研制工作不断深入推进。2018 年，美国报道了 EAGLE 计划中的工作在 GEO 轨道天基 ISAL 成功发射，其发射再次表明了此项技术的意义以及美国对此持续研究的进展。

我国的很多大学和科研机构都展开了 SAL/ISAL 成像技术的研究工作，已取得了一定的研究进展，但目前看国内的相关技术水平距离实际应用还有很大差距。关于系统体制（包括波形和宽视场接收）、探测性能、激光信号相干性保持等重要问题和技术途径，我国在 SAL/ISAL 领域的研究人员还未形成共识，目前仍处于多方案自由研究状态，对一些关键科学问题的认识亟待提高。

2. 相干探测系统设计考虑

相干探测系统设计要考虑的因素较多，如波形和偏振选择、信号处理方法等，对 SAL/ISAL 来讲还有运动补偿方法、激光信号的相干性保持和宽视场观测实现问题。

大气气溶胶对激光有散射回波，在大气层内工作的远距激光雷达若使用连续波信号，会产生探测灵敏度损失，要首选脉冲信号。由于激光波长比微波短4个数量级，振动和平动产生的多普勒频率很大，微波雷达常用的 FMCW 波形和去斜接收方法应难以适用，很多文章和方案中的去斜接收和转台成像模型没有实际应用条件。

FMCW 波形本质是时－频耦合低重复频率瞬时窄带信号，回波频率变化会导致测距误差，大调频率下其有效测距范围很小，实际应用过程中在接收端去斜操作对本振延时精度有较高要求，原理上属于瞬时窄带接收系统。假定用于车载相干探测激光雷达，在 $1.55\mu m$ 波段，对速度为 30m/s（100km/h）运动目标，多普勒频率高达40MHz，此时目标运动产生的多普勒频率，已和相干探测系统设计考虑距离延时产生的差拍频率接近，若要探测回波频谱变化范围较大的运动目标，就必须增大去斜接收后的系统带宽，但这将会失去斜接收可降低 ADC 采样速率的优势。对车辆目标，在 $1.55\mu m$ 波段其振动产生的多普勒频率在30kHz量级，这接近 FMCW 波形重复频率的振动会导致对目标的测距/测速性能大幅下降，即便采用三角波调频方法在原理上也会存在测量误差。

以上分析表明，在激光波段的相干探测系统应设计成瞬时宽带接收系统，其波形可选为宽带二相编码（Binary Phase Shift Keying，BPSK）脉冲信号。

相干探测对偏振有严格要求，由于大气对激光有退偏，大部分地物对激光也有退偏，接收仅有一路线偏振的激光雷达可考虑发射圆偏，在有限偏振接收通道数量的条件下，这样可将退偏造成的能量损失减少到最小。

激光波长短至微米量级，雷达或目标微米量级的振动都会在 SAL/ISAL 的回波信号中引入较大的振动相位误差，导致成像结果散焦。在激光波段，几乎任何目标表面都是粗糙的，难以存在孤立的强散射点，这使传统的自聚焦方法缺乏使用条件。采用顺轨干涉处理方法进行振动相位误差估计并实施误差补偿[18]，进一步发展为正交基线干涉处理运补[19]，是解决问题的重要措施，其有效性已经实验验证[20]。

激光频率比微波频率高4个数量级以上，相对微波信号，激光信号的相干性从原理上就较差。目前激光信号线宽在千赫兹量级，远大于微波信号慢时频率分辨率，这严重制约了 ISAL 对远距离目标的高分辨率成像能力。设置用于大功率发射信号相位误差校正的发射参考通道，同时设置本振参考通道用于本振信号数字延时处理实现激光相干性保持，可保持激光信号相干性[21-22]。

信号处理应充分借鉴现代微波雷达的成熟技术，在距离向（快时间）划分距离门，对同一距离门，在慢时间（不同重复周期）对回波信号做相干积累，可同时保证距离分辨率和多普勒测速精度，文献［14］介绍了 ISAL 对近距运动目标成像和其微动多普勒特征检测情况，该信号处理方法值得现有风场测量多普勒激光雷达参考。

3. 扩束下的作用距离方程

光纤结构下 SAL/ISAL 实现宽视场接收一直是争论的焦点，由此也产生了多种接收方式。要特别说明的是，使用多个单元探测器简单拼接实现宽视场，不能体现光学探测器物理结构特点，很难成为有效方案。在目前有限视场需求下，应首选束散角展宽方式[23]。扩束方式微波雷达常用[24]，其技术实现容易，可用收发互易解释，物理概念清楚。扩束带来接收增益损失，有可能影响小信号的 ADC 采样，在电子学实施合理的增益补偿即可[25]。

此外，在远距离探测条件下，传播介质和目标的退偏效应也会影响探测性能。在此基础上，激光雷达作用距离方程可以表示为

$$R_{SN} = \frac{\eta_d \cdot \eta_{wid} \cdot \eta_{sys} \cdot \eta_{ato} \cdot \xi \cdot P_t \cdot G_t \cdot \rho \cdot A_t \cdot A_r}{4\pi \cdot \Omega \cdot R^4 \cdot F_n \cdot h \cdot f_c \cdot B} \cdot (T_p \cdot B_s) \cdot (T_{sa} \cdot B_d)$$

(1.1)

式中　P_t——发射信号峰值功率（W）；

$G_t = \dfrac{4\pi}{\theta_a \theta_e}$——发射增益（W）；

θ_e——俯仰向发射波束宽度（rad）；

θ_a——方位向发射波束宽度（rad）；

R——激光雷达与目标之间的距离（m）；

ρ——目标平均反射系数；

A_t——目标有效照射面积（m²）；

Ω——目标散射立体角（rad）；

$A_r = \pi D^2/4$——接收望远镜的有效接收面积（m²）；

D——接收望远镜口径（m）；

η_{ato}——双程大气损耗因子；

η_{sys}——系统损耗因子，包括电子学损耗和光学损耗；

η_{wid}——收扩束损耗因子；

ξ——偏振损耗因子；

F_n——电子学噪声系数；

f_c——激光频率（Hz）；

h——普朗克常数；

B——信号带宽（Hz）；

η_d——探测器的光电转换效率；

$T_p \cdot B_s$——快时间相干积累（脉冲压缩）增益；

T_p——脉冲宽度（s）；

B_s——快时信号带宽（Hz）；

$T_{sa} \cdot B_d$——慢时间相干积累增益；

T_{sa}——相干积累时间（s）；

B_d——脉冲重复频率（Hz）。

对相干探测体制激光雷达，探测灵敏度可由等效噪声功率来进行表征，相干探测体制下散粒噪声功率占据主要部分，其等效噪声功率可以表示为 hf_cB，目标的成像探测信噪比在 ADC 后的信号处理中可通过快慢时间的相干积累来进一步提升（至少大于 50dB），为避免探测灵敏度损失，系统设计要保证回波功率和等效噪声功率都应大于 ADC 量化功率门限，设置足够的电子学增益对保证系统探测性能具有重要意义。

在扩束条件下，文献［26］介绍了对合作车辆目标二相编码 BPSK 脉冲信号顺轨干涉运补成像情况，在俯仰扩束外视场顺轨干涉处理条件下，结合子孔径 Range – Doppler 算法和 Stolt 变换几何校正实现了基于 BPSK 的 70m 距离 73°大斜视角高反射率运动目标 ISAL 成像，如图 1.1 所示。回波数据时长 1.2s，成像分辨率（4cm）优于方位波束宽度对应的实孔径分辨率（10.5cm），可补偿的激光多普勒中心频率约 6.4MHz，振动信号频率范围大于 30kHz，运动补偿有效提高两个通道复数图像的相干系数。

图 1.1　贴有高反射率纸的汽车照片、扩束光斑和对高反射率目标 ISAL 成像结果

提高上述实验系统的电子学增益，发射垂直偏振激光 BPSK 脉冲信号，在垂直和水平偏振接收条件下对贴有高反射率纸三轮车的 ISAL 成像结果如图 1.2 所示。

在该实验中，收发俯仰扩束后束散角约为3°，回波数据时长1.4s，基于顺轨干涉补偿的激光振动信号频率范围约50kHz，成像距离分辨率15cm，方位分辨率在毫米量级。从ISAL成像结果看，没有高反射率之处三轮车目标成像轮廓也较为清楚，表明了电子学增益提高后简洁扩束方法的有效性。

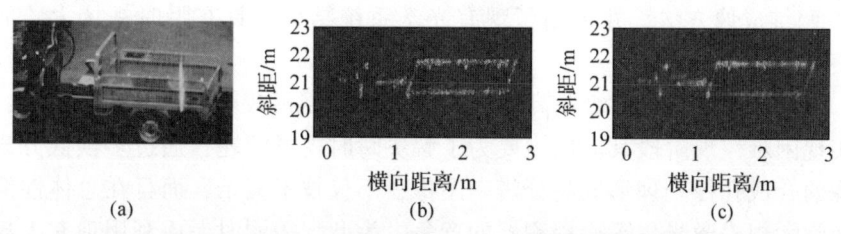

(a)　　　　　　　　(b)　　　　　　　　(c)

图 1.2　贴有高反射率纸三轮车红外照片、发射垂直偏振激光时垂直和水平偏振接收通道的 ISAL 成像结果

不同偏振实验表明[27]，激光退偏现象明显，采用圆偏振激光发射时效果略好，两个接收通道成像结果相较于垂直偏振激光发射时图像熵有所减小，对比度有所增加。

4. 衍射光学系统和激光/红外复合成像

激光"单色"的特点，使激光雷达特别适合使用衍射光学系统，典型的如轻量大口径衍射薄膜镜[28]。中国科学院空天院联合中科院长春光机所研制出了衍射薄膜镜+全光纤光路多通道相干激光雷达原理样机，并开展了SAL/ISAL成像试验工作[20,29]。该衍射光学系统样机激光中心波长1.55μm，具有1发4收视场部分重叠功能，每组单模光纤接收波束宽度3~5mrad，通过激光频率变化可调整接收波束宽度[25]。为具备主被动探测、宽视场普查、窄视场详查结合能力，该样机研制成为激光/红外双波段复合共口径成像系统，体现了光电成像技术发展特点。

5. 阵列探测器及其应用

2020年美国Point Cloud公司基于硅光芯片的FMCW激光雷达相干阵列探测器[30]，像元规模为512（32×16），其结构形式来自光波导结构激光相控阵，可供相干探测激光成像雷达如SAL/ISAL使用。目前国内单元规模在1000的激光相控阵收发芯片正在研制过程中，与美国公司类似的产品也在研发中。随着激光探测器技术发展，其像元规模不断增大，激光SAL/ISAL探测器的应用显然不应止步于现有微波系统结构下的单元探测器。采用相干面阵探测器，SAL/ISAL图像有望和传统光学图像形式接近，即由现在的方位向和距离向，转为方位向和俯仰向。

考虑到大多数运动目标同时存在两维微转/平动，根据SAL/ISAL成像原理，在激光波段即可实现两维高分辨率成像（在短波千分之一度小转角即可形成5cm分辨率），且无须发射和处理宽带信号，这将使SAL/ISAL成像系统变得简单。基于新型相干阵列探测器，文献［31］给出了一种SAL/ISAL两维成像方法，并采用了现有光学系统结构，具有瞬时视场大、成像速度快的特点。

相干阵列探测器后级联高速ADC，当像元规模较大时，数据量很大，技术实现困难，现阶段其应用主要为了解决瞬时视场问题，通过多帧低分辨率图像的合成孔径处理形成高分辨率图像，不仅技术复杂，而且在总体性能上还面临大规模激光焦平面探测器的竞争。为此，需同时考虑利用现有大规模红外直接阵列探测器结合空间光路混频激光全息方法实现SAL/ISAL成像[32]。

采用红外直接阵列探测器基于全息成像方法[33]实现激光相干成像，优点是可利用的像元规模较大，初始复图像分辨率较高，但空间光路混频引入的误差环节较多，影响复图像形成精度，而其积分电路的存在，可能会限制目标相对运动速度。基于该技术路线，开展深入的研究工作对发展相干探测激光成像技术也具有重要意义。

随着高灵敏度单光子阵列探测器[34]的出现，单光子激光雷达三维成像技术[35]日趋成熟。单光子探测器本质还是直接探测器，其基于多脉冲信号积累的光子计数探测方法，可用微波雷达常用的二进制积累[36]解释，仍属于一种非相干积累方式但其性能已接近相干积累，尤其是在脉冲数较少条件下。在此基础上，若将激光本振空间光路混频和二进制积累结构引入现有线性模式阵列探测器形成新型激光阵列探测器，将快时间相干探测和慢时间非相干积累结合实施信号探测，可使三维成像激光雷达以高的探测灵敏度获取三维点云数据，同时具有很强的抗干扰能力，与之对应的三维成像激光雷达和新型阵列探测器框图如图1.3所示。

该激光雷达选用窄脉冲信号波形，在发射端与本振之间设置中频差，通过空间光路混频实现光电探测，利用中频滤波和包络检波有效滤除本振带来的共模分量和背景干扰。与传统方案相比，取消平衡探测器，减少了器件数量。在信号处理方面，在快时间维度上，通过划分距离门并设置门限比较器实现信号检测；在慢时间维度上，则采用计数器进行非相干积累以避免ADC采样带来的电路复杂和数据量大的问题。

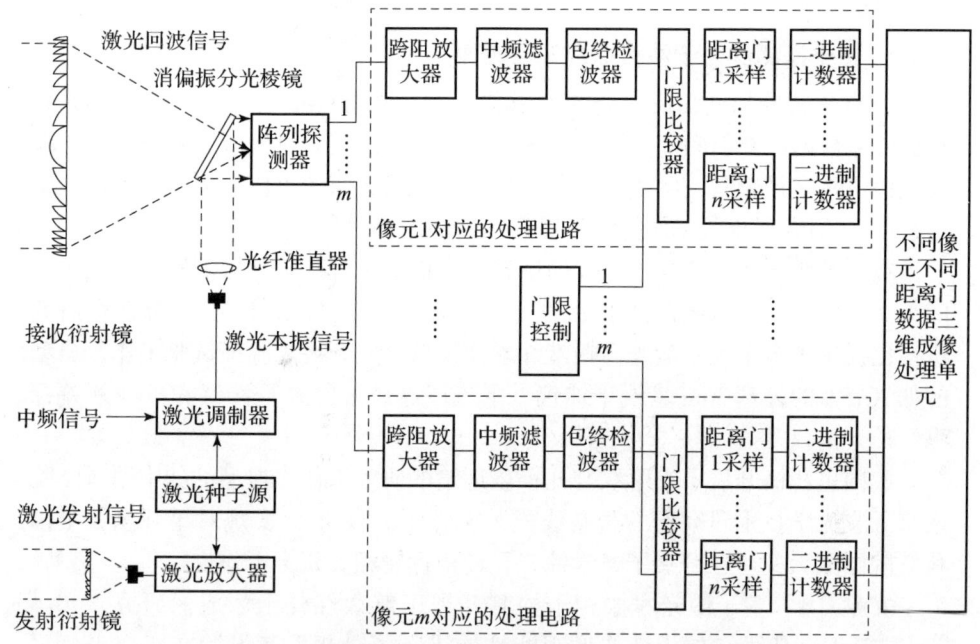

图 1.3　三维成像激光雷达和新型阵列探测器框图

1.3.2　相干探测红外成像

基于单元探测器的红外干涉成像已经过实验验证，是基于阵列探测器的红外合成孔径成像的基础。引入激光本振相干探测体制后，在原理上可形成带有激光载波相位信息的光场复图像，该复图像本质是宽带红外信号经激光本振混频后形成的红外基带信号图像，通过在电子学采集到的红外基带信号与已知数字域激光载波信号联合，可完整表征光学波段的红外信号。

这种方式用于多子镜红外合成孔径成像时，在不同子镜探测器上获得的红外基带信号复图像，借助同源激光本振可保持子镜间红外信号的相干性。根据激光本振波长和经远场点目标/平行光管校准后的子镜间几何关系（包括子镜间的空间位置和基线长度），在数字域进行口径拼接和几何关系相位补偿处理，即可等效扩大口径形成高分辨率复图像。

由于相干探测红外合成孔径成像是在电子学通过数字信号处理实施，红外信号的瞬时带宽较窄，为此可通过波长可调谐激光本振与宽谱段红外信号进行混频，获取较宽的红外光谱观测范围，由此形成较宽的红外光谱合成孔径成像能力。

相干探测红外成像主要包括红外干涉成像、综合孔径成像和子镜结构合成孔径成像三种形式。

1. 相干探测红外干涉和综合孔径成像

2000年美国加利福尼亚公立大学伯克利分校在10μm红外波段利用激光本振外差探测，在射频完成干涉处理，在威尔逊山上通过两望远镜长基线干涉实现恒星角直径测量，明确了这种红外空间干涉成像的工作类似于一个射电望远镜[37]，伯克利相关工作持续发展到三站望远镜[38]。

在地基激光本振红外干涉仪的基础上，借助于直接阵列探测器，赫歇尔空间天文台提出的天基载荷已于2009年5月发射[39]。与此同时，国外多个研究机构也提出了多个天基激光本振红外干涉仪概念并开展了验证试验工作，典型的如NASA的天基36m基线干涉仪、平流层球载远红外干涉仪和机载外差探测红外光谱仪[40-41]。

我国也积极开展了光学综合孔径望远镜的研究工作，典型的如中国科学院南京天文光学技术研究所的长基线式天文光干涉仪[42]，实现对星观测；中国科学院国家天文台也开展了光学综合孔径望远镜相关研究工作[43]。

文献[4]基于激光本振相干探测开展了艇载红外干涉成像研究，文献[44]对正交基线红外干涉成像观测性能进行了分析，其设置在正交坐标系 $X-Y-Z$ 中的正交基线红外干涉成像观测几何和一组仿真结果如图1.4～图1.7所示。

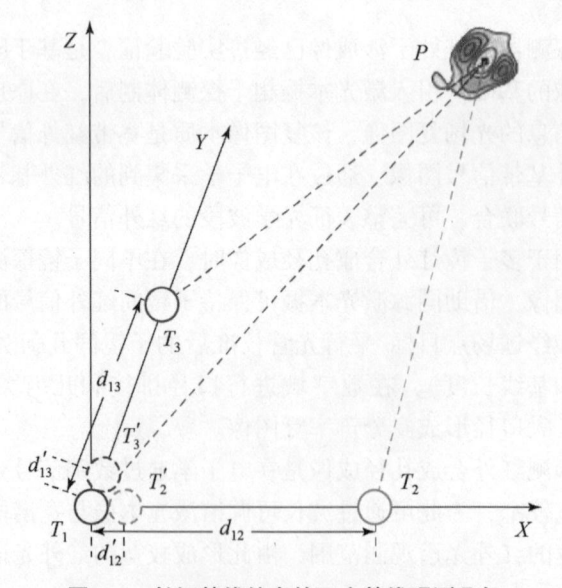

图1.4 长短基线结合的正交基线观测几何

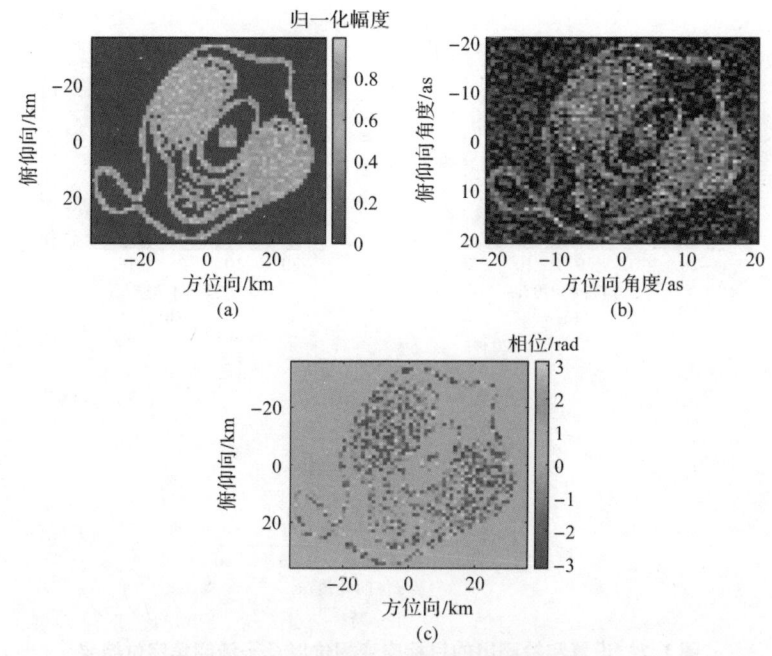

图 1.5　目标归一化辐射亮度、幅度图像和随机初相位

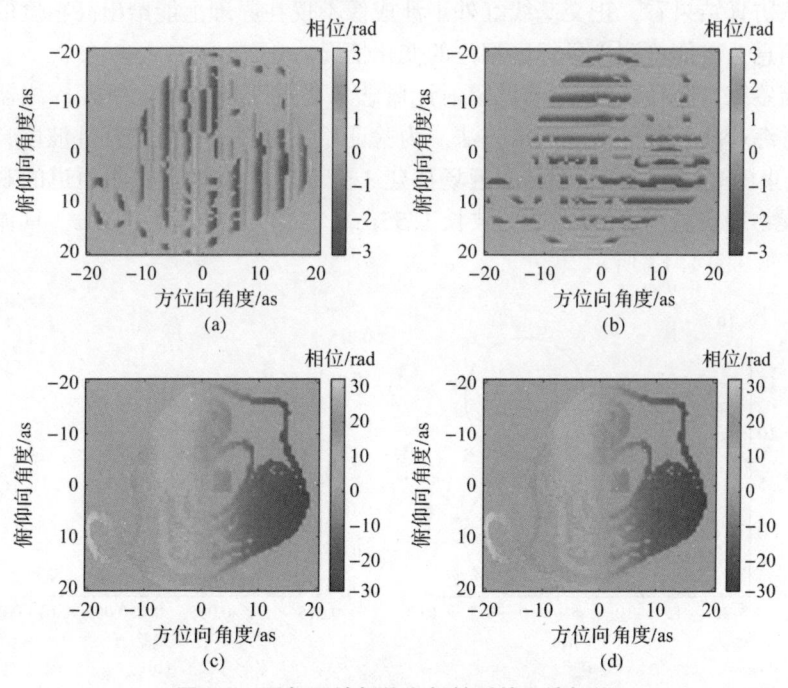

图 1.6　目标干涉相位和解缠后的干涉相位

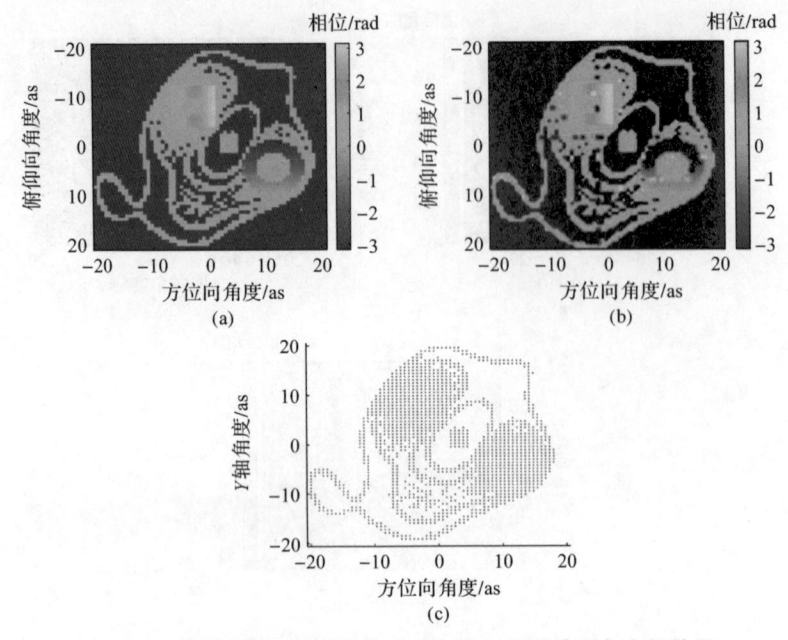

图1.7 设置和检测出的目标空变相位以及干涉测角定位结果

从仿真结果看，正交基线红外干涉成像不仅在原理上能给出高精度的目标角度信息，也能检测出目标区相位的变化情况。

借鉴综合孔径微波/毫米波辐射计概念，文献［45］基于单元探测器提出了一种综合孔径红外射电成像方法。为验证相关原理，在短波红外波段，利用3个扩束的光纤准直器，在5m近场搭建3个激光本振相干探测通道的观测结构开展物理实验[46]，激光本振波长 1.55μm，ADC 采样率为4GHz，具体情况如图1.8～图1.13所示。

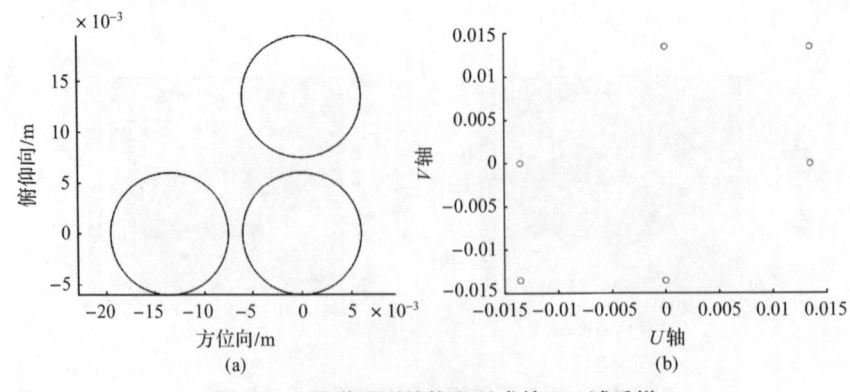

图1.8 3通道观测结构和形成的 UV 域采样

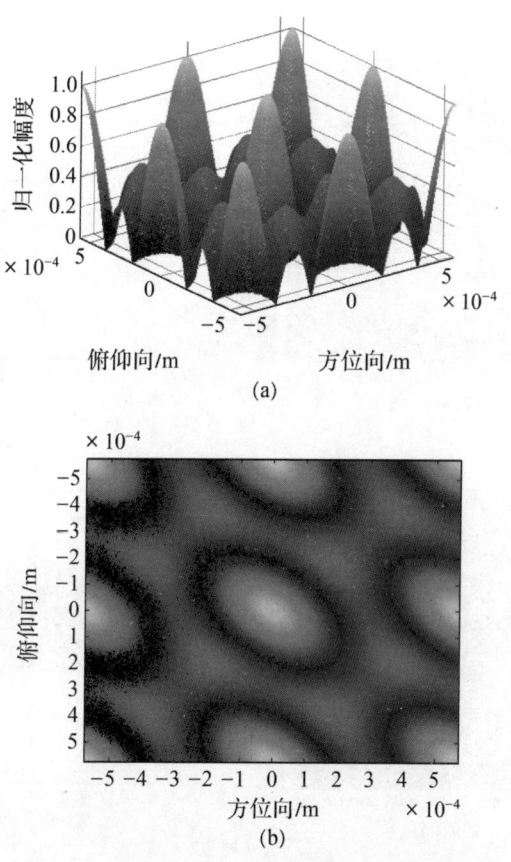

图 1.9 对红外点目标综合孔径成像仿真结果

从实验数据分析结果看，互相关系数峰值对应的相位变化在 0.2rad（10°）量级，试验系统的相位关系基本稳定，对红外点目标的 3 通道综合孔径成像实验结果和仿真结果接近。

综合孔径成像本质是建立在通道间信号的互相关处理和干涉处理基础上的，该物理实验结果验证了激光本振相干探测红外干涉成像方法的有效性。由于干涉成像是光学合成孔径成像的基础，该实验也验证了相干探测红外合成孔径成像的可行性。

2. 相干探测红外合成孔径成像

设置波长可调谐激光本振红外相干阵列探测器，可保证多个子口径望远镜接收信号相位的正确传递，由此可使红外合成孔径成像在 ADC 采样后的计算机上用软件实现，即计算成像减少对光路微调机构的精度要求。

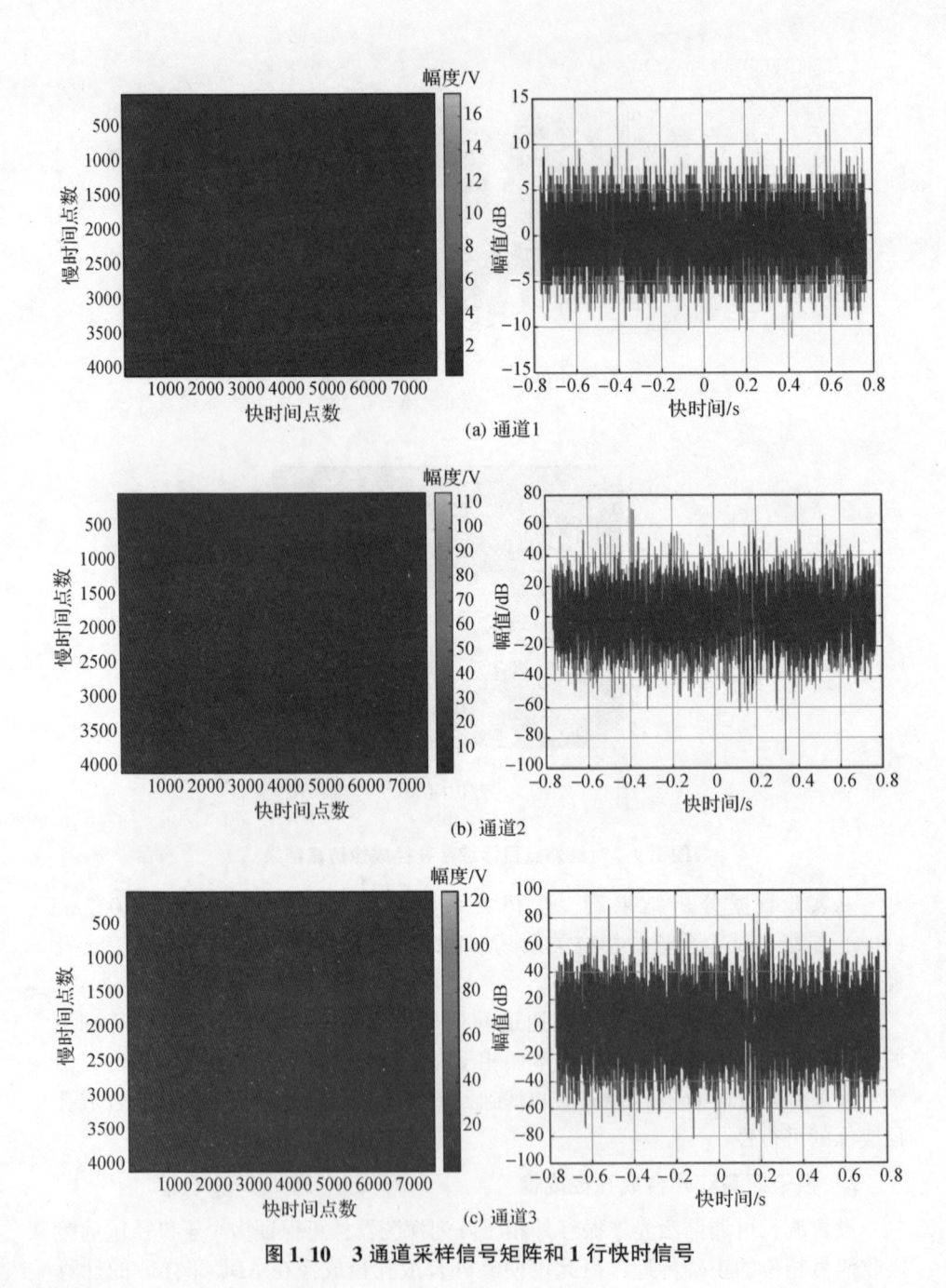

图1.10 3通道采样信号矩阵和1行快时信号

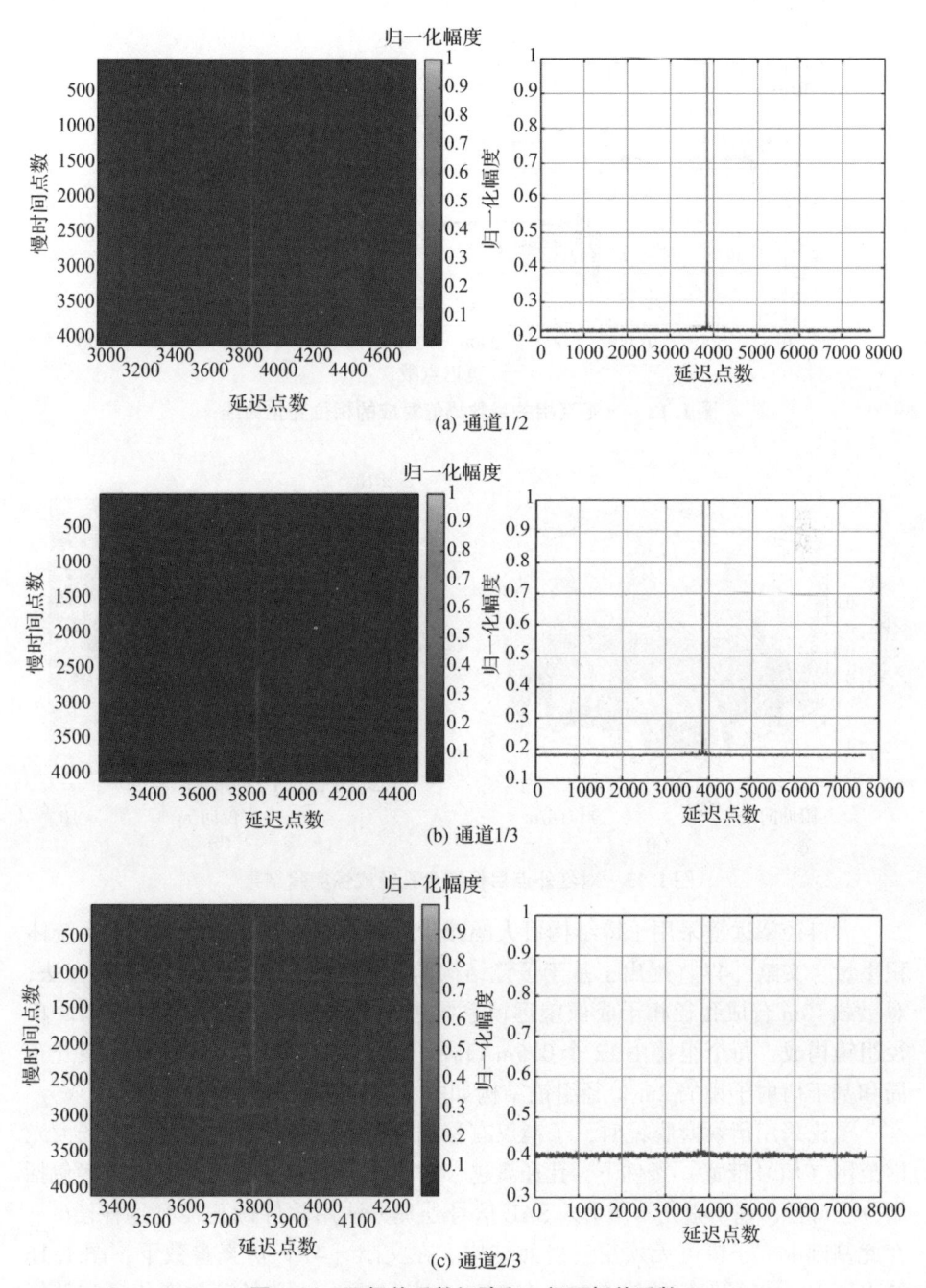

图 1.11 互相关系数矩阵和 1 行互相关系数

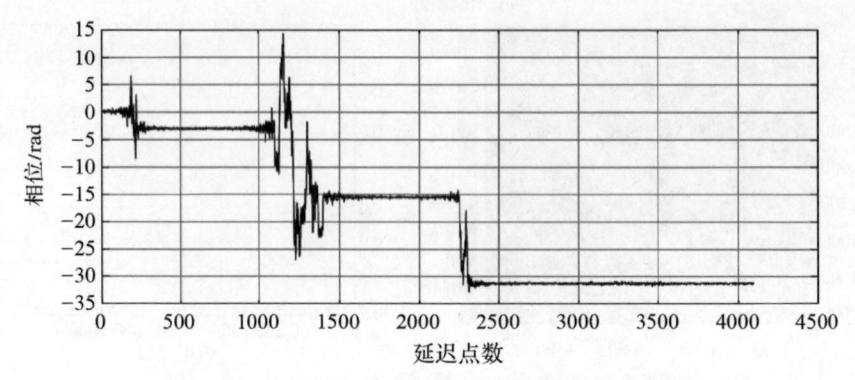

图 1.12　一组互相关系数峰值对应的相位变化曲线

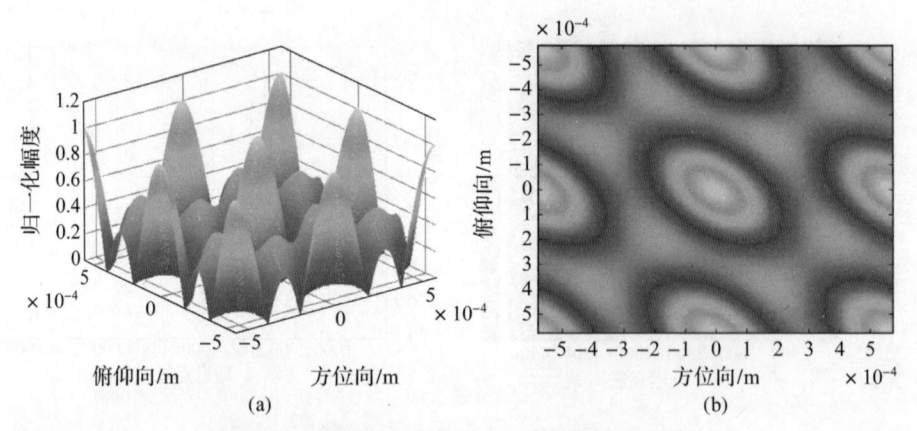

图 1.13　对红外点目标综合孔径成像实验结果

大口径望远镜采用子镜结构可大幅减少光学系统焦距,由此可减少系统体积重量。文献［47］提出了基于子镜结构的相干探测红外合成孔径成像方法,对星载 10m 合成孔径相干成像望远镜系统进行了分析,该系统由 12 个 2m 口径组镜构成,每个组镜由 12 个 0.5m 口径子镜组成。其 12 个组镜系统展开布局和基于衍射子镜的 2m 口径组镜结构如图 1.14 和图 1.15 所示。

子镜采用衍射薄膜镜时,子镜仅有移相没有延时功能,大口径大视场大光谱范围（信号带宽）条件下,孔径渡越带来的散焦问题突出。其解决方案包括划分子口径、基于激光本振引入 SAL 信号处理方法用软件做孔径渡越补偿[48]。在此基础上,子镜可无须用反射面结构。在文献［47］仿真参数下,图 1.16 给出了 10m 口径偏离法线方向 1.5°时 9 个点目标 4cm 孔径渡越变化量和补偿前后的成像结果,由此可见相干探测和信号处理带来的优势。

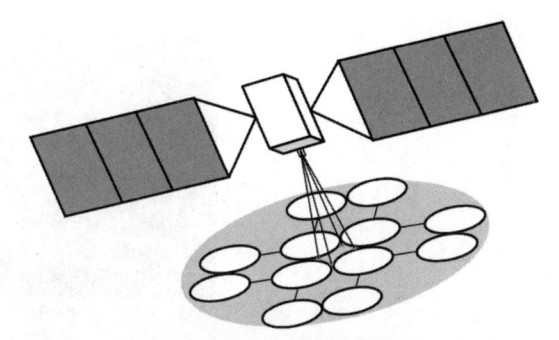

图 1.14　系统展开布局图

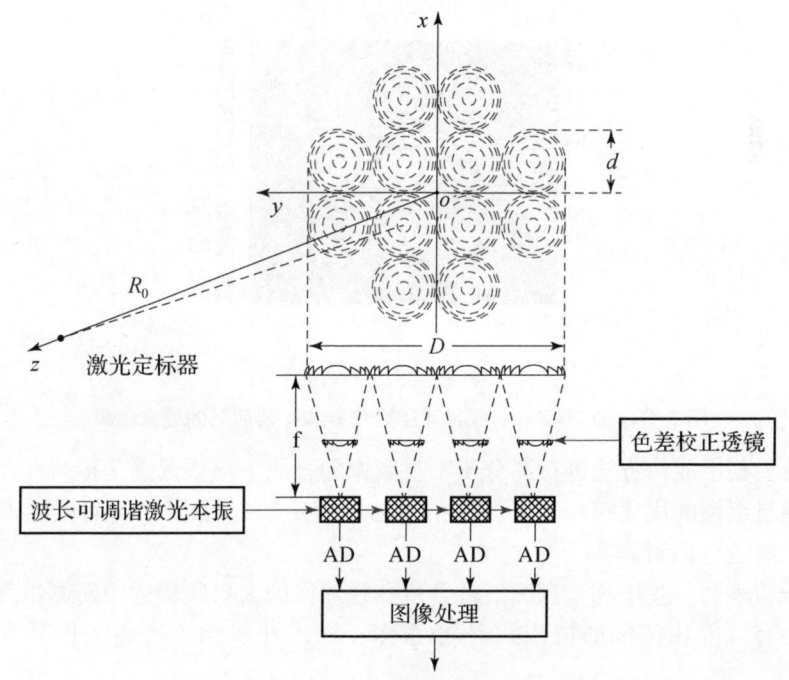

图 1.15　2m 口径组镜和衍射子镜结构

与此同时，基于相干探测，还可在一定程度上实现数字色差校正[49]。12 个子镜构成的 2m 口径组镜，在天基平台可以保证刚性，但 12 个 2m 口径组镜构成的 10m 口径阵列，将是非刚性结构。参考 NASA 的大口径望远镜发展路线图[50]，该望远镜处于弱结构形式。为减少探测器数量，可基于传统的光学合成孔径技术[51]，将 12 个 0.5m 口径子镜组成一个 2m 组镜，这样每一个 2m 组镜后可只设置一个探测器，输出 12 幅低分辨率复图像，然后再利用红外

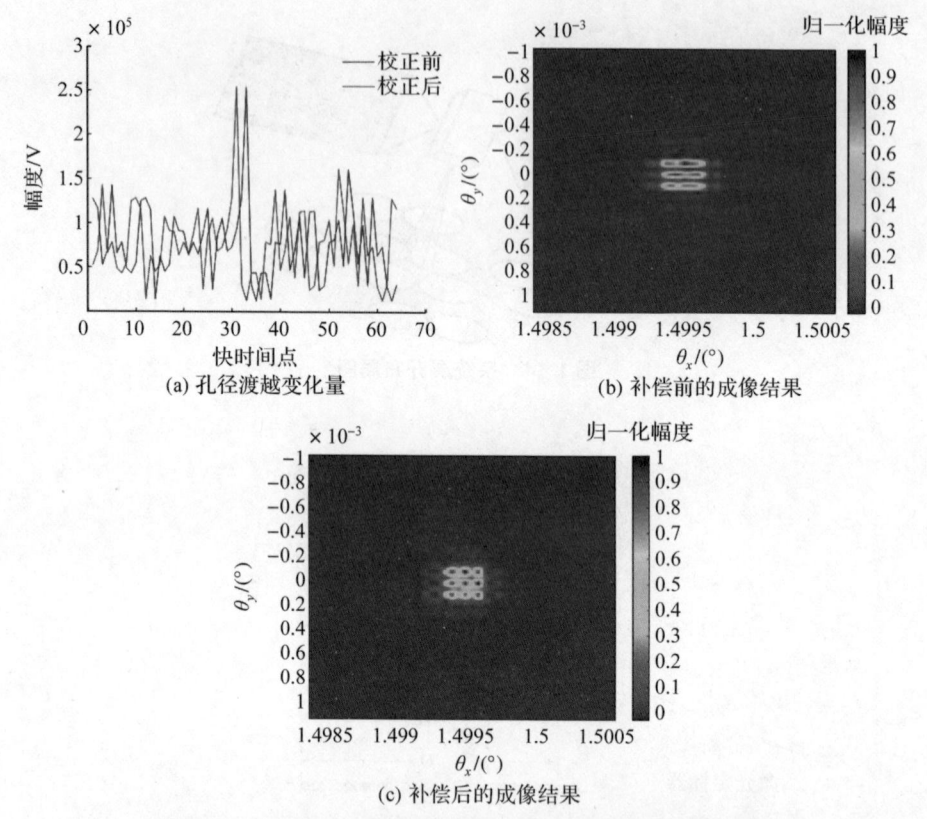

图 1.16　点目标 4cm 孔径渡越变化量和补偿前后的成像结果

合成孔径相干成像方法进行高分辨率复图像的合成。该望远镜是稀疏孔径结构的，通过组镜的优化布局和复图像信号的压缩感知处理[52]，可对稀疏产生的图像副瓣进行抑制。

分析表明，基于相干探测红外合成孔径成像的大口径望远镜研制难度，在原理上有可能比传统的拼接式[53]小很多，深入开展相关研究工作具有重要意义。

3. 相干探测红外探测灵敏度分析

基于激光本振的相干探测体制工作在散粒噪声限，直接探测体制工作在热噪声或背景噪声限，本振光功率远大于回波信号功率，引入激光本振后对信号具有放大作用，可提升灵敏度。在激光通信和激光雷达应用中，相干探测体制灵敏度可比传统直接探测体制高 20dB 已经实践验证（其性能远优于单光子探测器），相关原理应能适于红外探测，可等效提高红外探测器的比探测率和灵敏度。

另一种解释为：红外探测器是一个光电转换器件，其性能最终还是在电子学表征，目前有限的电子学带宽，会对宽带红外信号探测产生影响。如在长波波段，光谱宽度 $0.2\mu m$ 条件下，其所对应的信号带宽约为 500GHz，光电转换后当电子学带宽有限如 4GHz 时，频谱严重混叠会大幅提高了噪声信号的功率谱密度。如对时宽 10ms 信号，激光系统的等效噪声功率为 1.8×10^{-16} W，红外系统的等效噪声功率为 6.8×10^{-12} W，相差近 4 个数量级。

引入激光本振信号后，通过激光本振的波长步进调整，对宽谱段红外信号在电子学频域实现无混叠选通，在等效细分红外光谱的同时提高探测灵敏度。

可见光波段基于光子的功率和探测性能分析如下。

假设在 $1m^2$ 范围内接收到光谱范围为 $0.4\mu m$ 信号（波长 $0.4 \sim 0.8\mu m$）的 $3 \sim 4$ 个光子。单光子功率计算公式为 hvB，其中，$h = 6.626 \times 10^{-34}$ J·s，频率 v 取中心波长 $\lambda_0 = 0.6\mu m$ 对应的频率值，根据单光子功率计算公式

$$P = hvB = h\frac{c}{\lambda_0}\frac{c}{\lambda_0^2}\Delta\lambda = h\frac{c^2}{\lambda_0^3}\Delta\lambda \tag{1.2}$$

式中　c——光速（m/s）；
　　　B——光信号带宽。

计算可得单光子功率为 $110.43\mu W$，$3 \sim 4$ 个光子的信号功率为 $331.30 \sim 441.73\mu W$。

假定采用激光本振相干探测体制，系统瞬时带宽 $B = 10GHz$ 对应光谱范围为 0.012nm，在中心波长 $\lambda_0 = 0.6\mu m$ 条件下，单光子功率为 3.3pW，$3 \sim 4$ 个光子的信号功率为 $9.9 \sim 13.2$pW。该功率接近目前 pW 量级相干探测灵敏度，因此激光本振对信号的光谱选通不会导致探测失效。

由于信号瞬时光谱范围从 400nm 减小为 0.012nm，其单光子功率降低了 3.3×10^4 倍，约 4 个数量级。上述参数下，考虑两种探测体制带来的增益区别，激光本振相干探测和直接探测性能相近，但相干探测体制可大幅增加信号相干长度的同时降低合成孔径成像技术实现难度。

（1）在窄带信号条件下，与直接探测体制相比，相干探测体制可将探测灵敏度提高 20dB（快时间），即 100 倍；

（2）在确定的积分时间内，假定激光本振波长步进 3.3×104 次，相干探测体制对应相干积累的增益比直接探测体制对应非相干积累的增益高 181.66 倍，结合（1），相干探测体制带来的增益达到 4 个数量级。

4. 关键技术

（1）红外合成孔径相干成像系统总体设计技术。

激光本振相干探测红外成像方法，主要为正交基线干涉成像和红外合成孔

径成像两种方式，基于单元探测器的综合孔径干涉成像方式也值得关注。

基于相干成像技术体制的系统总体设计内容包括适用平台、工作模式、指标体系、系统组成、光学系统子镜布局、总体结构、信号接收方式等，同时包括系统参数设计和性能指标分析等工作。其信号处理和成像算法包括孔径渡越补偿、波前误差估计、色差校正、高分辨率成像、信噪比提升和系统定标等，基于光学合成孔径实现高分辨率红外成像，是总体设计的核心目标。在此过程中，需充分借鉴计算光学成像[54]的相关方法。

（2）波长可调谐激光本振红外阵列探测器和复图像形成方法。

基于光纤激光本振混频结构的单元探测器可用于长基线干涉测角，还不能实现干涉成像；传统的直接探测型阵列探测器仅能获取图像的强度信息，不能获取图像的相位信息。形成红外相干成像所需的复图像信号的主要途径如下。

● 研制新型相干阵列探测器

参考2020年美国Point Cloud公司基于硅光芯片的FMCW激光雷达相干阵列探测器，采用平衡探测器和快时间ADC采样级联，可形成三维复图像，其结构可供波导结构混频红外相干阵列探测器参考，核心是将激光本振改成波长可调谐的，覆盖所需的红外光谱范围，相干探测信号在快时间采样后根据需要进行处理形成红外复图像，这种结构可全面覆盖现有红外探测器功能，且具有探测灵敏度高的特点，其研发对红外成像探测技术的发展具有重要意义。

● 基于传统直接阵列探测器形成复图像

借鉴激光全息成像概念[55]，基于现有传统大规模红外直接阵列探测器，利用空间光路引入波长可调谐激光本振实现相干混频，形成激光本振波长对应的红外复图像。为减少激光本振步进环节，可结合微波成像中的等效中心波长方法，利用激光本振对红外信号的光谱选通功能，从激光本振波长对应的红外复图像中提取相位图，与直接阵列探测器获得的幅度图像结合，重构一定光谱范围下的红外复图像，用于后续红外相干成像，从而提高红外信号能量利用率。在此过程中，需研究直接阵列探测器积分时间对复图像重构的影响，同时需对子镜像面相位误差一致性进行控制。

（3）基于子镜结构的大口径望远镜设计技术。

从詹姆斯韦伯望远镜的研制和应用情况看，主反射面拼接斐索型结构的合成孔径方案可行性已经实际验证，我国也提出了相应的10m口径望远镜研制建议[53]；基于子镜拼接迈克尔逊型结构的合成孔径方案，具有可模块化批量生产，易于空间组装的特点，作为大口径望远镜一种重要的技术实现途径，很值得深入研究。在此过程中，轻量衍射薄膜镜[56]是其子镜形式的重要选择，尤其是在对分辨率要求高而对光谱范围要求不高的应用场合下。

目前詹姆斯韦伯主镜面重量密度约为 30kg/m², 采用衍射薄膜镜, 有望将子镜结构大口径望远镜的主镜面重量密度控制在 15kg/m² 以内, 重量的大幅降低有利于平台选型和卫星发射, 该方案有望使我国大口径望远镜研制技术得到长足发展。

1.4　本书的内容安排

本书是作者近年来在相干探测光学成像技术领域的研究工作总结, 共分 4 章, 各章具体内容安排如下。

第 1 章为绪论。主要介绍了相干探测光学成像技术的概念内涵、研究意义和研究进展, 以及本书的内容安排。

第 2 章为单元探测器激光成像。给出了机载衍射光学系统 SAL 成像探测系统设计参数和飞行实验数据处理结果, 介绍了地基多偏振 ISAL 对地面车辆的成像处理情况, 对天基 SAL 和地基 2m 衍射口径 ISAL 进行了系统分析。

第 3 章为阵列探测器激光成像。介绍了直接阵列探测器 ISAL 成像方法和物理实验结果, 研究了空间域稀疏采样 ISAL 成像问题, 给出了子镜结构激光合成孔径成像实验结果。

第 4 章为相干探测红外成像。介绍了红外综合孔径成像方法和实验结果, 研究了稀疏阵列红外合成孔径成像问题, 给出了三孔径红外合成孔径成像系统设计方案和实验结果。

参考文献

[1] 周程灏, 王治乐, 朱峰. 大口径光学合成孔径成像技术发展现状[J]. 中国光学, 2017, 10(1): 25-38.

[2] ALEXANDRA W. The james webb space telescope aims to unlock the early universe[J]. Nature, 2021, 600(7888): 208-212.

[3] 童雪, 林栋, 何晋平. 天文光子学研究现状及其应用展望[J]. 天文学报, 2022, 63(05): 26-47.

[4] 李道京, 周凯, 郑浩, 等. 激光本振红外光谱干涉成像及其艇载天文应用展望(特邀)[J]. 光子学报, 2021, 50(02): 9-20.

[5] 周凯, 李道京, 王烨菲, 等. 衍射光学系统红外光谱目标探测性能[J]. 红外与激光工程, 2021, 50(08): 1-8.

[6] 李语强, 伏红林, 李荣旺, 等. 云南天文台月球激光测距研究与实验[J]. 中国激光, 2019, 46(01): 0104004.

[7] 门涛,谌钊,徐蓉,等.空间目标激光测距技术发展现状及趋势[J].激光与红外,2018,48(12):1451－1457.

[8] ZHAO Z L, HUANG J Y, WU S D, et al. Experimental demonstration of tri－aperture Differential Synthetic Aperture Ladar[J]. Optics Communications, 2017, 389:181－188.

[9] 方勇,曹彬才,高力,等.激光雷达测绘卫星发展及应用[J].红外与激光工程,2020,49(11):19－27.

[10] 贺岩,胡善江,陈卫标,等.国产机载双频激光雷达探测技术研究进展[J].激光与光电子学进展,2018,55(08):082801.

[11] 高敬涵,李道京,周凯,等.共形衍射光学系统机载激光雷达测深距离的分析[J].激光与光电子学进展,2021,58(12):1201001.

[12] 唐军武,陈戈,陈卫标,等.海洋三维遥感与海洋剖面激光雷达[J].遥感学报,2021,25(01):460－500.

[13] 竹孝鹏,刘继桥,刁伟峰,等.相干多普勒测风激光雷达研究[J].红外,2012,33(02):8－12.

[14] 李道京,周凯,崔岸婧,等.多通道逆合成孔径激光雷达成像探测技术和实验研究[J].激光与光电子学进展,2021,58(18):1811017.

[15] YIN H F, LI Y C, GUO L, et al. Spaceborne ISAL imaging algorithm for high－speed moving targets[J]. IEEE Journal of Selected Topics in Applied Earth Observations and Remote Sensing, 2023, 16:7486－7496.

[16] 王德宾,吴谨,吴童,等.地球同步轨道目标天基合成孔径激光雷达成像理论模型[J].光学学报,2020,40(18):1828002.

[17] 李道京,杜剑波,马萌,等.天基合成孔径激光雷达系统分析[J].红外与激光工程,2016,45(11):269－276.

[18] 马萌,李道京,杜剑波.振动条件下机载合成孔径激光雷达成像处理[J].雷达学报,2014,3(05):591－602.

[19] 杜剑波,李道京,马萌,等.基于干涉处理的机载合成孔径激光雷达振动估计和成像[J].中国激光,2016,43(09):0910003.

[20] ZHOU K, LI D J, GAO J H, et al. Vibration phases estimation based on orthogonal interferometry of inner view field for ISAL imaging and detection[J]. Applied Optics, 2023, 62:2845－2854.

[21] 胡烜,李道京,赵绪锋.基于本振数字延时的合成孔径激光雷达信号相干性保持方法[J].中国激光,2018,45(5):242－258.

[22] GAO J H, LI D J, ZHOU K, et al. Maintenance method of signal coherence in lidar and experimental validation [J]. Optics Letters. 2022, 47(20):5356－5359.

[23] 李道京,胡烜.合成孔径激光雷达光学系统和作用距离分析[J].雷达学报,2018,7(02):263－274.

[24] 任波,赵良波,朱富国.高分三号卫星C频段多极化有源相控阵天线系统设计[J].航天器工程,2017,26(06):68－74.

[25] 高敬涵,李道京,周凯,等.衍射光学系统激光雷达接收波束展宽及作用距离分析[J].中国激光,2023,50(05):1－10.

[26] CUI A J, LI D J, WU J, et al. Moving target imaging of a dual－channel ISAL with binary phase shift keying signals and large squint angles[J]. Applied Optics, 2022,61:5466－5473.

[27] 李道京,高敬涵,崔岸婧,等.成像探测相干激光雷达技术研究进展[J].现代雷达,2023,45(11):1－6.

[28] 李道京,高敬涵,崔岸婧,等.2m衍射口径星载双波长陆海激光雷达系统研究[J].中国激光,2022, 49(03):0310001.

[29] GAO J H, LI D J, ZHOU K, et al. Imaging and detection method for low signal-to-noise ratio airborne synthetic aperture ladar signals[J]. Optical Engineering, 2023,62(9), 098104-1-098104-15.

[30] ROGERS C, PIGGOTT A Y, THOMSON D J, et al. A universal 3D imaging sensor on a silicon photonics platform[J]. Nature, 2021, 590(7845): 256-261.

[31] CUI A J, LI D J, WU J, et al. Laser synthetic aperture coherent imaging for micro-rotating objects based on array detectors[J]. in IEEE Photonics Journal, 2022,14(6):1-9.

[32] THURMAN S T, BRATCHER A. Multiplexed synthetic-aperture digital holography[J]. Applied Optics. 2015, 54(3):559-568.

[33] 张美玲,郜鹏,温凯,等.同步相移数字全息综述(特邀)[J].光子学报,2021,50(07):9-31.

[34] Brown R, Hartzell P, Glennie C. Evaluation of SPL100 single photon lidar data[J]. Remote Sensing, 2020, 12(4): 722.

[35] 刘博,蒋蕃,王瑞,等.全天时单光子激光雷达技术进展与系统评价[J].红外与激光工程,2023,52 (01):9-23.

[36] 丁鹭飞,张平.雷达系统[M].西安:西北电讯工程学院出版社,1984.

[37] HALE D D S, BESTER M, DANCHI W C, et al. The Berkeley infrared spatial interferometer: A heterodyne stellar interferometer for the mid-infrared [J]. The Astrophysical Journal, 2000, 537 (2): 998-1012.

[38] WISHNOW E H, MALLARD W, RAVI V, et al. Mid-Infrared interferometry with high spectral resolution[C]//Optical and Infrared Interferometry Ⅱ. SPIE, 2010, 7734: 101-110.

[39] FINN T. The heterodyne instrument for the far infrared:An instrument for the herschel space observatory [J]. 2nd MCCT-SKADS Training School. Radio Astronomy: Fundamentals and the New Instruments, 2008: 8.

[40] FARRAH D, SMITH K E, ARDILA D, et al. Far-Infrared instrumentation and technological development for the next decade[J]. Journal of Astronomical Telescopes, Instruments, and Systems, 2019, 5 (2): 020901-020901.

[41] SCHIEDER R, SONNABEND G, SORNIG M, et al. THIS: A tuneable heterodyne infrared spectrometer for SOFIA[C]//Infrared Spaceborne Remote Sensing and Instrumentation XV. SPIE, 2007, 6678: 94-102.

[42] 魏炜,徐腾,侯永辉,等.基于通道光谱的长基线恒星光干涉光程差检测方法研究[J].光子学报, 2024,53(6):221-228.

[43] 刘清,姜爱民.光学综合孔径望远镜光程探测方法研究[J].天文研究与技术, 2017, 14(04): 519-525.

[44] 周凯.基于相干探测的激光/红外信号干涉成像技术研究[D].北京:中国科学院大学,2023.

[45] 李道京,吴疆,周凯,等.天基6.5m衍射综合孔径红外射电望远镜[J].激光与光电子学进展, 2023, 60(10): 1011001.

[46] 李道京,吴疆,崔岸婧,等.相干探测红外合成孔径成像技术的研究进展[J].空间遥感系统与技术, 2023, 3(3): 12-19.

[47] 吴疆,李道京,崔岸婧,等.星载10m合成孔径相干成像望远镜和波前估计[J].光子学报,2023, 52(1):21-34.

[48] 胡烜,李道京. 10m衍射口径天基合成孔径激光雷达系统[J]. 中国激光,2018(12):045.

[49] WU J, LI D, CUI A, et al. Digital infrared chromatic aberration correction algorithm for a membrane diffractive lens based on coherent imaging[J]. Applied Optics, 2022, 61(34): 10080 - 10085.

[50] 段微波,刘保剑,庄秋慧,等. 应用于空间遥感系统的红外光学薄膜研究进展(特邀)[J]. 光子学报,2022,51(9):0951601.

[51] ROUSSET G, MUGNIER L M, CASSAING F, et al. Imaging with multi – aperture optical telescopes and an application [J]. Comptes Rendus de l'Académie des Sciences – Series IV – Physics, 2001, 2(1): 17 - 25.

[52] 肖鹏,吴有明,于泽,等. 一种基于压缩感知恢复算法的SAR图像方位模糊抑制方法[J]. 雷达学报,2016,5(1):35 - 41.

[53] 岳荣刚,孔祥皓,陈卓一,等. 中国下一代超大口径太空望远镜展望[J]. 空间遥感系统与技术,2023,3(1):40 - 46.

[54] 邵晓鹏,苏云,刘金鹏,等.计算成像内涵与体系(特邀)[J].光子学报,2021,50(5):9 - 31.

[55] 张文辉,曹良才,金国藩. 大视场高分辨率数字全息成像技术综述[J]. 红外与激光工程,2019,48(6):104 - 120.

[56] 焦建超,苏云,王保华,等. 地球静止轨道膜基衍射光学成像系统的发展与应用[J]. 国际太空,2016(6):49 - 55.

第 2 章

单元探测器激光成像

2.1 引 言

激光雷达成像系统和光学成像系统一样,其空间分辨率都受系统光学口径的限制,对于一定尺寸的系统光学口径,其分辨率会随着距离的增加而下降。因此,高分辨率的远距离成像需要很大的系统光学口径,但实际系统中很多因素限制了系统光学口径的增加,为此,可考虑使用合成孔径技术对远距离目标实现高分辨率成像。

相比于传统光学成像系统而言,合成孔径激光雷达和逆合成孔径激光雷达不受衍射极限对成像分辨率的限制[1]。且相比于基于合成孔径原理的微波合成孔径雷达,具有分辨率更高、成像时间更短等优点[2],因此 SAL/ISAL 在远程高分辨率遥感应用中具有极大的发展潜力[3]。

但 SAL/ISAL 目前也存在很多问题。①受限于激光功率密度和接收通道数,SAL/ISAL 收发波束宽度一般较窄,很难获得较大的观测幅宽[4]。②目前公开报道的 SAL/ISAL 试验中的观测对象主要为角反射器或高反射率的特制目标[5-7],尚未能达到对真实目标成像的应用需求,这是因为真实目标具有非合作、低反射率和退偏等特点,导致 ISAL 成像难度较大。③由于激光波长较短,大气湍流、雷达或目标微米量级的振动都会在 SAL/ISAL 的回波信号中引入较大的振动相位误差,这将导致成像结果严重散焦[8-12]。④由于 SAL/ISAL 采用相干探测体制,对偏振有着严格要求,当全光纤光路的接收通道采用单模保偏光纤时,回波信号接收就必须是对应的线偏振。但由于大气的折射率或者目标表面的复折射率的影响,大气和大部分真实目标对激光均有退偏效应,这将有可能大幅降低收发通道同偏振系统的回波信噪比[13],从而使得基于干涉的振动相位估计方法难以适用[14-15],且难以对不同目标进行稳定成像。⑤合成孔径雷达常用的线性调频信号在激光波段的线性度较差,对成像结果的影响较大[16-17]。

现有文献对上述这些问题已展开了广泛的研究,但同时涉及系统设计和成像处理的研究工作不多,针对非合作的真实目标开展的实验研究也不多。

由于 SAL/ISAL 的成像信噪比在模数转换器 (Analog-to-Digital Converter, ADC) 采样后仍可通过信号处理得到提升,因此可采用简洁的扩束方法展宽收发波束以形成较大观测幅宽,收发扩束带来的增益损耗可通过在电子学设置放大器并结合信号处理来弥补[18]。在此基础上,本章介绍了机载衍射光学系统 SAL 和地基多偏振 ISAL 成像探测实验情况,研究了 SAL/ISAL 成像探测信号处理方法,对天基 SAL 系统和地基 2m 衍射口径 ISAL 系统进行了分析。

2.2 机载衍射光学系统 SAL 成像探测

机载 SAL 受限于激光功率密度和接收通道数,其收发波束宽度一般较窄,这使得机载 SAL 很难获得较大的观测幅宽。目前公开报道的机载 SAL 飞行试验中的观测对象主要为高反射率合作目标,且幅宽均较小,典型的如 2011 年美国洛克希德·马丁公司独立完成了机载合成孔径激光雷达演示样机的飞行实验,对距离 1.6km 的高反射率合作目标实现了幅宽 1m,分辨率优于 3.3cm 的成像结果[2],在成像处理中采用了 SAR 的相位梯度自聚焦算法 (Phase Gradient Autofocusing Algorithm, PGA) 来抑制振动的影响。

为扩大观测幅宽并简化系统,可对机载 SAL 俯仰波束进行展宽设计,用少量探测器实现宽视场激光信号的接收,但同时收发扩束将降低回波信号的成像信噪比。由于 SAL 的成像信噪比在 ADC 采样后仍可通过信号处理得到提升,因此收发扩束带来的增益损耗,可通过在电子学设置放大器并结合信号处理来弥补。

此外,机载 SAL 平台的振动也将大幅降低成像分辨率及信噪比,而其高重频、低峰值功率的特点使得非合作目标回波的单脉冲信噪比较低,基于干涉处理的运动补偿方法难以应用。因此,研究振动和扩束条件下的机载 SAL 低信噪比信号成像处理方法具有重要意义。

2.2.1 样机系统设计

本章 SAL 原理样机系统框图如图 2.1 所示。光纤激光器产生并发射高功率的窄脉冲激光信号,激光信号经目标反射后被平衡探测器接收,再经放大器放大后被送至 ADC 采集。此外,在发射激光信号的同时还利用发射参考通道通过空间耦合的方式采集并记录激光发射信号的时变相位,用于后续的非线性相位校正。为保证系统的相干性,电光调制器 (Electro-Optic Modulator, EOM) 的窄脉冲调制信号和 ADC 时钟信号均来自同一个定时器。

图 2.1　系统框图

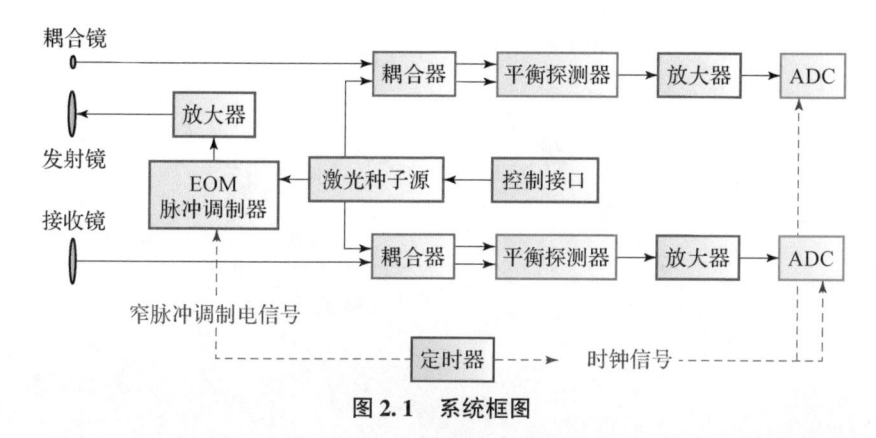

本章 SAL 原理样机结构形式为光电球，由俯仰轴系和方位轴系两部分构成，包括陀螺、驱动电机和角度传感器，如图 2.2 所示。光电球可实现方位 ±150°、俯仰 −10°~90° 观测范围，轴系转动采用力矩电机直接驱动，具有结构简单、性能稳定和转动精度高的特点。

图 2.2　光电球及其装载方式照片

激光收发系统采用全光纤光路，并使用航空稳定平台对其进行减振，这种安装方式可保证光电球两维转动情况下系统能正常工作。飞行试验过程中，利用小型位置和姿态测量系统（Position and Orientation System，POS）以获取 SAL 的位置和速度信息，进一步结合光电球的码盘数据可计算出 SAL 的姿态信息。

本章 SAL 原理样机的观测几何如图 2.3 所示，在俯仰向上采用收发波束展宽以扩大距离向的瞬时观测幅宽，并结合光电球的俯仰向扫描进一步扩大系统的距离向观测幅宽。发射波束宽度为 5mrad 的（俯仰向）×100μrad（方位向），接收波束宽度为 3mrad（俯仰向）×3mrad（方位向），通过 4 个部分重叠的接收波束覆盖发射波束俯仰向 5mrad 宽度，本章主要介绍了 1 个接收通道回波信号的处理情况。

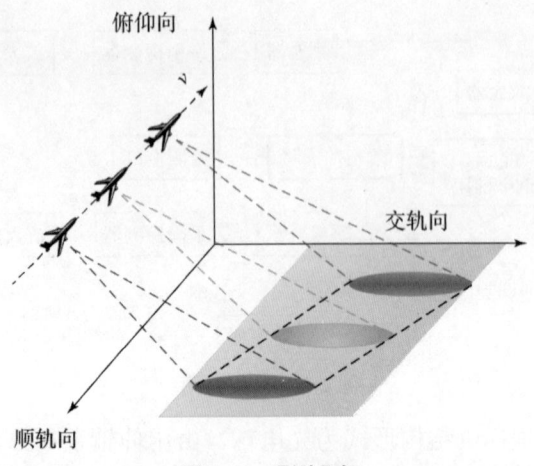

图 2.3　观测几何

基于上述观测几何，开展了 SAL 原理样机的飞行试验，对应的航迹、海拔和速度数据如图 2.4 所示，其中方框为本章所用数据对应的时间段。在该时

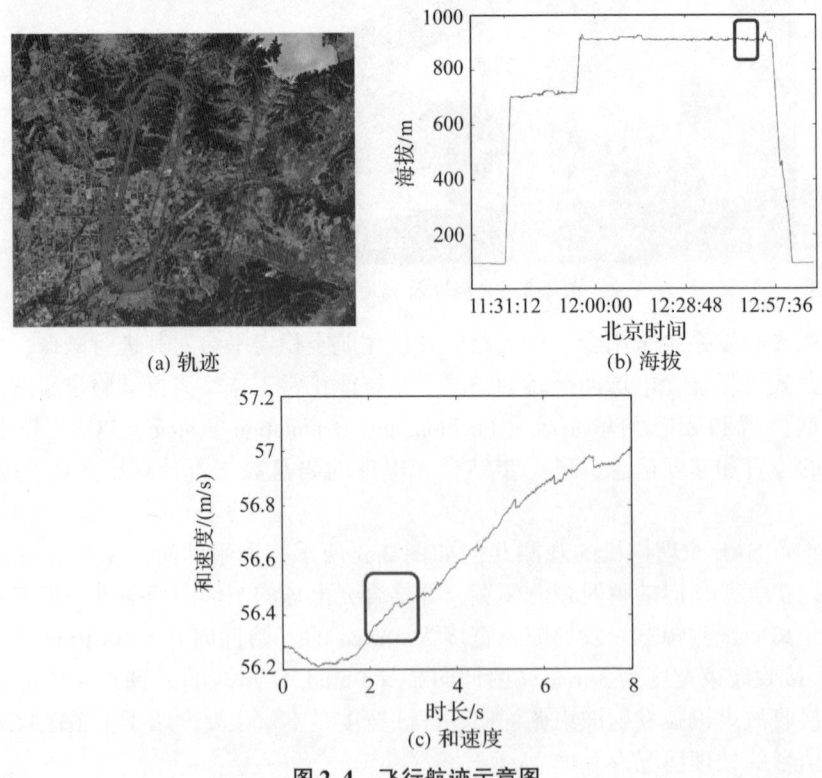

(a) 轨迹

(b) 海拔

(c) 和速度

图 2.4　飞行航迹示意图

间段内飞机的海拔高度均值为919m，试验区当地海拔高度为97m，对应的航高均值为812m，飞行速度均值 $V=56.4\text{m/s}$。根据POS姿态信息并结合光电球码盘记录的指向信息，计算得到斜视角 $\theta_s = -0.3°$，下视角 $\varphi = 53.1°$。

2.2.2 系统性能分析

传统激光雷达的空间分辨率受限于衍射极限，其衍射极限对应的空间分辨率近似可表示为

$$\rho_{\text{diff}} = 1.22 \frac{\lambda R}{D} \tag{2.1}$$

式中　λ——激光波长（m）；
　　　D——光学望远镜孔径（m）；
　　　R——雷达与目标的斜距（m）。

若激光波长为1.55μm，望远镜孔径为100mm，斜距为5km，其衍射极限分辨率约为10cm。

SAL斜距向分辨率可表示为

$$\rho_r = \frac{c}{2B} \tag{2.2}$$

式中　B——发射信号带宽（Hz）；
　　　c——光速（m/s）。

若SAL发射信号为5ns窄脉冲，则信号带宽约200MHz，斜距向分辨率为75cm。后续可将发射波形改为宽带信号，如发射子码宽度0.2ns的BPSK信号或者带宽5GHz的线性调频信号，此时斜距向分辨率可提升至3cm。

利用合成孔径成像技术，雷达的方位向分辨率可表示为

$$\rho_a = \frac{k\lambda}{2\theta_\alpha} \tag{2.3}$$

式中　θ_α——方位向波束宽度（rad）。

若激光波长为1.55μm，方位向波束宽度为100μrad，加窗展宽系数 k 为1.2，可实现的方位向分辨率约为1cm。可以看出，通过合成孔径成像处理可突破衍射极限，获得远优于衍射极限的横向分辨率。

激光和微波同属于电磁波，根据微波雷达作用距离方程可导出激光雷达作用距离方程。本章原理样机的参数如表2.1所列，主要采用1个接收通道对应的波束宽度进行探测信噪比的分析。若SAL的目标作用距离为1km，根据上述参数计算的单脉冲信噪比约为-6.28dB。

表 2.1　原理样机参数

参数	数值	参数	数值
P_T/kW	20	平均功率/W	10
Tp/ns	5	脉冲重复频率/kHz	100
θ_e/mrad	5	$\theta_a/\mu\text{rad}$	100
φ_e/mrad	3	φ_a/mrad	3
$\lambda/\mu\text{m}$	1.55	D/mm	100
η_d	0.5	η_{ato}	0.8
η_{sys}	0.4	F_n/dB	3
A_t/m^2	0.0075	$\eta_{\text{wid}}/\text{dB}$	-44.5
Ω/sr	0.1	ρ	0.3
ξ	0.4	B/MHz	200
距离向幅宽/m	6.3	方位向幅宽/m	0.1

考虑到信号处理的信噪比增益，在经过距离向脉冲压缩处理和方位向合成孔径处理后的信噪比为

$$R_{\text{SN}} = \frac{\eta_d \cdot \eta_{\text{wid}} \cdot \xi \cdot \eta_{\text{sys}} \cdot P_t \cdot G_t \cdot \rho \cdot A_t \cdot A_r}{4\pi \cdot \Omega \cdot R^4 \cdot F_n \cdot h \cdot f_c \cdot B} \cdot (T_p \cdot B_s) \cdot (T_{\text{sa}} \cdot B_d)$$

(2.4)

式中　$T_{\text{sa}} \cdot B_d$——方位向合成孔径处理增益；

T_{sa}——脉冲积累时间（s）；

B_d——方位向数据多普勒带宽（脉冲重复频率）（Hz）；

$T_p \cdot B_s$——距离向脉冲压缩增益；

T_p——脉冲宽度（s）；

B_s——信号带宽（Hz），本章 SAL 原理样机采用窄脉冲，对应的 $T_p \cdot B_s = 1$。

结合实际飞行试验的参数计算得到合成孔径时间约为 2.56ms，对应的可相干积累的脉冲数为 256，在完全补偿振动相位误差的情况下可提升信噪比 24.08dB，对应的理想成像信噪比约为 17.8dB。该信噪比对应的目标平均反射系数为 0.3，立体散射角为 0.1sr，实际上为反射率较高的目标。考虑到地物目标复杂性、实际平台振动的影响和运动补偿处理的不完整性，实际地面大部分目标的成像信噪比将会低于此值。

根据上述参数，样机的方位向全孔径分辨率为 8mm，全孔径时间为 7ms，对应的脉冲数为 700，本章拟将方位向成像分辨率控制在 1cm 量级，对应的子

孔径时间为 5.12ms，脉冲数为 512。

2.2.3　信号处理和仿真

针对扩束和振动条件下的机载 SAL 低信噪比回波成像需求，本章形成的数据处理流程图如图 2.5 所示。由于采用非正交单路采样，采样后的回波信号与发射参考信号是实信号，需先经快时间希尔伯特变换形成后续成像探测所需的复信号，然后在快频域和慢频域分别滤除直流分量和杂波干扰。

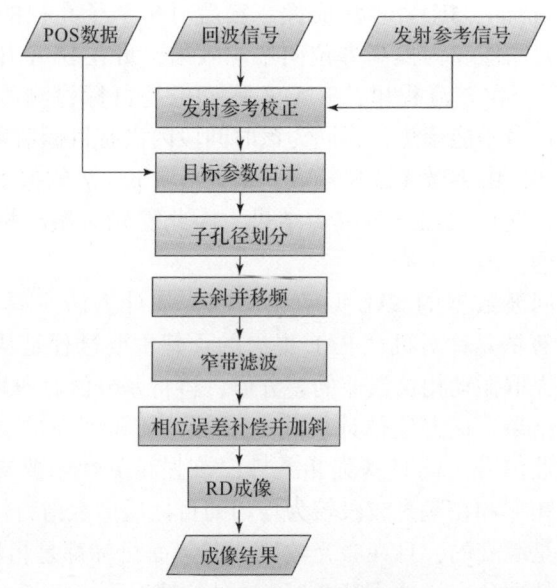

```
POS数据    回波信号    发射参考信号
              ↓            ↓
           发射参考校正 ←───┘
              ↓
           目标参数估计
              ↓
           子孔径划分
              ↓
           去斜并移频
              ↓
           窄带滤波
              ↓
           相位误差补偿并加斜
              ↓
           RD成像
              ↓
           成像结果
```

图 2.5　数据处理流程图

以发射参考信号构建匹配滤波器，与回波信号在快频域匹配滤波以实现回波信号中非线性相位的校正。由于校正后回波信号的单脉冲信噪比依然较低，可采用对数据做时频分析的方法进行数据浏览，从时频分析的结果中估计信号持续时长和时间段。

根据 POS 数据和光电球码盘数据估计机载 SAL 观测几何的参数，计算调频率并构造 RD 算法所需的匹配滤波器。在慢时间的零频处构造方位向匹配滤波器。滤波器带宽为

$$B_\mathrm{a} = \frac{2V}{\lambda}\theta_\mathrm{a}\cos\theta_\mathrm{s}\cos\varphi = 4.37\mathrm{kHz} \tag{2.5}$$

调频率为

$$K_\mathrm{a} = \frac{B_\mathrm{a}}{T} = \frac{2V^2\cos^2\theta_\mathrm{s}\cos^2\varphi}{\lambda R} = 1.46\mathrm{MHz/s} \tag{2.6}$$

考虑到目标场景大多是不连续的且光电球的俯仰向扫描会导致目标的多普勒中心频率时变，因此，需先对回波信号划分子孔径并估计目标多普勒中心频率，然后对各子孔径的信号做去斜和移频处理。去斜并移频后的信号集中在低频区，此时可通过在多普勒频域做窄带滤波来提升时域信噪比，这将为空间相关算法（Space Correlation Algorithm，SCA）[19]的使用创造条件。

窄带滤波后利用基于脉冲串相关的 SCA 降低噪声的影响，对各子孔径的信号实施振动相位误差补偿。对补偿后的信号进行加斜处理后再采用距离-多普勒（Range-Doppler，RD）算法成像，然后对多个子孔径的成像结果进行拼接从而获得长时图像。为提高方位向聚焦效果，可在 SCA 补偿的基础上再引入 PGA 处理[20]。在该流程里，SCA 实际上也是目标检测的重要环节，若 SCA 处理后回波信号不能聚焦，视同为该时间段内没有目标信号。

对于机载 SAL，由于激光波长较短，载机平台 μm 级的振动都会引起信号相位的显著变化，这将大幅影响成像结果，因此需先对振动相位误差进行补偿，再做成像处理。

目前，基于回波数据的 SAL 振动相位误差估计方法主要有 SCA 算法和 PGA 算法。SCA 算法是针对机载 SAL 提出的，其主要过程是从相邻脉冲回波的复相关系数中提取振动相位误差的差分值，再将差分值后向累积以获得振动相位误差的估计结果。该方法估计机载 SAL 振动相位误差的关键在于相邻脉冲对应的目标回波信号之间具备强相关性，该强相关性主要来源于机载 SAL 较高的脉冲重复频率和在激光波段较为均匀的目标后向散射特性。由于实际场景的散射特性总是缓变的，且在激光波段，非镜面目标都是粗糙（均匀）的，在本章发射光斑的方位向尺寸小至 0.1m 量级的情况下，可近似认为地面光斑内目标的散射特性是沿方位向均匀分布的，且本章机载 SAL 系统的脉冲重复频率为 100kHz，相邻脉冲对应的地面光斑的方位向偏移仅有 0.6mm，这为使用 SCA 算法进行振动相位误差的估计提供了条件。

1. 子孔径划分

由于激光波长较短，SAL 系统在短合成孔径时间内即可获得足够大的方位带宽，以满足高分辨率的成像需求，这使得 SAL 在慢时间域的子孔径成像成为可能。由于振动的幅度和频率受到稳定平台的限制，在一个子孔径时间内均变化较小，因此可通过划分子孔径来减少成像时间，以限制振动对信号的影响。此外，在对非合作目标观测时，场景中满足接收信噪比的散射点多是孤立的单散射点，场景的不连续会导致 SCA 不能准确估计振动相位。由于低信噪比情况下信号特征不明显，难以准确判断各散射点的持续时长，可通过滑窗的方式在慢时间域对信号划分子孔径，对各子孔径分别使用 SCA 对振动相位进行估计。

合成孔径时长约为 2.56ms，取两个合成孔径时长的数据作为一个子孔径时长，各子孔径数据在慢时间上重叠一个合成孔径时长，最后取每个子孔径中心的一个合成孔径时长的成像结果用于成像结果的条带拼接，子孔径划分示意图如图 2.6 所示。

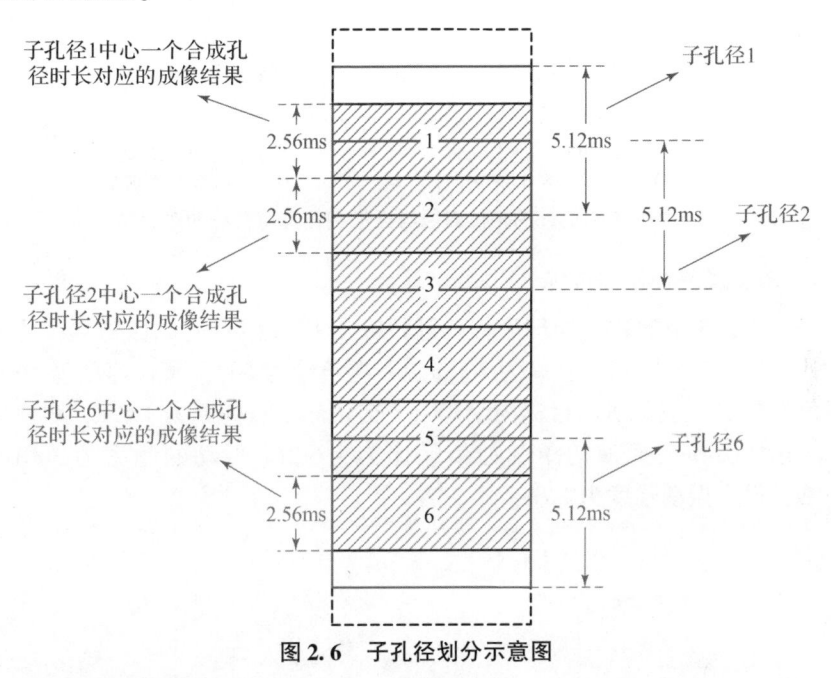

图 2.6　子孔径划分示意图

2. 去斜并窄带滤波

在低信噪比情况下，噪声的相位占据主要分量，在提取振动相位误差的差分值时，噪声会导致一定的误差，甚至导致相位解缠失效，进而降低 SCA 算法的振动相位误差估计精度。由于 SAL 的脉冲重复频率通常远高于振动的频率，在几个脉冲对应的时间段内振动相位误差近似匀速变化，此时可将 SCA 算法中的单脉冲相关改为脉冲串相关用来降低噪声的影响。此外，由于信号去斜后仅在多普勒频域中占据一部分带宽，可通过先做带通滤波再做 SCA 来进一步降低噪声相位对 SCA 估计精度的影响。仿真中将信噪比设置为 -6dB，其他参数如表 2.6 所列，带通滤波前后 SCA 估计的相位曲线与振动真值的相位曲线的对比如图 2.7 所示。

可以看出经 20kHz 带宽的窄带滤波后，SCA 估计精度明显上升，估计的振动相位曲线与实际振动相位曲线较为接近，残余的相位误差可由 PGA 进一步估计并补偿。

(a) 窄带滤波前　　　　　　　　(b) 窄带滤波后

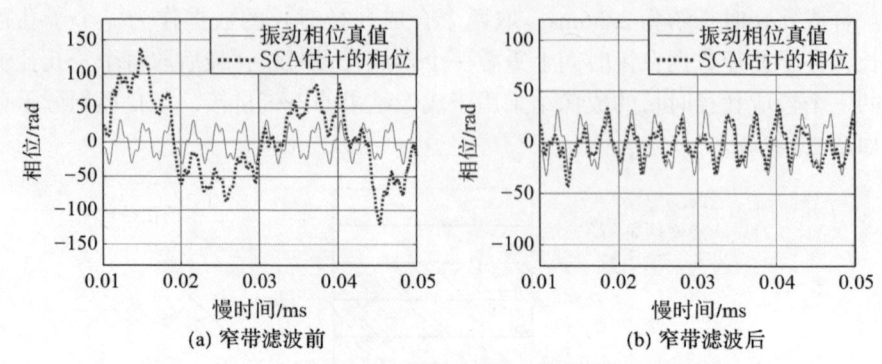

图 2.7　SCA 估计的相位曲线与振动相位真值曲线的对比图

3. 相位误差补偿与成像

基于图 2.5 中的数据处理流程，进行 SAL 回波信号的成像仿真，仿真的目标场景如图 2.8 所示。航高为 800m，下视角约为 60°，飞行速度为 56m/s，斜视角为 0.2°。成像所用目标为字母 E，交轨向 5 点间距为 1.2m，顺轨向上 6 点间距为 0.4m。回波的单脉冲信噪比为 −6dB。振动的频率为 300Hz 和 1100Hz，最大振动幅度为 1μm。

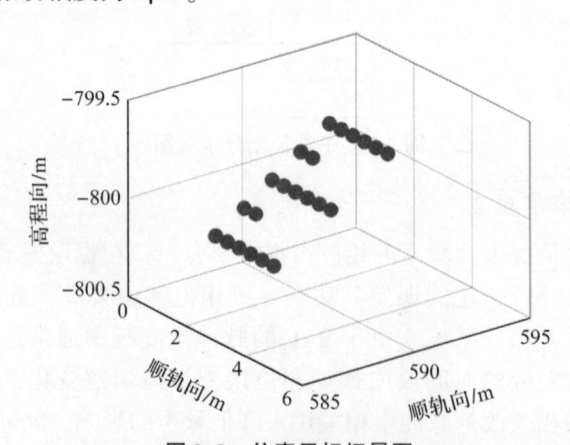

图 2.8　仿真目标场景图

对接收的回波划分子孔径并去斜，估计目标的多普勒中心频率然后将信号搬移至零频，再做窄带滤波以降低噪声的干扰，中心距离门对应的时频分析结果如图 2.9 所示（时频分析窗长为 2.56ms，重叠为 1.28ms），由于信噪比较低，图 2.9 中用虚线对信号区域进行标记以辅助判断。

仿真场景近似于正侧视工作，目标的方位向尺寸为 2m，对应的回波时长为 35.7ms，根据图 2.6 可划分 14 个子孔径。去斜后的各个子孔径的时频分析

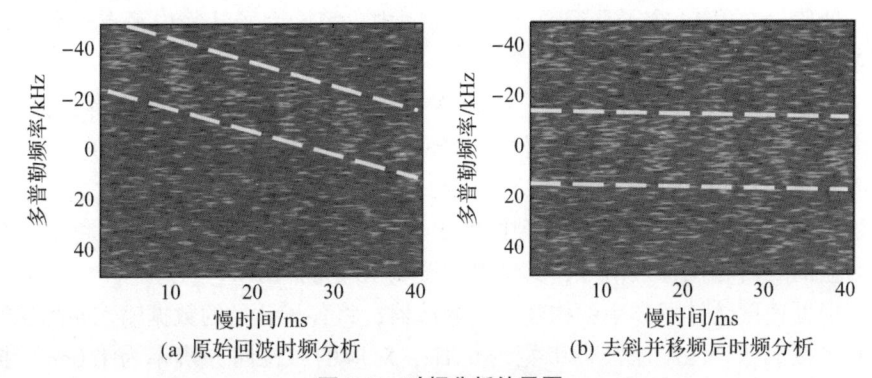

(a) 原始回波时频分析　　　　　(b) 去斜并移频后时频分析

图 2.9　时频分析结果图

结果如图 2.10（a）所示。在光斑大于目标尺寸情况下，SCA 估计的相位中不仅包含振动相位误差，也同时包含平台平动分量对应的二阶相位。在将 SCA 估计的相位补入信号后，还要再将平动分量对应的二阶相位补入信号。做 40kHz 带通滤波后，用 SCA（用 4 个脉冲构造脉冲串）估计相位误差并补偿，补偿后的各子孔径时频分析结果如图 2.10（b）所示。可以看出 SCA 补偿后，方位向上 6 处信号均已聚焦，第 1 处信号在第 1~2 个子孔径时间内，第 2 处信号在第 3~4 个子孔径时间内，第 3 处信号在第 6~7 个子孔径时间内，第 4 处信号在第 8~10 个子孔径时间内，第 5 处信号在第 11~13 个子孔径时间内，

(a) 各子孔径的时频分析结果　　　　(b) SCA 补偿后的时频分析结果

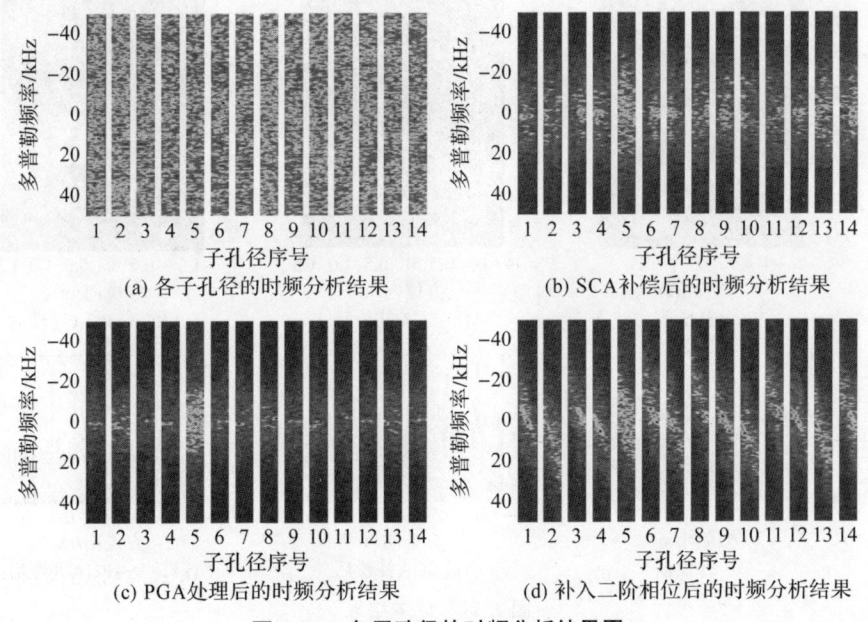

(c) PGA 处理后的时频分析结果　　　(d) 补入二阶相位后的时频分析结果

图 2.10　各子孔径的时频分析结果图

第 6 处信号在第 14 个子孔径及之后的时间内，第 5 个子孔径内没有信号因此 SCA 补偿后没有聚焦。

由图 2.10（b）可以看出，在 SCA 补偿后回波信号的信噪比得到提升，但由于残余相位误差的影响，仍存在散焦现象，这为 PGA 的使用提供了条件。PGA 处理后的结果如图 2.10（c）所示，可以看出各子孔径的信号被进一步聚焦。在此基础上，去除各子孔径中 PGA 相位中线性相位的影响，并将平动分量对应的二阶相位补入信号，其结果如图 2.10（d）所示。

根据速度估计调频率，构建匹配滤波器，将各子孔径的数据输入匹配滤波器并拼接成像。匹配滤波器带宽约 6kHz，对应的方位向分辨率为 1.0cm。振动相位误差补偿前的成像结果、SCA 补偿后的成像结果与 SCA 补偿后再用 PGA 处理后的成像结果如图 2.11 所示，图 2.11（d）~图 2.11（f）为图 2.11（a）~图 2.11（c）的方位向剖面图。进行振动相位误差补偿前，成像仿真结果如图 2.11（a）、图 2.11（d）所示，振动相位误差导致成像结果散焦，目标轮廓模糊。利用 SCA 算法进行振动相位误差估计，图 2.11（b）、图 2.11（e）

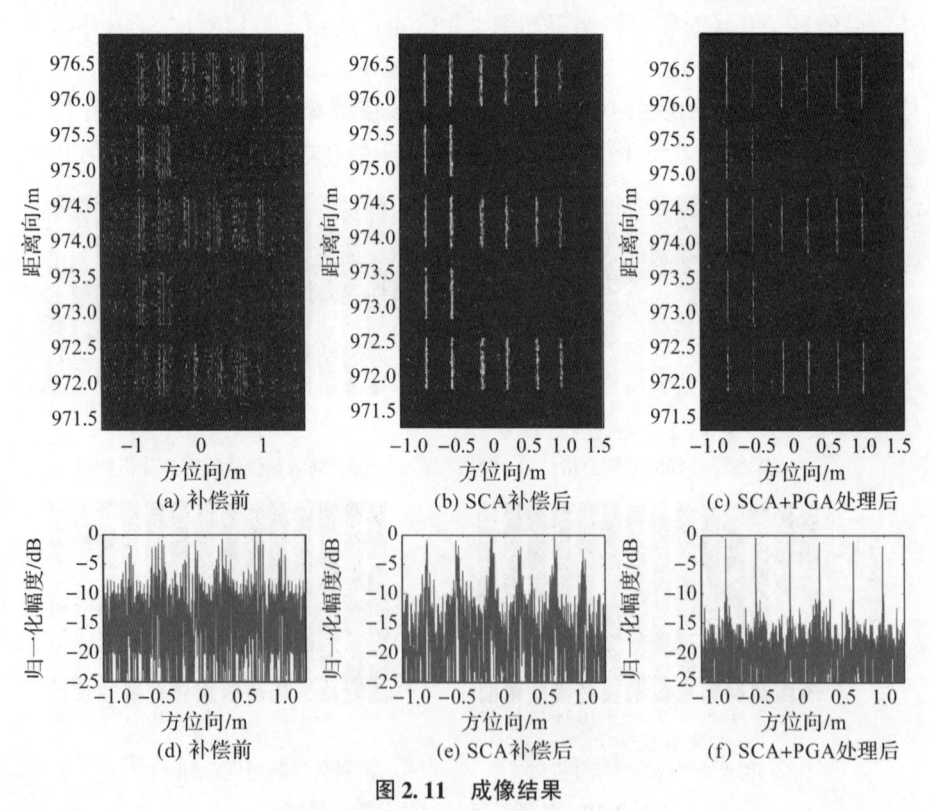

图 2.11 成像结果
(a) 补偿前 (b) SCA 补偿后 (c) SCA+PGA 处理后
(d) 补偿前 (e) SCA 补偿后 (f) SCA+PGA 处理后

给出了SCA算法进行振动相位误差估计与补偿后的成像结果。显然，在用SCA算法进行振动相位误差补偿后，图像的聚焦效果明显好转，目标轮廓已较为清晰，说明SCA算法可被用于SAL振动相位误差的初步估计。图2.11（c）、图2.11（f）给出了SCA算法补偿后再用PGA算法进行残余相位误差估计与补偿后的成像结果，此时图像的聚焦效果进一步提升，方位向分辨率已接近理论值1cm。

以图像熵、图像对比度和图像信噪比对成像结果的聚焦效果进行评价，如表2.2所列。图像熵和对比度的计算公式如下：

$$\begin{cases} H(I) = -\sum_{j=1}^{J}\sum_{k=1}^{K} p(j,k) \cdot \ln p(j,k) \\ C(I) = \frac{1}{u}\sqrt{\frac{1}{JK} \cdot \sum_{j=1}^{J}\sum_{k=1}^{K}(|I(j,k)| - u)^2} \end{cases} \quad (2.7)$$

式中　$p(j,k) = \dfrac{|I(j,k)|^2}{\sum_{j=1}^{J}\sum_{k=1}^{K}|I(j,k)|^2}$——图像的归一化功率（W）；

$I(j,k)$——复图像；

$u = \dfrac{\sum_{j=1}^{J}\sum_{k=1}^{K}|I(j,k)|}{JK}$——图像的平均强度；

J和K——图像的二维像素点数。

图像熵越小，对比度越大，说明聚焦效果越好。

表2.2　图像熵、图像对比度和成像信噪比

	图2.11（a）	图2.11（b）	图2.11（c）
图像熵	13.4437	12.7420	11.9606
图像对比度	0.6049	0.6999	0.8672
信噪比/dB	10	14	17

对比图2.11（a）和图2.11（b）可以看出，用SCA算法进行振动相位误差的估计与补偿，成像结果的图像熵大幅度降低，图像对比度大幅度提高，说明SCA算法能够对机载SAL信号的振动相位误差进行有效估计。对比图2.11（b）和图2.11（c）的聚焦效果可以看出，成像结果的图像熵进一步降低，图像对比度进一步提高，说明PGA算法可对SCA补偿后的残余相位误差进行有效估计。

2.2.4　飞行实验数据处理结果

在图2.4（b）、（c）对应的飞行试验区内没有在地面布设高反射率合作

目标。对获取的回波信号进行预处理，滤除快时频域以及慢时频域的干扰。通过对所有距离门做时频分析，改善回波信号信噪比并进行目标检测。时频分析窗长为256点（2.56ms），重叠点数为128。通过时频分析，在1.2s时长飞行数据中发现6处明显的目标信号，判定为高反射率非合作目标。目标参数如表2.3所列，第2、4、5处目标信号的时频分析结果如图2.12所示，6处回波信号对应的斜距范围为998~1027m。

表2.3 处目标信号对应的参数

序号	距离门	斜距/m	慢时间范围/s	时长/ms	多普勒中心频率/kHz
1	776	998.475	1.9947~2.0254	25	-26.95
2	1000	1006.875	2.201~2.219	18	31.64
3	1181	1013.663	2.5826~2.6036	21	10.16
4	1241	1015.913	2.6798~2.7042	24	33.985
5	1449	1023.713	2.782~2.800	18	-46.875
6	1528	1026.675	3.0357~3.0523	16	38.54

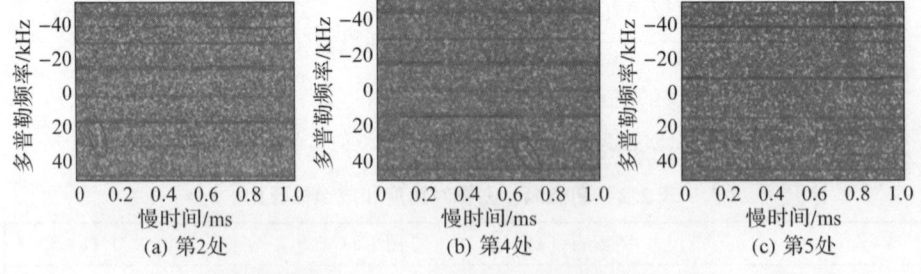

(a) 第2处　　(b) 第4处　　(c) 第5处

图2.12 第2、4、5处目标信号的时频分析结果

上述结果表明，采用时频分析，可有效改善回波信噪比，使目标检测相对容易。上述结果同时表明，不同于仿真条件下的周期性振动，实际平台振动的情况较为复杂，且光电球在俯仰向扫描，这导致不同慢时间目标的多普勒中心频率变化较大。由于实际情况下多普勒中心频率不能稳定地集中在理论的多普勒中心频率附近，通过低通滤波不能有效改善信噪比。显然，为实现连续条带成像，对回波信号实施振动相位误差补偿和移频处理是必需的。

上述1.2s时长的实际数据成像处理过程中，首先对6处目标信号进行预处理，包括划分子孔径、去斜、窄带滤波和相位误差补偿处理。6处目标信号去斜后的多普勒域带宽确定为6kHz，对应的方位分辨率优于1cm，对信号做8kHz的带通滤波以降低噪声的干扰。然后用SCA估计并补偿相位误差，再用

PGA 做聚焦处理。

以第 3 处信号为例，信号持续总时长约为 21ms，以 5.12ms 为单位划分子孔径，各子孔径间重叠 2.56ms，划分 6 个子孔径，各子孔径 SCA 补偿前后以及再用 PGA 处理后的时频分析结果如图 2.13 所示。图 2.13（a）表明低信噪比情况下，各子孔径散焦较为严重，无法成像。图 2.13（b）、图 2.13（c）表明经带通滤波和 SCA 补偿后，各子孔径内的信号部分被聚焦，信噪比得以提升，再用 PGA 补偿残余的相位误差，可进一步提升聚焦效果。

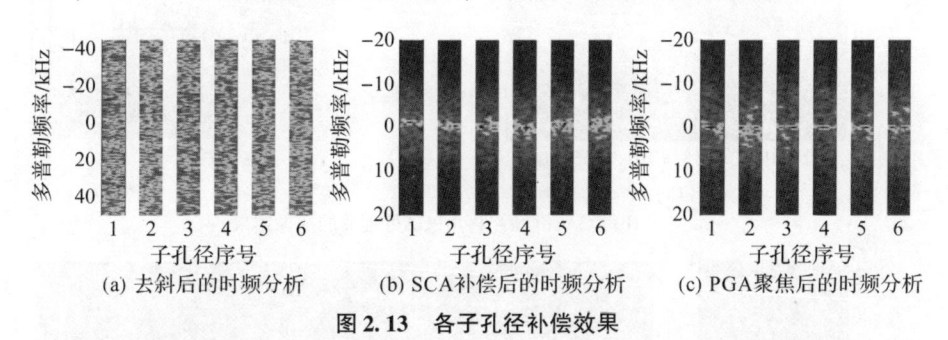

(a) 去斜后的时频分析　　(b) SCA 补偿后的时频分析　　(c) PGA 聚焦后的时频分析

图 2.13　各子孔径补偿效果

根据信号对应时刻的 POS 数据，计算对应的调频率并构造匹配滤波器，匹配滤波器带宽设置为 5kHz，对应的方位向最高成像分辨率为 1.1cm。SCA 补偿后的成像结果如图 2.14（a）所示，可以看出 SCA 补偿后已能够成像，

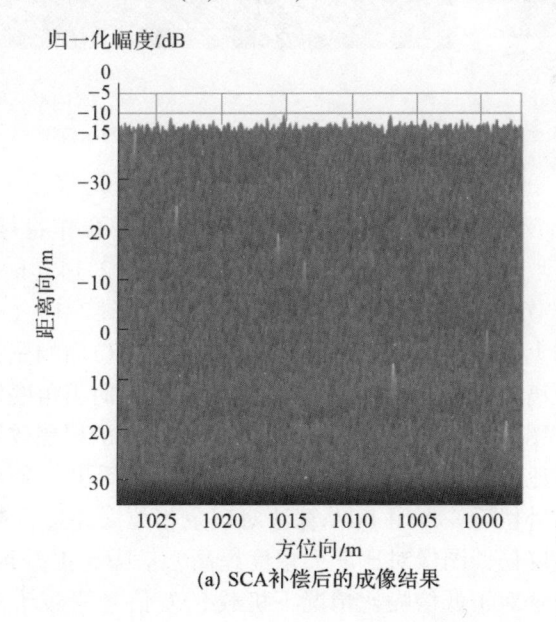

(a) SCA 补偿后的成像结果

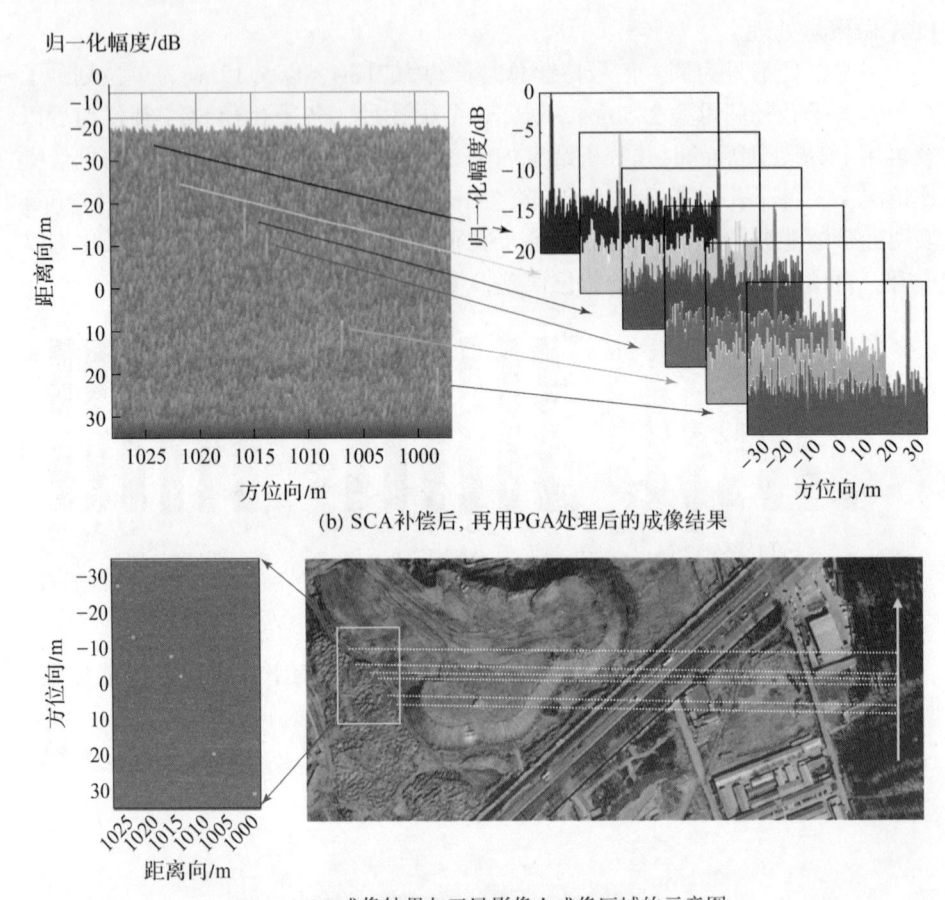

(b) SCA补偿后，再用PGA处理后的成像结果

(c) 成像结果与卫星影像上成像区域的示意图

图 2.14 成像结果

目标应是具有高反射率的非合作目标（反射率介于合作目标和自然地物之间）。在此基础上，再用 PGA 处理后的成像结果如图 2.14（b）所示，可以看出 PGA 处理后，分辨率和信噪比得到进一步提升。图 2.14（c）为 SAL 成像结果与卫星影像上该成像区域的对比图。成像结果方位向幅宽为 59m，距离向幅宽为 28m，距离向幅宽扩大是由于由光电球在俯仰向小角度扫描形成的。

以图像熵、图像对比度和图像信噪比对成像结果的聚焦效果进行评价，如表 2.4 所列。对比图 2.14（a）和图 2.14（b）可以看出，SCA 算法进行振动相位误差估计与补偿后，再用 PGA 算法对残余相位误差进行补偿，成像结果的图像熵大幅度降低，图像对比度大幅度提高，信噪比提升至 16dB。结果表明，本章所提方法对于低信噪比情况下机载 SAL 信号的振动相位误差估计具有重要意义。

表 2.4　图像熵、图像对比度和成像信噪比

	图 2.14（a）	图 2.14（b）
图像熵	12.3463	12.0054
图像对比度	0.5478	0.6802
信噪比/dB	12	16

图 2.14 中的第 2 处信号对应的成像结果如图 2.15 所示。可以看出，成像结果中共有 4 个散射点。成像结果的方位向分辨率为 1.4cm，接近理论分辨率，可以区分出图 2.15（a）左侧方位向间距分别为 18.7cm 和 8.9cm 的 3 个散射点。成像结果的距离向分辨率约为 30cm，可以明显区分出图 2.15（a）中斜距向间距为 3.69m 的散射点。

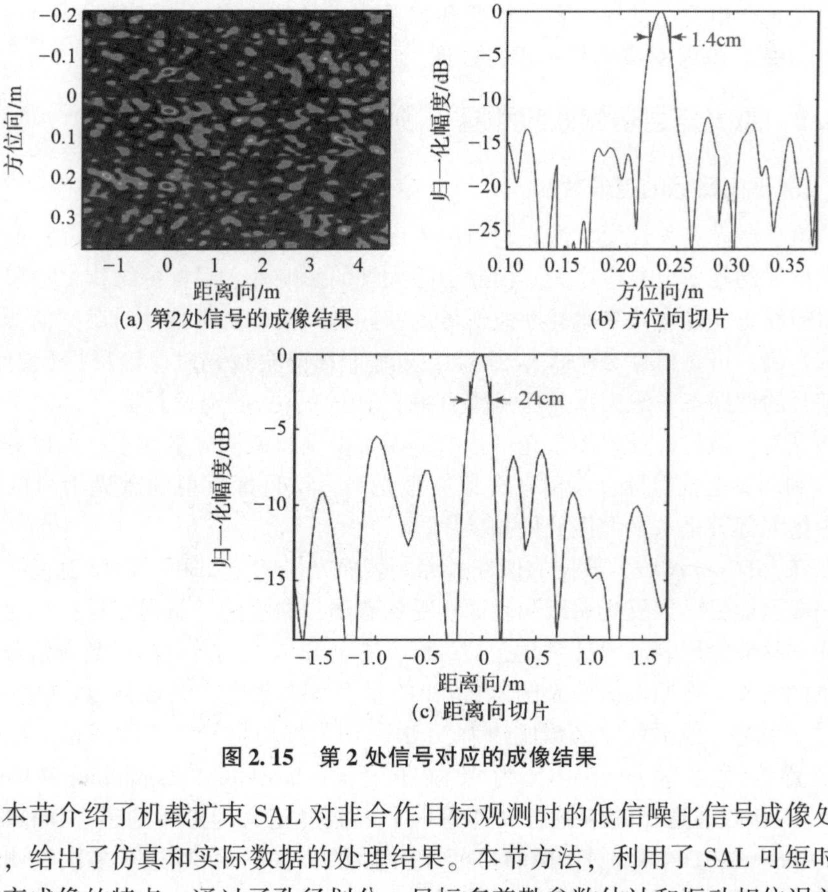

(a) 第2处信号的成像结果

(b) 方位向切片

(c) 距离向切片

图 2.15　第 2 处信号对应的成像结果

本节介绍了机载扩束 SAL 对非合作目标观测时的低信噪比信号成像处理方法，给出了仿真和实际数据的处理结果。本节方法，利用了 SAL 可短时高分辨率成像的特点，通过子孔径划分、目标多普勒参数估计和振动相位误差补

偿，经子孔径图像拼接实现长时条带成像，其原理清楚。

2.3 地基多偏振 ISAL 成像处理

真实目标具有成像场景不均匀、散射特性不规律、退偏效果不稳定的特点[21]，这将导致回波信号信噪比低，使得对脉冲间信号相关性要求较高的空间相关算法对振动相位误差的估计精度下降。在此基础上，可设置多个接收通道，通过通道间的干涉处理来进一步实现振动相位误差的精确估计与补偿以实现高分辨率成像。此外，为了降低系统对退偏效果的敏感性，本节实验系统采用圆偏振发射信号，并设置垂直偏振和水平偏振的接收通道，使系统对于多种真实目标均能够稳定地进行运动补偿并成像。利用二进制相位编码信号时宽带宽积大、自相关性良好、旁瓣较低和容易产生的特点[15]，采用码长 2000、脉宽 1μsBPSK 信号对真实目标进行成像。

2.3.1 激光信号退偏效应和基于顺轨干涉处理的运动补偿

1. 不同目标的退偏效应

由于激光波长较短，激光与目标表面的粒子更易发生相互作用，从而导致多次散射的几率也相应增大。因此，除大气的影响外，目标的结构、涂层和表面粗糙度也往往会改变激光回波信号的偏振态。根据目标特性对激光信号偏振态的影响，可将目标分为保偏目标（发射垂直偏振激光时，该目标反射的激光信号的偏振态中绝大部分还是垂直偏振分量）、一般退偏目标（发射垂直偏振激光时，该目标反射的激光信号的偏振态中垂直偏振分量和水平偏振分量接近）和严重退偏目标（发射垂直偏振激光时，该目标反射的激光信号的偏振态中绝大部分是水平偏振分量）。

在 1550nm 波段，典型的保偏目标如表面光滑的金属和平面反射镜；典型的一般退偏目标如反光贴纸和表面粗糙的金属；典型的严重退偏目标如建筑物表面和喷漆涂层制品。针对此三类目标，本节开展了不同目标对激光信号退偏效果的实验，选用偏振消光比为 23dB 的垂直偏振激光、码长为 2000 的 BPSK 信号（脉冲压缩后的主旁瓣比约为 33dB）作为发射信号。接收通道 1 的偏振态设置为垂直偏振（定义为保偏通道，Polarization Maintaining Channel, PMC），接收通道 2 的偏振态设置为水平偏振（定义为退偏通道，Depolarization Channel, DPC）。对不同的目标分别观测，对同一目标进行多次观测以解决单次实验结果误差可能较大的问题。设置对照实验，将通道 1、2 的偏振状态调换并再次观测，以解决通道不一致导致的测量误差。同时在红外相机前通过检偏器来验证回波数据现象的准确性。

对多组实验数据进行统计平均处理后的结果如图 2.16 所示，大气和入射角（偏离法线方向约 1°）对激光信号在垂直偏振方向的损耗按 1.5dB 考虑。由实验结果可以看出，表面光滑的金属保偏性能较好，激光信号在垂直偏振方向的损耗约 1.5dB，对应的保偏通道与退偏通道的回波强度差 17dB。反光贴纸呈现出了较为明显的退偏现象，激光信号在垂直偏振方向的损耗约 6.5dB，对应的保偏通道与退偏通道的回波强度差 7dB。而建筑物表面呈现出了较为严重的退偏现象，激光信号在垂直偏振方向的损耗约 11dB，对应的保偏通道与退偏通道的回波强度差 −2dB，此时回波信号的能量主要集中在退偏通道。

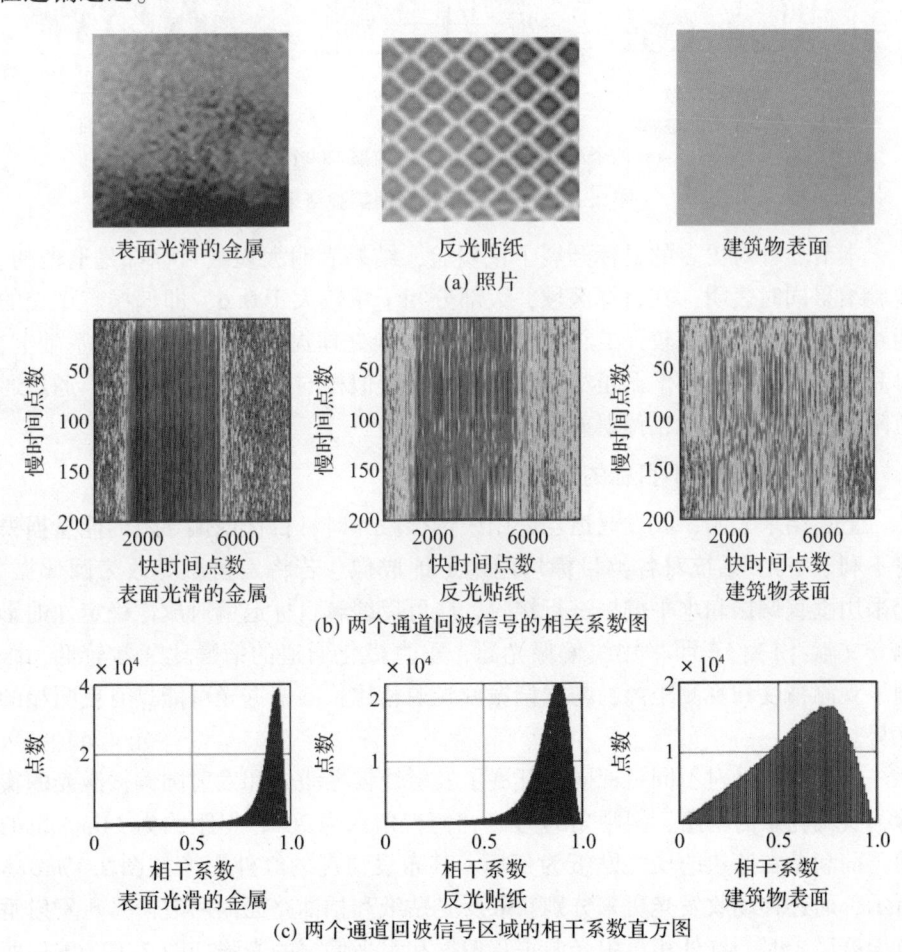

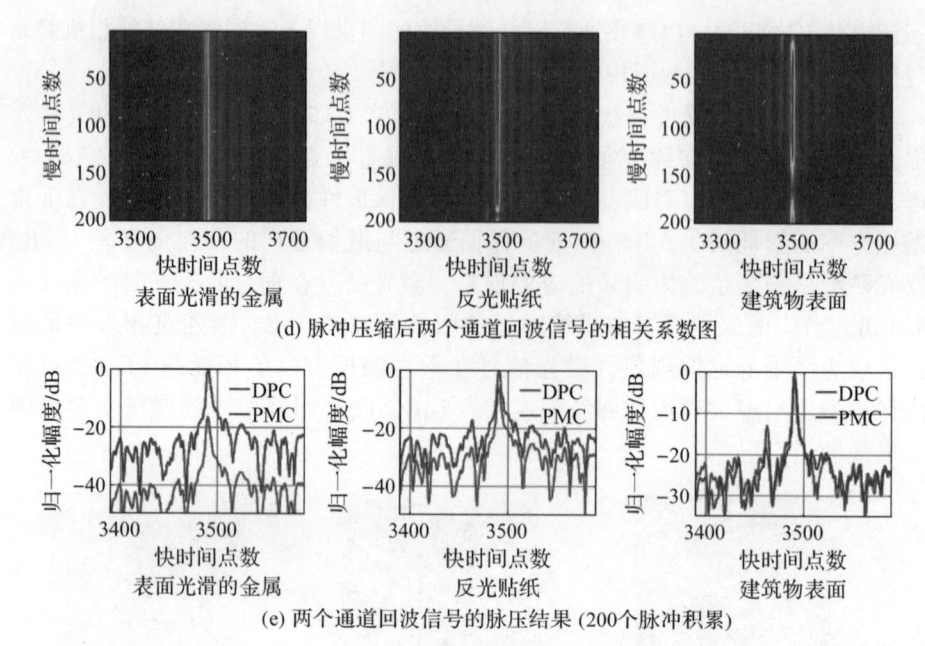

(d) 脉冲压缩后两个通道回波信号的相关系数图

(e) 两个通道回波信号的脉压结果 (200个脉冲积累)

图 2.16 不同目标的退偏实验结果

本节还针对更多的目标开展了该实验,结果表明大多数目标都是退偏的。实验结果同时表明,在目标区域,大部分相干系数大于 0.6,即偏振态正交的两路回波信号仍具有较强的相干性,这为干涉处理提供了条件。在此基础上,可利用同一时刻两路偏振正交回波信号具有近似相同振动误差的原理,通过通道间干涉来估计振动相位误差。

2. 不同偏振态下目标的退偏效应

上述结果表明,收发通道均采用线偏振激光时,目标退偏导致的能量损失将不利于 ISAL 系统对各类目标均能稳定地成像。若将发射激光改为圆偏振,仍采用垂直偏振和水平偏振进行接收,应可以缓解目标退偏对成像稳定性的影响。文献 [13] 表明采用线偏振光源,垂直极化通道的信噪比通常较低,限制了观测精度和观测距离,与线偏振激光源相比,圆偏振光可能具有更明显的优势。

为此我们针对不同目标同步开展了发射线偏振激光和发射圆偏振激光的实验,实验场景为马路,斜视角约为 1°,俯视角约为 20°,斜距约为 24m。以柏油路面和贴在路边的反光贴纸为目标,其布设情况的红外影像如图 2.17 (a) 所示,通过移动收发光斑来分别获取反光贴纸和柏油路面的回波信号。发射垂直偏振激光时,红外相机中光源垂直偏振和水平偏振的光强如图 2.17 (b) 所示，可以看出垂直偏振度较好。发射圆偏振激光时，红外相机中光源垂直偏振和水平偏振的光强如图 2.17（c）所示，此时垂直偏振和水平偏振的光强相当，可以认为圆偏振度较好。在此基础上开展试验，发射垂直偏振激光时，反光贴纸的两个通道的脉压结果如图 2.17（d）所示，柏油路面的两个通道的脉压结果如图 2.17（f）所示。发射圆偏振激光时，反光贴纸的两个通道的脉压结果如图 2.17（e）所示，柏油路面的两个通道的脉压结果如图 2.17（g）所示。

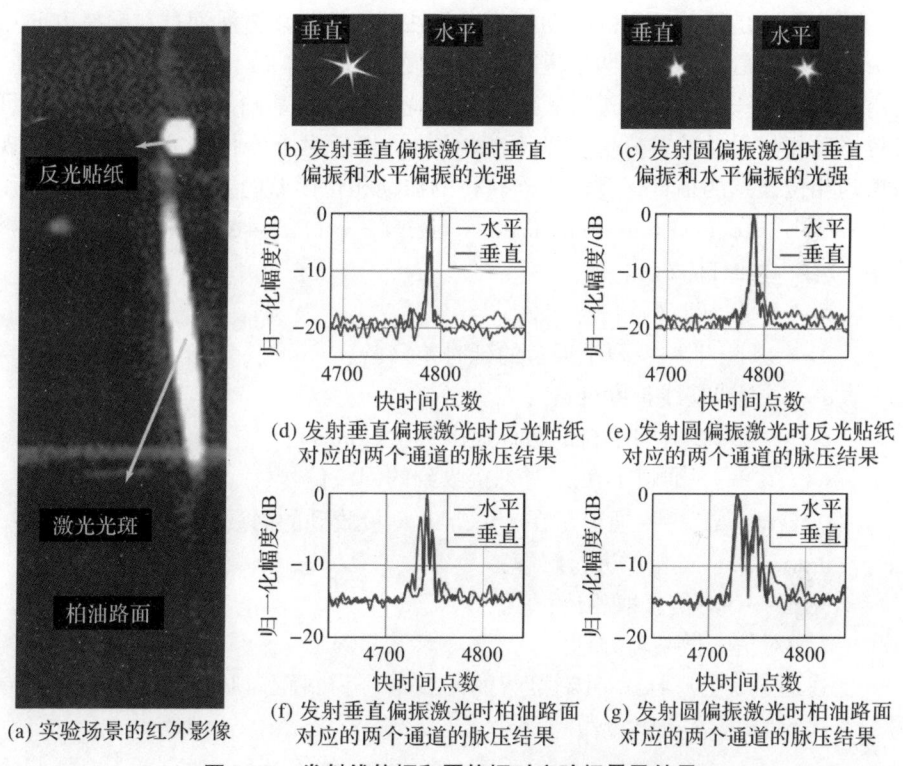

图 2.17 发射线偏振和圆偏振时实验场景及结果

实验结果表明，发射垂直偏振激光时，对于反光贴纸这种一般退偏目标而言，垂直偏振接收通道的回波强度大于水平偏振接收通道；对于柏油路面这种严重退偏目标，垂直偏振接收通道的回波强度小于水平偏振接收通道。而发射圆偏振激光时，对于两种退偏目标，两路偏振态正交的线偏振接收通道的回波强度接近，且相对于发射线偏振激光的情况，两个通道的回波强度略有所提升。

3. 正交偏振接收与顺轨干涉结合的运动补偿方法

ISAL 波长较短的特点使其对振动极为敏感，振动信号的微小变化都会对回波信号的频谱进行调制，显著提高其多普勒带宽，使得目标成像结果在横向距离维散焦，增加成像难度。决定振动信号多普勒带宽的因素是成像时间内振动瞬时速度的变化情况，幅度 100μm、频率 50Hz 的正弦振动对应的多普勒带宽就高达 40kHz，而对于运动目标而言，该量级的振动是常见的，因此需对振动相位误差进行估计和补偿。

顺轨干涉是目前常用的振动相位误差估计方法。该方法通过在顺轨方向布设两个接收通道，等效为两通道在不同的慢时间时刻（t_k 和 $t_k + \Delta t$），以相同视角在相同距离上对目标进行了两次重复观测。在此基础上，通过干涉处理可获得振动相位误差的差分值（即干涉相位），然后对干涉相位进行积分以实现对振动相位误差的估计。顺轨干涉获得的振动相位误差的差分值可以表示为

$$\Delta\varphi_v(t_k) = \text{unwrap}\{\text{angle}[s_1(\hat{t},t_k) \cdot s_2(\hat{t},t_k + \Delta t)^*]\} \tag{2.8}$$

式中　$\hat{t}$——快时间（s）；

t_k——慢时间（s）；

$\Delta t = d/\|\boldsymbol{v}\|$——两个通道的延时差（s）；

d——干涉基线长度（m）；

$\boldsymbol{v}$——与基线方向平行的目标速度矢量（m/s）；

$s_1(\hat{t},t_k)$——通道 1 在 t_k 时刻接收到的回波信号；

$s_2(\hat{t},t_k + \Delta t)$——通道 2 在 $t_k + \Delta t$ 时刻接收到的回波信号；

unwrap——对相位进行解缠；

angle——对信号取相位；

$*$ 为对信号做共轭处理。

上述通道 i 在 $t_k + \Delta t_i$ 时刻接收的回波信号为斜距向脉冲压缩后的回波信号，可表示为

$$s_i(\hat{t},t_k + \Delta t_i) = \sum_{m=1}^{M} \left\{ \begin{array}{l} \rho_m \cdot \sigma_m \cdot \exp(\text{j} \cdot \varphi_m) \cdot \text{sinc}\left\{B_r \cdot \left[\hat{t} - 2 \cdot \dfrac{R_{m,i}(t_k + \Delta t_i)}{C}\right]\right\} \cdot \\ \exp\left[-\text{j} \cdot \dfrac{4\pi \cdot R_{m,i}(t_k + \Delta t_i)}{\lambda}\right] \cdot \exp[\text{j} \cdot \varphi_v(t_k + \Delta t_i)] \end{array} \right\}$$

$$\tag{2.9}$$

式中　ρ_m——第 m 个散射点的退偏损失系数；

σ_m——第 m 个散射点的后向散射系数；

φ_m——第 m 个散射点的初相位（rad）；

B_r——发射信号带宽（Hz）；

$R_{m,i}(t_k+\Delta t_i)$——$t_k+\Delta t_i$ 时刻第 m 个散射点到第 i 个通道等效相位中心的距离（m）；

λ——发射信号波长（m）；

C——光速（m/s）；

$\varphi_v(t_k+\Delta t_i)$——$t_k+\Delta t_i$ 时刻的振动相位误差（rad）。

为实现目标振动相位误差估计，对 $s_1(\hat{i},t_k)$ 和 $s_2(\hat{i},t_k+\Delta t)$ 配准后进行干涉处理，此时干涉相位可表示为 $\Delta\varphi_v(t_k)=\varphi_v(t_k)-\varphi_v(t_k+\Delta t)$，此后通过积分即可实现对振动相位误差 $\varphi_v(t_k)$ 的估计：

$$\varphi_v(t_k) = \int_0^{t_k} \Delta\varphi_v(K)\mathrm{d}K \tag{2.10}$$

由上述分析可知，顺轨干涉的相位误差估计精度取决于通道间幅相一致性和信噪比。对于基于光纤光路和相干体制的 ISAL 线偏振接收机而言，若 ISAL 作用于退偏目标，此时目标的退偏效果将大幅降低回波信号的信噪比，从而严重影响相位误差估计精度和成像效果，因此需研究如何克服不同目标的退偏影响以保证通道间幅相一致性和信噪比，使系统能对各类目标均能有效地进行相位误差估计并稳定成像。

2.3.2 偏振实验系统组成和信号处理流程

1. 系统组成

本章 ISAL 实验系统所采用的收发光学系统如图 2.18（a）所示，包括 1 个发射通道（Transmitting Channel，TC）、2 个偏振态正交的接收通道（Receiving Channel，RC）、1 个用于脉冲压缩的发射参考通道（Transmitting Reference Channel，TRC）。为扩大距离向观测幅宽，发射和接收通道都采用柱面镜在俯仰向扩束，扩束后的光斑分别如图 2.18（b）和图 2.18（c）所示。经红外相机测量，扩束后发射镜方位向波束宽度约为 1.5mrad，俯仰向波束宽度约

(a) 系统照片　　(b) 发射光斑　(c) 接收光斑　　(d) 几何关系示意图

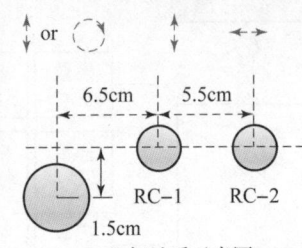

图 2.18　收发光学系统

为50mrad；扩束后接收镜方位向波束宽度约为1.2mrad，俯仰向波束宽度约为80mrad。发射通道为由光纤准直器、1/4波片、柱面镜组成的透镜组。接收通道为由光纤准直器、偏振片、柱面镜组成的透镜组。发射参考通道用于记录发射的BPSK信号并实现回波信号的脉冲压缩。各通道的偏振态及其之间的几何关系如图2.18（d）所示。

  本节使用的ISAL系统主要由上述收发光学系统、激光器、信号形成模块、回波采集模块与计算机构成，系统框图如图2.19所示，ISAL系统整体放置在一个通用三轴稳定平台上以降低平台振动对成像质量的影响。激光器中心波长为1.55μm，平均发射功率为5W。采用高重频以避免振动导致的多普勒频率混叠，因此脉冲重复频率选为100kHz。信号形成模块用于产生系统的时钟信号，同时产生MZ调制器所需的宽带相位调制电信号和AOM脉冲调制器所需的宽脉冲调制电信号，最终形成脉宽1μs、子码宽度0.5ns、码长2000、带宽2GHz的BPSK信号。回波采集模块主要由平衡探测器（Balanced Photodiode，BPD）、射频放大器和模数转换器组成。ADC量化位数为12bit，采样速率为4GS/s，50Ω负载时对应的量化功率门限为-68.2dBm。为保证探测灵敏度，需使回波功率和等效噪声功率都大于ADC的量化功率门限。通过增大放大器增益可保证小信号的采样，因此本节ISAL系统将射频放大器设置为50dB。此外，为便于观测目标，试验中同时配置了短波红外相机。

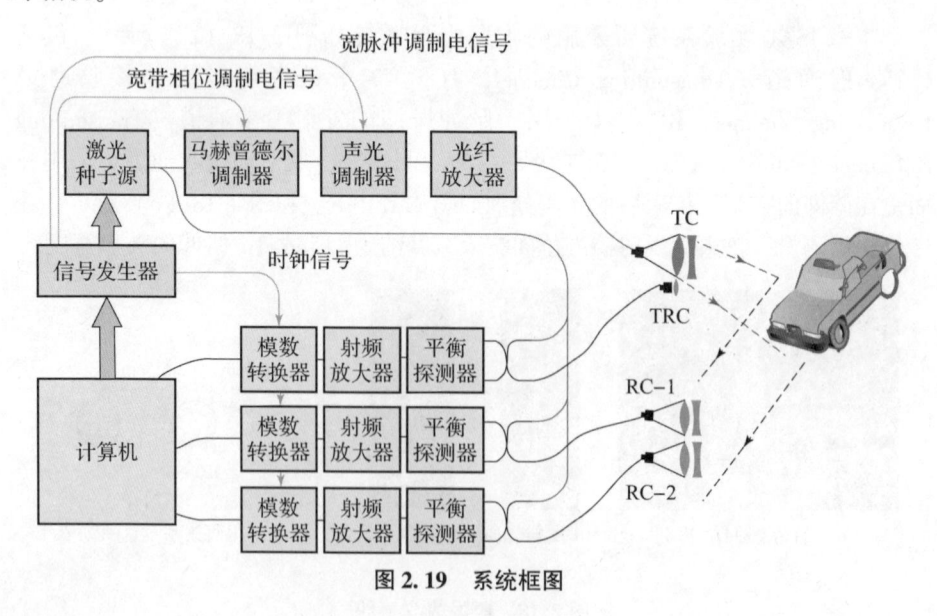

图2.19 系统框图

2. 信号处理流程

由于 ISAL 和目标在光波传播方向上存在相对运动，回波信号与发射信号之间存在多普勒频移。而 BPSK 信号具有多普勒敏感的特点，BPSK 的脉宽越大，多普勒频移对脉压效果的影响就越大。本节 ISAL 系统采用脉宽为 $1\mu s$ 的 BPSK 信号，其多普勒容限为 500kHz，对应的目标径向速度为 0.3875m/s。系统的脉冲重复频率（Pulse Repetition Frequency，PRF）为 100kHz，可处理的多普勒带宽为 50kHz，对应的目标径向速度为 0.03875m/s。因此对于运动目标回波信号，为实现较为理想的脉冲压缩并避免多普勒频率的混叠，需要先对回波信号进行多普勒补偿。并在此基础上进行振动相位误差估计和补偿，以实现方位向聚焦从而达到理想的成像分辨率。

文献［14］和文献［15］介绍了基于双通道和多通道回波信号的平动目标相位误差估计方法，文献［12］提出基于多通道回波信号估计转动目标相位误差的方法。因此当多通道回波信号相干性较好时，通过干涉处理估计运动相位误差具有可行性。但干涉处理中多普勒带宽较大会影响干涉相位的解缠，因此基线长度需设置得较短以使得干涉相位不缠绕，基线长度需满足以下条件：

$$\max\{|\varphi_v(t_k+d/\|\boldsymbol{v}\|)-\varphi_v(t_k)|\} < \pi\text{rad} \tag{2.11}$$

SCA 算法可以近似地从回波信号相邻脉冲间提取振动相位误差的差分值，为减小振动的多普勒带宽从而减轻干涉相位的缠绕问题，可先使用 SCA 对回波信号的振动相位误差进行粗略估计和补偿，然后再使用顺轨干涉方法对振动相位误差进行精确估计和补偿，此时式（2.9）可改写为

$$s_{i,\text{sca}}(\hat{t},t_k+\Delta t_i) = \sum_{m=1}^{M}\begin{Bmatrix}\rho_m\cdot\sigma_m\cdot\exp(j\cdot\varphi_m)\cdot\exp\{j\cdot[\varphi_v(t_k+\Delta t_i)-\\ \varphi_{\text{sca}}(t_k+\Delta t_i)]\}\cdot\text{sinc}\left\{B_r\cdot\left[\hat{t}-2\cdot\frac{R_{m,i}(t_k+\Delta t_i)}{C}\right]\right\}\cdot\\ \exp\left[-j\cdot\frac{4\pi\cdot R_{m,i}(t_k+\Delta t_i)}{\lambda}\right]\end{Bmatrix} \tag{2.12}$$

式中 $\varphi_{\text{sca}}(t_k)=\sum_{j=1}^{k}\text{unwrap}[\text{angle}(\varepsilon_{j,j-1})]$ ——SCA 估计的相位误差（rad）；$\varepsilon_{j,j-1}$ ——回波中第 j 个脉冲与 $j-1$ 个脉冲的复相干系数。

本节的信号处理流程为：回波信号与发射参考信号先经预处理（希尔伯特变换和滤波），再根据观测几何和红外影像估计斜视角、俯视角、斜距和目标运动速度，结合估计的参数对回波信号进行多普勒补偿。补偿后的回波信号与发射参考信号在快频域共轭相乘实现脉冲压缩，再根据脉压结果的时域和频

域对估计的参数进行微调直至获得理想的脉压结果，然后对两个通道的数据进行快时间/慢时间配准。对配准后的两个通道的信号用 SCA 对振动相位误差进行粗估计，再用顺轨干涉相位对振动相位误差进行精估计。补偿振动相位误差之后，此时回波信号的相位中平动产生的二阶相位占据主要分量，根据目标运动速度构建匹配滤波器，采用 RD 算法进行子孔径成像，再对成像结果进行拼接和方位向多视以获得最终的成像结果。

2.3.3 运动目标多偏振 ISAL 成像结果

本节 ISAL 系统室外实验场景和观测几何如图 2.20 所示，样机到目标之间的斜距约为 20m，高度差约为 9m，斜视角为 1°，俯视角为 24.2°。观测场景为路面上的过往车辆，发射光斑在路面中央，其俯仰向尺寸约为 1m。

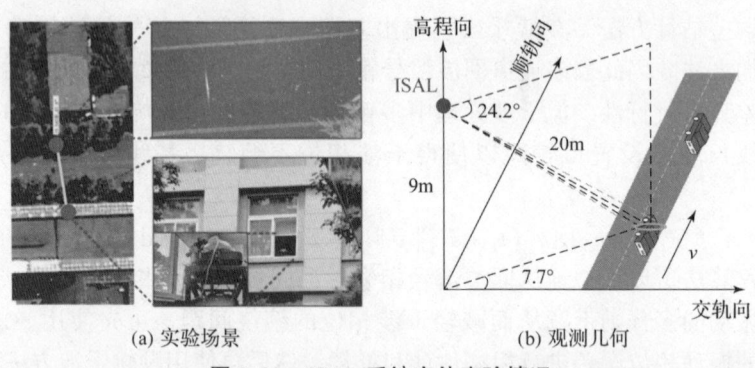

(a) 实验场景　　(b) 观测几何

图 2.20　ISAL 系统室外实验情况

采用图 2.19 所示 ISAL 系统对运动目标进行 ISAL 成像实验。首先对三轮车开展实验，三轮车上贴有用于定标的反光贴纸（反光贴纸顺轨向长度为 2cm），发射光斑、三轮车和反光贴纸对应的红外影像如图 2.21（a）所示，三轮车尺寸以及反光贴纸的间距如图 2.21（b）所示。

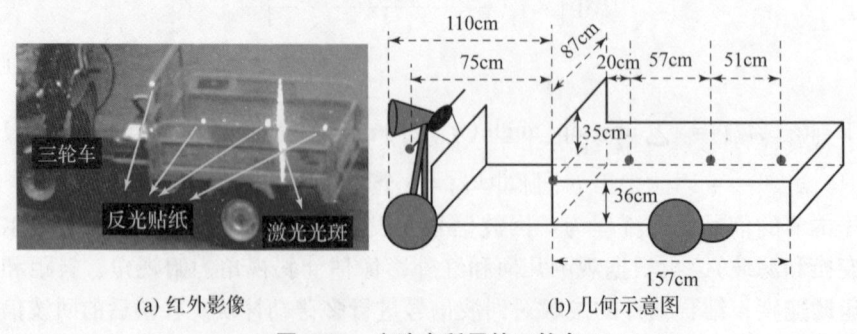

(a) 红外影像　　(b) 几何示意图

图 2.21　实验中所用的三轮车

两个接收通道回波信号第4109个距离门（反光贴纸所在距离门）的时频分析如图2.22（a）~图2.22（b）所示，可以看出其振动引起的多普勒带宽约为45kHz，且两个接收通道的振动多普勒曲线较为接近。使用SCA粗补偿后，再使用顺轨干涉精补偿后，两个接收通道回波信号第4109个距离门的时频分析如图2.22（c）~图2.22（d）所示，此时回波信号的多普勒带宽被进一步减小。需要特别说明的是运动补偿之后，由于目标横向运动产生了二阶相位，此时各点回波信号呈现出线性调频信号的特点，可通过构造匹配滤波器用子孔径RD算法进行成像。

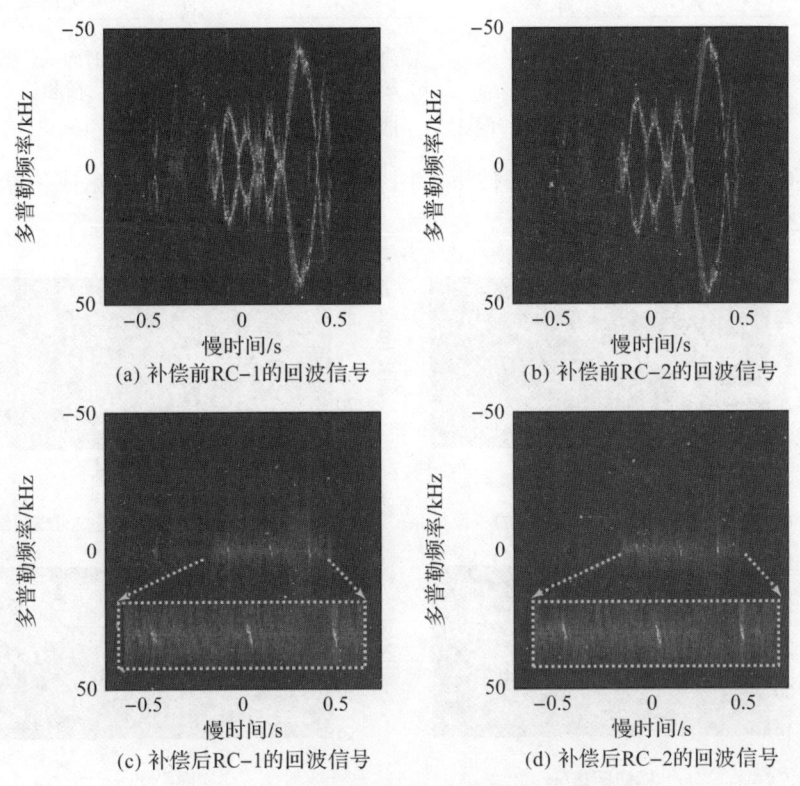

(a) 补偿前RC-1的回波信号　　(b) 补偿前RC-2的回波信号

(c) 补偿后RC-1的回波信号　　(d) 补偿后RC-2的回波信号

图2.22　两个接收通道各处理阶段的时频分析

成像结果的斜距向切片如图2.23（a）所示，本节使用的BPSK信号带宽2GHz，经希尔伯特变换构成复信号后，其等效带宽为1GHz，对应的斜距向分辨率为15cm，这与斜距向的3dB宽度（在包含主瓣最大辐射方向的某一平面内，把相对最大辐射方向功率通量密度下降到一半处的两点之间的夹角称为3dB宽度）也能很好地对应。根据红外影像和观测几何估计的目标横向速度约为2.4~2.6m/s，成像结果的方位向切片如图2.23（b）所示，根据三轮车上布设的反光贴纸间距和成像结果的对应关系可以估计车速为 2.51m/s。补偿振动相位误差后，实际数据的二阶相位与 2.51m/s 的横向速度对应的二阶相位如图 2.23（c）所示，可以看出二者较为接近，这也从另一方面验证了上述目标横向车速的准确性。

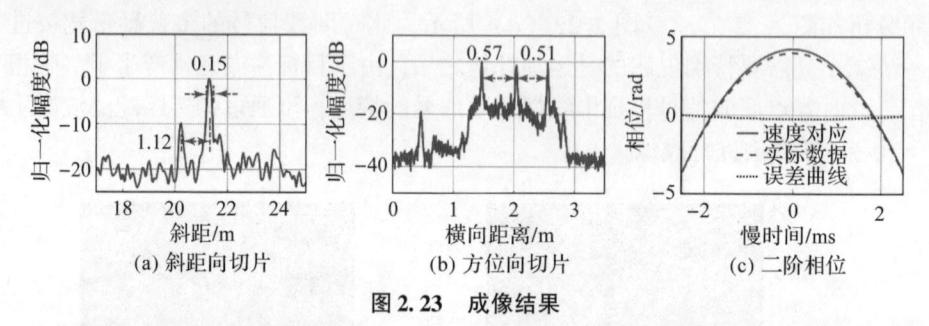

(a) 斜距向切片　　(b) 方位向切片　　(c) 二阶相位

图 2.23　成像结果

在发射不同偏振激光的条件下，用 BPSK 信号对三轮车目标成像结果如图 2.24 所示和表 2.5 所列。

(a) 发射垂直偏振激光时通道1的成像结果　　(b) 发射垂直偏振激光时通道2的成像结果

(c) 发射圆偏振激光时通道1的成像结果　　(d) 发射圆偏振激光时通道2的成像结果

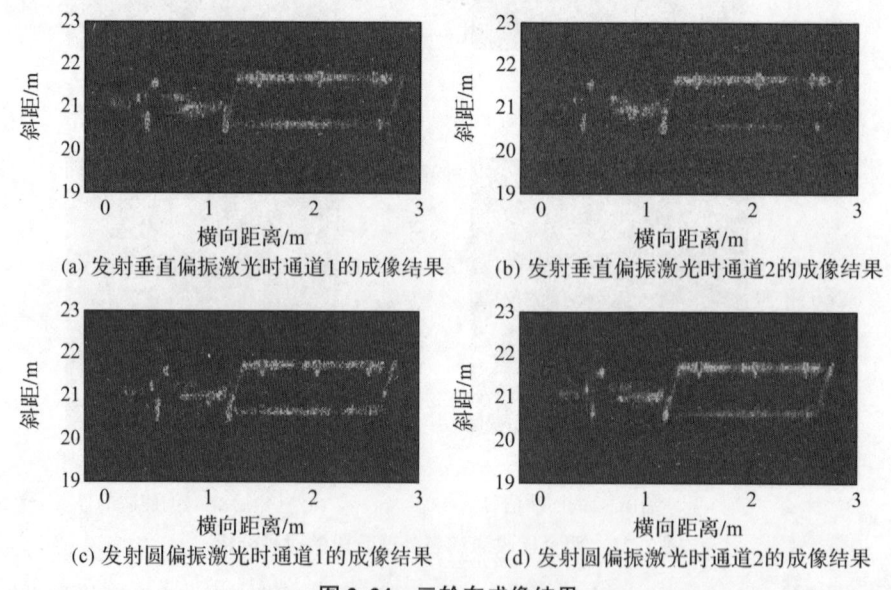

图 2.24　三轮车成像结果

图 2.24（a）~图 2.24（b）分别为发射垂直偏振激光时，2 个通道的成像结果。图 2.24（c）~图 2.24（d）分别为发射圆偏振激光时，2 个通道的成像结果。方位向波束宽度 1.2mrad，对应的合成孔径时长约 9ms。按照 5.12ms 划分子孔径时长进行成像，匹配滤波器带宽设置为 2kHz，对应的横向成像分辨率约为 1mm。由上述成像结果可以发现发射垂直偏振激光时，通道

2 成像结果的对比度比通道 1 的成像结果的对比度要高，这表明目标退偏的影响较大。此外，由于目标粗糙度和入射角的影响，目标不同位置处的退偏特性也不太一致。以上述成像结果中第一处反光贴纸为例，插值处理后其垂直偏振通道的成像结果如图 2.25（a）所示，在反光贴纸的两侧回波强度较大，而中心处的回波强度较弱。水平偏振通道的成像结果如图 2.25（b）所示，与图 2.25（a）现象相反。垂直偏振回波通道和水平偏振回波通道的成像结果经非相干积累后，图像中反光贴纸上各散射点的回波强度较为均匀，成像质量得到提升。

表 2.5 成像结果的图像熵和对比度

成像结果评价指标	垂直偏振激光发射		圆偏振激光发射	
	通道 1	通道 2	通道 1	通道 2
图像熵	12.8836	12.7063	12.6604	12.6036
对比度	8.0256	9.1473	10.0486	10.0971

(a) 垂直偏振通道的成像结果

(b) 水平偏振通道的成像结果

(c) 两通道非相干积累后的成像结果

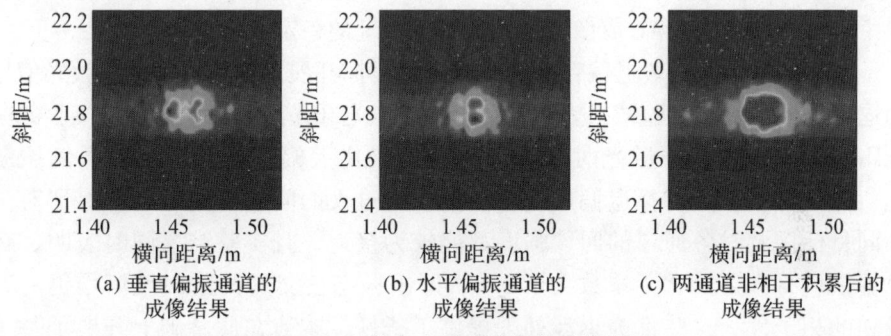

图 2.25 三轮车上反光贴纸的成像结果

基于上述实验情况和数据处理方法，对路面上行驶的非合作车辆开展了 ISAL 成像实验。发射线偏振激光时，由于信噪比低以及相位误差估计得不准确，已无法对非合作车辆进行成像。发射圆偏振激光时，正交偏振接收的两通道回波信号信噪比满足顺轨干涉的使用要求，非合作车辆的红外影像及其两通道合成后的 ISAL 成像结果如图 2.26 所示。

根据红外影像估计的目标车速约为 5.2m/s，车身长度约为 4.6m，宽度约为 1.8m。由于车身尺寸较大，发射光斑仅能覆盖其上表面，因此 ISAL 仅对其车顶进行成像。由成像结果可以看出，车上表面的轮廓清晰，能够与红外影像较好地对应。

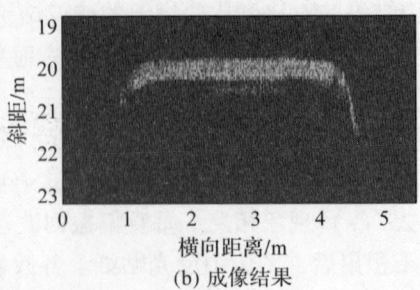

(a) 红外影像　　　　　　　(b) 成像结果

图 2.26　车辆的红外影像及其成像结果

由于全光纤结构和单模保偏光纤的使用，ISAL 仅能采用线偏振接收机，此时大气和大部分真实目标对激光的退偏效果将有大幅降低收发通道同一线偏振系统的回波信噪比，从而使得振动相位估计方法难以适用，难以对各类目标进行稳定成像。因此目前公开报道的 ISAL 试验中的观测对象主要为高反射率合作目标，尚未能达到对真实目标成像的应用需求。为了解决 ISAL 对真实运动目标成像的难题，本研究设计了波长为 1550nm、收发波束宽度为 3°、平均发射功率为 5W 的双通道正交偏振接收的逆合成孔径激光雷达，该系统成功获得了非合作车辆的 ISAL 成像结果，证明了系统的稳定性。

对保偏目标、一般退偏目标和严重退偏目标开展了这三类目标对激光信号的退偏效果实验。实验结果表明，对于基于全光纤光路、采用线偏振接收的激光雷达，发射线偏振激光时回波信号的信噪比大幅降低，若发射圆偏振激光，能够有效避免目标退偏严重时能量损失过大的问题，同时也可保证对于不同目标探测时各通道的回波强度都能较为接近。且实验结果同时表明，在目标区域，大部分相干系数大于 0.6，即偏振态正交的两路回波信号仍具有较强的相干性。这些都为干涉处理提供了条件，本节在此基础上开展了基于正交偏振和顺轨干涉的扩束 ISAL 运动目标成像研究，对振动相位误差进行了估计和补偿。

对贴有反光贴纸的三轮车目标的成像结果表明，相较于发射线偏振激光的情况，发射圆偏振激光时所获取的 ISAL 图像具有更高的图像信噪比和更小的图像熵，且将垂直偏振回波通道和水平偏振回波通道的成像结果融合处理后，成像质量可得到进一步提升。

对路面上行驶的非合作车辆开展了 ISAL 成像实验，发射线偏振激光时，由于信噪比低以及相位误差估计得不准确，已无法对非合作车辆进行成像。而发射圆偏振激光时，正交偏振接收的两通道回波信号信噪比满足顺轨干涉的使用要求，经相位误差补偿和正交偏振数据融合处理后成功获得了非合作车辆的

ISAL 成像结果，表明本节系统具有良好的性能。在本节实验中，收发俯仰扩束后束散角约为3°，回波数据时长在1s量级，基于SCA粗补偿和顺轨干涉精补偿的振动多普勒频率范围约45kHz，成像距离分辨率15cm，方位分辨率在mm量级。实验结果表明真实目标对激光的退偏现象明显，发射圆偏振激光并采用2通道正交偏振接收的方式可兼顾不同目标的回波能量和顺轨干涉的效果，使得系统可对多种目标更加稳定地成像。实验结果同时表明提高电子学增益并结合扩束方法的有效性，本节ISAL系统对没有反光贴纸处的车身的成像轮廓也较为清楚，且获得了非合作车辆的ISAL成像结果。综上所述，本节研究工作有利于ISAL系统对各类目标均能稳定地成像，这将大幅提升ISAL的观测效率，为进一步开展远距离非合作运动目标成像工作奠定了基础，对逆合成孔径激光雷达的研究具有重要意义。

2.4 天基 SAL 系统分析

SAL 和逆合成孔径激光雷达 ISAL[22-24] 采用激光本振相干探测体制，是一种典型的相干激光雷达[25]。

与 SAR 相比，SAL/ISAL 具有分辨率更高、可前视成像、成像时间更短等优点[2]；与传统光学成像系统相比，SAL/ISAL 不受衍射极限的限制，在小光学孔径条件下，可通过雷达与目标的相对运动实现高分辨率成像。因此 SAL/ISAL 在远程高分辨率成像遥感应用中具有发展潜力[3]，并将在无大气影响的空间应用发挥不可替代的作用。

国外系统地开展了 SAL/ISAL 的研究工作，2011 年美国洛克希德·马丁公司[23]完成了机载 SAL 演示样机的飞行试验，对距离地面 1.6km 的目标实现 3.3cm 分辨率成像；2018 年，美国报道了 EAGLE 计划中的工作在地球同步轨道天基 ISAL 的成功发射，其发射表明了此项技术在天基应用中的意义。SAL/ISAL 的主要关键技术包括激光信号相干性保持、目标/平台振动相位误差估计与补偿、宽视场收发高分辨率成像等，同时涉及目标退偏问题。我国中国科学院[7,14-15,26]、西安电子科技大学[27-28]，航天科技集团[29]等单位都积极开展了跟踪研究。

SAL/ISAL 用于天基空间目标观测时[30-32]，激光窄波束和信号处理复杂导致目标搜索捕获困难，当目标和雷达相对运动速度较高时，目标成像问题突出。本节天基 SAL 空间目标成像系统将主动激光与被动红外复合，以提高其应用能力。使用 SAL 对目标实现高数据率高分辨率成像，用于目标详查和识别，使用红外探测对目标实现宽视场搜索跟踪成像，用于普查和引导激光雷达详查。在此基础上，激光雷达无须具备目标搜索和跟踪功能，由此大幅降低其系统规模和功耗。

2.4.1 系统功能和组成

1. 主要功能和设计考虑

天基空间目标观测通常采用 ISAL 目标转动模型[32]，在存在每秒百米量级相对运动（包括目标平动和自转）的基础上，传统的目标运动雷达静止的 ISAL 成像模型等效为目标静止雷达运动的小场景 SAL 成像模型。

空间目标观测天基 SAL 系统，设计其目标探测距离为 40km，目标成像距离为 20km，实时低分辨率成像分辨率优于 10cm，高分辨率成像分辨率优于 5cm。

SAL 具备空间目标探测和成像功能，与此同时拟将 SAL 高分辨率成像技术与红外宽视场探测跟踪技术结合，形成主动激光与被动红外复合系统，扩展系统功能，提高应用能力。SAL 主要用于对目标实现高数据率高分辨率成像，用于详查和目标识别；红外探测主要用于对目标的宽视场搜索跟踪成像，用于普查和引导 SAL 详查。

主要设计考虑为：SAL 激光波长选为短波与中波红外相机共孔径，形成主被动复合成像探测系统，大幅降低 SAL 在轨信号处理量以及功耗；采用衍射薄膜镜，在实现激光/红外共口径的同时相较于传统反射面光学系统可减重 2/3；SAL 波形采用了高重频 BPSK 短码，结合激光波长变化扩束，信号记录方式为高速 ADC 直接采样，可处理的目标相对运动速度范围为 100~500m/s。

2. 观测几何和工作流程

SAL 和目标的观测几何如图 2.27 所示，工作流程为：在探测起始点 S_0 用红外相机搜索捕获跟踪目标，用窄脉冲激光信号对目标进行探测测距；在成像起始点 S_1 进入成像区间，改用宽带窄脉冲 BPSK 激光信号对目标进行 0.1m 分辨率实时成像；在正侧视点 S_2 附近，对目标进行 5cm 成像分辨率信号的采集和存储。假定 SAL 平台相对目标的速度为 100m/s，在该观测几何下 46km 横向探测和成像区间对应的观测时间窗口约为 8min。

在该观测几何下，SAL 波束的方位方向以及斜视角对应卫星平台的俯仰方向，SAL 波束的俯仰方向对应平台的横滚方向。在整个观测区间内，通过平台姿态的整体偏转，实现对目标的连续观测。平台的姿态需在其俯仰向实现 $-30°\sim60°$（共 $90°$）的高精度偏转。

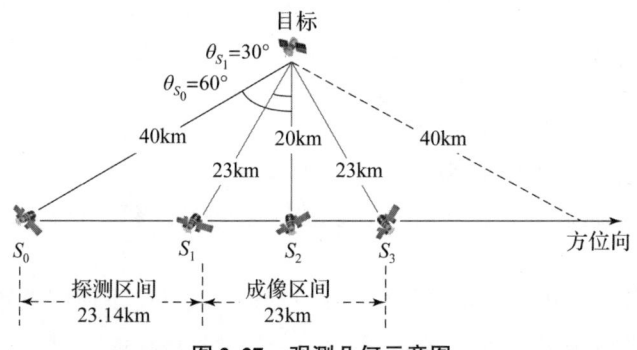

图 2.27 观测几何示意图

3. 系统组成

本节系统主体功能包括激光 SAL 成像和红外成像,激光和红外采用共口径衍射薄膜镜。SAL 具备目标探测和成像功能,红外相机用于实现对空间目标的宽视场捕获和高精度角跟踪,为 SAL 高分辨率成像提供保障。

系统主要由激光/红外光学系统,激光发射和接收单元,SAL 信号形成采集处理单元,红外相机等组成。激光/红外光学系统光路如图 2.28 所示,激光发射中心波长为 1.55μm、偏振方向为圆偏振,红外相机的接收中心波长为 4.65μm,

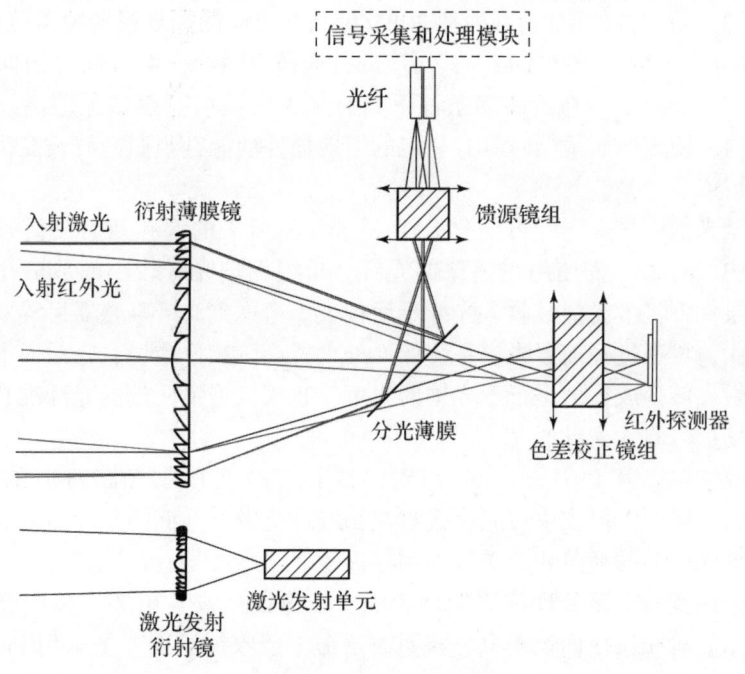

图 2.28 系统光路图

光谱范围为 0.2μm。中心波长为 1.55μm 的激光信号和中心波长为 4.65μm 的红外信号通过谐衍射薄膜镜来实现激光/红外接收共孔径，以使系统尽可能轻量化。采用分光薄膜镜将激光信号反射至带有高阶相位的柱面镜准直器接收，将红外信号透射至红外探测器接收。

激光发射和接收单元为 1 发 2 收的相干接收体制，采用全光纤光路，正交线偏振 2 通道接收，接收和发射端光路分置以利于提高系统的收发隔离度。

收发系统均采用衍射光学器件，在目标近距离条件下使用激光波长变化扩束方法扩大波束覆盖区间。

SAL 信号形成采集处理单元拟采用一片高集成度 RFSOC 芯片，其中包含多通道 ADC、DAC 和高性能现场可编程门阵列（Field - Programmable Gate Array，FPGA），同时配置大规模存储，实现 SAL 宽带信号的产生、采集和处理，红外相机拟选用成熟的中波制冷探测器。

4. 衍射光学系统和激光接收等效相位中心

本节 SAL 激光中心波长为 1.55μm，拟采用 200mm 口径薄膜镜作为激光信号接收镜，其衍射极限为 9.455μrad。激光发射镜口径为 90mm，衍射极限约为 20μrad，可通过柱面扩束镜[33]使其发射光斑展宽至 400μrad（俯仰向）×30μrad（方位向），在距离 20km 处与之对应的接收视场覆盖范围为 8m（俯仰向）×0.6m（方位向），其对应的柱面镜口径约为 4.7mm（俯仰向）×63mm（方位向）。为在近距离条件下具有足够的波束宽度覆盖范围，拟结合光栅结构，使该柱面镜同时具有一定的衍射器件功能，当激光波长变化时可实现发射扩束。

将激光信号收入光纤可简化 SAL 相干探测所需的混频及后续信号处理的系统结构。对 SAL 需使用单模保偏光纤，单模保偏光纤较小的数值孔径使在宽视场条件下将激光信号收入光纤难度很大。考虑到光纤准直器可等效形成大的光敏面，可通过在前置光学系统像面处设置高阶相位透镜，将像面上不同方向的入射光转换成近似平行于光轴的光束，收入该透镜后端的光纤准直器以实现宽视场信号收入光纤[33]。

接收主镜使用口径 200mm 衍射薄膜镜，激光接收光路对应的 F 数为 3~4；为与椭圆发射波束对应，接收视场同样应设计为椭圆形，与之对应前置光学系统像面处的高阶相位透镜采用柱面镜。

为采用顺轨干涉处理抑制振动影响，在像面处设置由 2 个接收光纤准直器，采用高阶相位柱面镜扩束，将回波通道 1 接收视场展宽至 400μrad（俯仰向）×30μrad（方位向），同时辅以轻度离焦使通道 1 和 2 形成重叠视场。为

第 2 章　单元探测器激光成像

扩大干涉处理不模糊范围[14]，需两根光纤的间距至 100μm，用于扩束和离焦重叠视场形成的光学器件经功能整合后使得紧密排布两根光纤成为可能，相关光学器件在图 2.28 中定义为馈源镜组。综合使用圆偏振激光发射信号和正交线偏振 2 通道接收，并结合顺轨干涉处理，以解决目标退偏和目标/平台振动抑制问题[14]。

发射通道和 2 个接收通道的布局和视场覆盖示意图如图 2.29 所示，2 个接收通道在方位向重叠视场 15μrad，发射通道视场可完全覆盖接收通道重叠视场。进一步通过扩束增加接收视场，可更好地兼顾干涉处理和退偏抑制需求。

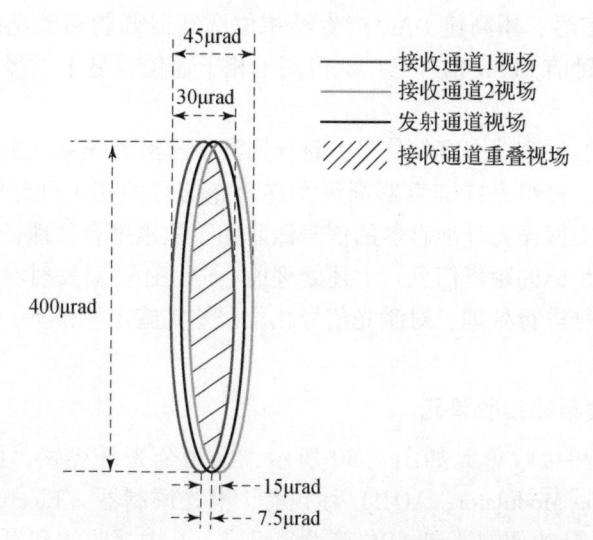

图 2.29　发射通道和 2 个接收通道的布局及视场覆盖示意图

5. 激光器和波形选择

采用窄线宽激光种子源和高重频光纤激光器，激光种子源线宽优于 1kHz、脉冲宽度为 10ns、重频为 300kHz（对应不模糊测距区间为 562m，其中发射脉宽的遮挡距离仅为 1.5m）、功率在 50W 量级，目前该激光器技术成熟。

FMCW 具有可去斜接收后使用低速 ADC 的特点，但激光波长为 1.55μm，径向速度为 0.03m/s，对应的多普勒频率是 40kHz，已与重复频率这使对目标测速测距存在困难，且在距离模糊条件下，对本振信号延时精度也提出了较高要求。

假定空间目标和雷达相对速度在 100m/s 量级，0.3mrad 的波束指向误差，就会有 40kHz 多普勒。考虑到平台严格控制波束指向保证正侧视比较难，FMCW应也很难用。若是观测位置速度均不知道的机动目标，由于目标速度矢量未知，其多普勒可能很大，FMCW 应用的可能就会更小。

LFM 脉冲信号和 BPSK 脉冲信号采样均使用高速 ADC，4GHz 带宽信号的产生和采样所需的数模转换器（Digital‐to‐Analog Converter，DAC）和 ADC 目前均已技术成熟。当雷达与目标存在相对运动时，两种脉冲信号均存在多普勒容限问题，可通过多普勒补偿实现信号的脉冲压缩。

由于调频率的限制，LFM 脉冲信号的时宽通常较大。在相同时宽的条件下，与 LFM 脉冲信号相比，BPSK 信号可通过编码设计降低旁瓣和提升距离向分辨率。进一步考虑到目标和雷达平台振动的影响，本节波形选用 10ns 脉宽 BPSK 信号，子码宽度为 0.25ns，码长约 40 位，码型为 40 位优化二相码。所需宽带 BPSK 信号，用高速 DAC 产生经相位调制器调制到激光载波上经功率放大后发射。目前 BPSK 信号已广泛应用于相干通信，易于工程实现，调制解调技术成熟。

激光雷达发射高功率宽带信号，目标回波信号经光学系统进入两组正交偏振光纤准直器，每组光纤准直器都可实现激光信号的相干外差解调和光电探测。对两组正交偏振光纤准直器的信号做非相干积累融合处理，可实现目标成像探测，获取目标的距离信息。上述处理前，SAL 还需对发射参考通道和本振参考通道的信号进行处理，对激光信号相位误差实施定标校正，保证收发系统的信号相干性。

6. 激光发射和接收单元

激光发射和接收单元如图 2.30 所示，采用全光纤光路，由声光调制器（Acousto‐Optic Modulator，AOM）移频器、电光调制器（Electro‐Optic Modulator，EOM）脉冲调制器和 ADC 等设备组成，其中接收端和发射端光路分置以提高系统的收发隔离度。

SAL 激光发射单元采用窄线宽激光种子源，激光种子源线宽优于 1kHz、脉冲宽度为 10ns、PRF 为 300kHz（对应不模糊测距区间为 562m，其中发射脉宽的遮挡距离仅为 1.5m）、功率在 50W 量级，目前该设备技术成熟。

SAL 接收单元包括 2 个接收通道，1 个发射参考通道和 1 个本振参考通道，其中接收和发射参考通道均采用 I/Q 正交采样方式，发射参考通道和本振参考通道用于对激光回波信号相位误差实施定标校正[15]，保持收发信号的相干性[34]。为减少接收通道数量和数据量，将发射参考通道与 1 路接收通道合并，并实施多脉冲连续采样，窄脉冲高 PRF 发射参考信号与回波信号易于分离，且采样时序设计较为简单。

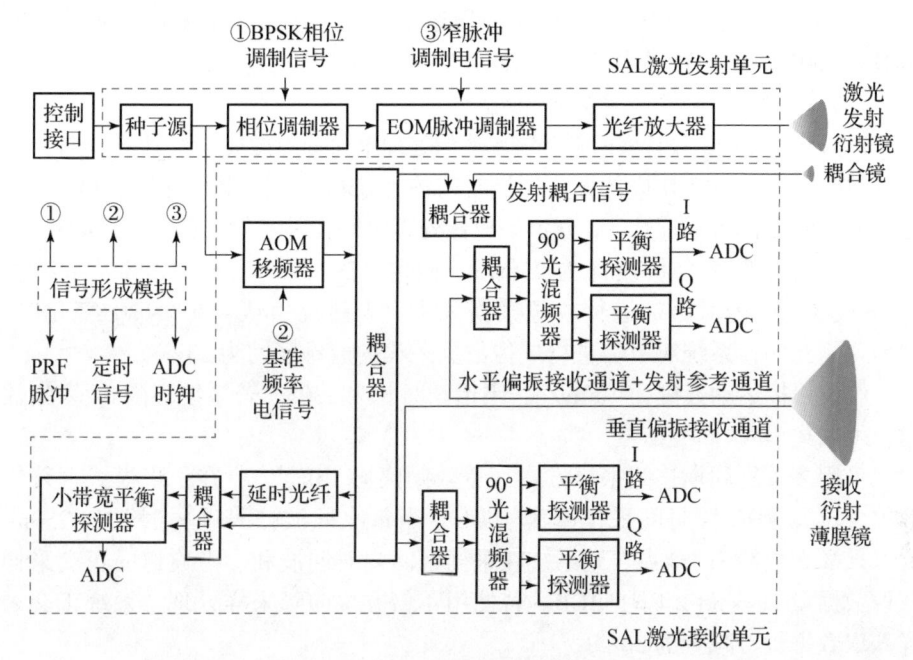

图 2.30 激光发射和接收单元框图

扩束带来的激光回波信号接收增益降低问题，通过提高电子学放大器增益解决。为满足高速 ADC 对小信号的采样要求，放大器增益选为 50dB，同时设置 5~10dB 的可控衰减器用于增益控制，避免回波信号较强时 ADC 饱和。

7. 信号形成采集和处理单元

该单元由信号形成模块、信号采集模块和信号处理模块构成。信号形成和采集通过 1 片高集成度 RFSoC 芯片[35]实现，该芯片包含 8 路 14bit 量化 10Gs/s 高速数模转换器，8 路 14bit 量化 5Gs/s 高速 ADC 和高性能现场可编程门阵列（Field-Programmable Gate Array，FPGA），同时配置大规模存储器实现信号记录。信号处理模块采用 FPGA + 数字信号处理技术（Digital Signal Processing，DSP）芯片 + 图形处理器（Graphics Processing Unit，GPU）结构微系统，以完成对目标的实时低分辨率成像。

（1）信号形成模块。

本节所需形成的信号为激光器用 EOM 调制脉冲信号、BPSK 相位编码信号、PRF 信号、AOM 频率基准信号以及全系统所需的定时信号，主要由高速 DAC 形成。

（2）信号采集模块。

2 个接收通道和 1 个发射参考通道采用高速采样，采样率≥4Gs/s，通道数为4，垂直分辨率≥8bit；本振参考通道中，设计小带宽平衡探测器的基准频率为100MHz，ADC采样率≥200Ms/s，通道数为1，垂直分辨率≥8bit。

（3）实时低分辨率成像处理单元。

根据系统参数，设计实时低分辨率成像处理单元的图像尺寸为1k（慢时）×16k（快时），一次RD成像算法计算时间约为650ms，且计算均可在FPGA中完成，硬件支持可保证0.1m分辨率成像处理时间在秒量级。

系统信号采集容量设计为256GB，假定ADC截位后输出8bit。系统在23km成像区间内对目标进行成像数据采集，当斜视角从-30°~30°变化时，根据观测几何，系统对目标进行成像数据采集的成像区间为23km。

假设目标运动速度为100m/s，则运动时长为230s。若系统间隔6s采集数据，可采集38次回波信号。

采用多重复周期连续采样方式（等效距离向16k点），在条带模式下采集数据。设置ADC快时间采样率为4GHz，当每次回波信号采样时长为250ms时，采样点数约为1G点，则系统在采样区间内对回波和参考通道的正交采样获取数据量1G×38×4=152GB。若使用4倍方位向降采样处理，系统正交采样获取数据量可减少为38GB。

对250ms数据重排后形成16k×60k（快时×慢时）数据矩阵，慢时做4倍降采样后形成16k×16k数据矩阵，对其进行距离向（快时）脉冲压缩处理。根据目标距离分布情况，对矩阵距离向进行裁剪，形成16k（快时，对应距离向范围600m）×1k（慢时）矩阵，并对其进行方位向（慢时）成像处理。该成像处理工作仅使用回波通道信号，包括目标运动参数粗估计、SCA算法实现运动补偿和RD算法成像，其成像分辨率设计为0.1m。

在滑动聚束模式下，数据采集总时长需达到2s量级，在256GB采集容量、无方位向降采样条件下，可满足8次滑动聚束数据采集的存储要求。

8. 红外相机指标

拟选用中波红外探测器，其像元规模为1280×1024，探测器光谱范围为3.7~4.8μm，像元尺寸为12μm，帧频优于50Hz，比探测率D^*为1×10^{11}cm·$Hz^{1/2}$·W^{-1}，噪声等效温差在20mK量级。利用衍射薄膜镜，经色差校正后接收红外中心波长为4.65μm，光谱范围为4.45~4.75μm，光谱宽度0.2μm。

当红外相机口径为200mm，F数为2.4，焦距为480mm时，像元角分辨率为25μrad（衍射极限角分辨率23.25μrad）。此时20km处空间分辨率为0.5m，40km处空间分辨率为1m，60km处空间分辨率为1.5m，1个3m×3m的目标在60km占了4个像元（$N_t=4$）。瞬时视场约1.5°，在20km处对应的观测幅宽优于500m，在40km处对应的观测幅宽优于1000m。

根据上述参数进行红外相机信噪比计算，结果如下。

当目标温度为220K（-53℃），探测距离 R 为60km（目标在焦平面上所占像元数 N_t 为4）时，衍射光学系统中波红外相机 SNR 为1.2，增大积分时间到0.1s或采用多帧积累，可将信噪比提升至4，保持图像帧频优于10Hz。当目标温度较高或目标距离较近时，红外探测信噪比将进一步提高。

2.4.2 工作模式和流程

根据应用场景，SAL 可工作在条带模式、滑动聚束模式、重复观测条带模式和重复观测滑动聚束模式下，在达到指标要求高分辨率的同时，主要用滑动聚束模式增加对目标的照射时间，提升信噪比抑制相干斑噪声，滑动聚束模式对应的总观测时间可设计为2s，工作模式如图2.31所示。

（1）条带模式下，采用波束指向恒定的推扫方式；

（2）滑动聚束模式下，用于相对运动速度较高的目标，通过平台整体转动，在角跟踪的同时使波束始终指向目标，对目标实施低速推扫；

（3）必要时，SAL 系统可增设重复观测条带模式和重复观测滑动聚束模式，在与目标交会过程中，靠平台整体转动实现对目标的多次观测。

(a) 条带模式　　(b) 滑动聚束模式

(c) 重复观测条带模式　　(d) 重复观测滑动聚束模式

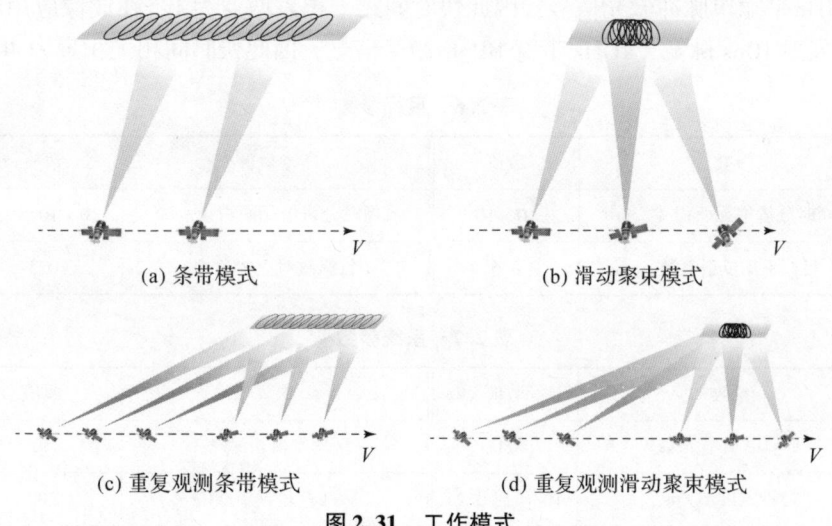

图2.31　工作模式

系统工作流程如下。

（1）在探测区间和成像区间使用红外相机对目标搜索、捕获和角跟踪；

（2）在探测区间用10ns脉宽的窄脉冲激光信号对目标进行探测和测距；

（3）在成像区间用10ns宽带窄脉冲高重复频率优化二相编码激光信号对

目标进行实时低分辨率成像,并在其间隙发射 10ns 脉宽的窄脉冲激光信号,以估计目标径向和横向速度;

(4) 在正侧视点 S_2 附近,对采集的回波信号进行存储,并传输至地面进行高分辨率成像处理。

2.4.3 系统指标分析

1. 分辨率

距离向分辨率:0.05m。发射信号带宽为 4GHz,其斜距向分辨率约为 0.05m。若 SAL 发射信号为窄脉冲,则脉冲宽度约 0.33ns。

方位向分辨率:0.05m。若激光波长 1.55μm,方位向波束宽度 30μrad,加窗展宽系数 k 为 1.2,可实现的横向分辨率约为 0.05m。

2. 作用距离和信噪比

根据第 1 章式(1.1),目标参数和系统参数分别如表 2.6 和表 2.7 所列,可计算系统作用距离和探测信噪比。在系统参数中,由于天基应用时不考虑大气影响,双程大气损耗因子 η_{ato} 为 1。在探测应用中,系统发射 10ns 脉宽、100MHz 带宽单脉冲激光信号,因此快时间相干积累增益为 1;在成像应用中,系统发射 10ns 脉宽、4GHz 带宽 BPSK 激光信号,因此快时间相干积累为 40。

表 2.6 目标参数

参数	数值	参数	数值
探测时分辨单元面积 A_t/cm^2	10×10	成像时分辨单元面积 A_t/cm^2	10×10/5×5
目标平均反射系数 ρ	0.6	目标散射立体角 Ω	0.3

表 2.7 系统参数

参数	数值	参数	数值
发射峰值功率 P_t/kW	21	平均发射功率/W	50
脉冲宽度 T_p/ns	10/子码 0.25	脉冲重复频率/kHz	300
俯仰向发射波束宽度 $\theta_e/\mu\text{rad}$	400	激光波长 $\lambda/\mu\text{m}$	1.55
方位向发射波束宽度 $\theta_a/\mu\text{rad}$	30	接收望远镜口径 D/mm	200
俯仰向接收波束宽度 $\varphi_e/\mu\text{rad}$	400	偏振损耗因子 ξ	0.5
方位向接收波束宽度 $\varphi_a/\mu\text{rad}$	30	接收扩束损耗因子 η_{wid}/dB	−21

续表

参数	数值	参数	数值
信号带宽 B/GHz	0.1/4	电子学噪声系数 F_n/dB	3
光电转换效率 η_d	0.5	视场匹配效率 η_m	0.8
发射光学系统传输效率 η_t	0.9	其他损耗 η_{oth}	0.6
接收光学系统传输效率 η_r	0.8	信号处理对应的损耗 η_p	0.6
双程大气损耗因子 η_{ato}	1	快时间相干积累（脉冲压缩）增益 $T_p \cdot B_s$	1（探测）/ 40（成像）

(1) 40km 探测信噪比。

按照上述参数计算，10cm 分辨单元在 40km 处的单脉冲信噪比为 -22.90dB；在观测几何中的 40km 处探测起始点，此时斜视角约 60°，30μrad 方位向波束覆盖范围 2.4m，假定相对运动速度为 100m/s，可相干积累的脉冲数为 7200，若采用慢时 4096 个脉冲进行相干积累（增益约 36dB），探测信噪比可提升至 13.10dB。

假定相对运动速度 500m/s，此时可相干积累的脉冲数为 1440，若采用慢时 1024 个脉冲进行相干积累（增益约 30dB），探测信噪比可提升至 7.10dB。

(2) 实时低分辨率成像信噪比。

在正侧视条件下，30μrad 方位向波束覆盖范围为 0.6m，10cm 分辨单元在 20km 处的单脉冲信噪比为 -26.88dB，考虑到快时间脉冲压缩增益，单脉冲信噪比可提升至 -10.86dB；假定相对运动速度 100m/s，此时可相干积累的脉冲数为 1800，若采用慢时 512 个脉冲进行相干积累（增益约 27dB）和 3 组脉冲的非相干积累（增益 2.4dB），成像信噪比可提升至 18.54dB；假定相对运动速度 500m/s，此时可相干积累的脉冲数为 360，若采用慢时 128 个脉冲进行相干积累（增益约 21dB）和 2 组脉冲的非相干积累（增益 1.5dB），成像信噪比可提升至 11.64dB。

在 30°斜视角条件下，30μrad 方位向波束覆盖范围 0.8m，10cm 分辨单元在 23km 处的单脉冲信噪比为 -29.30dB，考虑到快时间脉冲压缩增益，单脉冲信噪比可提升至 -13.28dB；假定相对运动速度 100m/s，此时可相干积累的脉冲数为 2400，若采用慢时 640 个脉冲进行相干积累（增益约 28dB）和 3 组脉冲的非相干积累（增益 2.4dB），成像信噪比可提升至 17.12dB；假定相对运动速度为 500m/s，此时可相干积累的脉冲数为 480，若采用慢时 128 个脉冲进行相干积累（增益约 21dB）和 3 组脉冲的非相干积累（增益 2.4dB），成像信噪比可提升至 10.12dB。

(3) 高分辨率成像信噪比。

在正侧视条件下，30μrad 方位向波束覆盖范围为 0.6m，5cm 分辨单元在 20km 处的单脉冲信噪比为 −32.90dB，考虑到快时间脉冲压缩增益，单脉冲信噪比可提升至 −16.88dB；假定相对速度 100m/s，此时可相干积累的脉冲数为 1800，若采用慢时 1024 个脉冲进行相干积累（增益约 30dB），探测信噪比可提升至 13.12dB；假定相对运动速度 500m/s，此时可相干积累的脉冲数为 360，若采用慢时 200 个脉冲进行相干积累（增益约 23dB），成像信噪比可提升至 6.12dB。

在 30°斜视角条件下，30μrad 方位向波束覆盖范围为 0.8m，5cm 分辨单元在 23km 处的单脉冲信噪比为 −35.32dB，考虑到快时间脉冲压缩增益，单脉冲信噪比可提升至 −19.30dB；假定相对运动速度 100m/s，此时可相干积累的脉冲数为 2400，若采用慢时 1500 个脉冲进行相干积累（增益约 32dB），成像信噪比可提升至 12.70dB；假定相对运动速度 500m/s，此时可相干积累的脉冲数为 480，若采用慢时 300 个脉冲进行相干积累（增益约 25dB），成像信噪比可提升至 5.70dB。

当平台转动角速度大于 2°/s、目标距离 20km 时，结合平台对目标跟踪可加长对目标照射时间从而使系统工作在滑动聚束模式。长时间相干积累在原理上有可能形成更高的横向分辨率，但也存在去相干的问题，因此在斜视滑动聚束模式下，考虑相干积累和非相干积累结合的处理方案。滑动聚束模式下，在角跟踪的同时使波束始终指向目标并周期性地低速摆扫，以加长对目标的照射时间，从而抑制相干斑噪声提高信噪比。例如，对横向尺寸 20m 目标，横向速度为 100m/s，观测时间约为 200ms，当通过滑动聚束模式使得总观测时长为 2s 时，该模式下的成像系统相对运动速度为条节模式下成像系统相对运动速度的十分之一，可提高信噪比约 5dB；横向速度为 500m/s 时，观测时间约为 40ms，滑动聚束时相对运动速度需较条带模式降低至五十分之一，可提高信噪比约 3.5dB，此时在 30°斜视角条件下高分辨率成像信噪比可达到约 10dB 量级。

3. 波形性能分析

本节设计宽带短码 BPSK 窄脉冲信号的参数为：子码宽度 0.25ns（带宽 4GHz）、码长 40、脉宽 10ns，并与脉宽 10ns、带宽 4GHz 的 LFM 信号进行性能比对，同时给出了 M 序列编码、40 位优化二相码、40 位 Frank 码、P3 码和 P4 码的脉冲压缩仿真结果。

(1) 40 位 M 序列 BPSK 信号。

由脉冲压缩结果得到峰值旁瓣 −15.1392dB，积分旁瓣比 −3.9661dB，3dB 宽度约 0.17ns，对应距离向分辨率约 2.55cm，如图 2.32 所示。

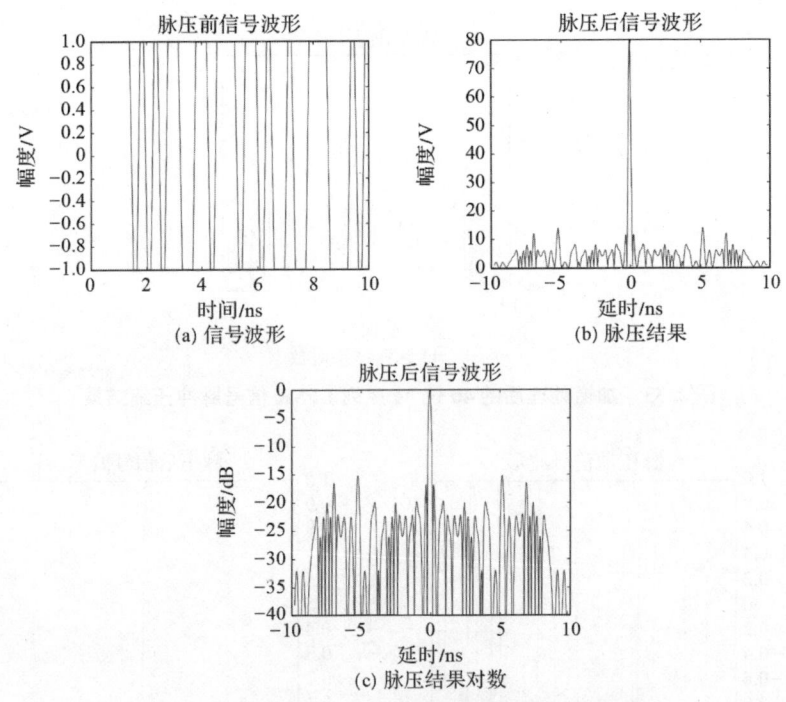

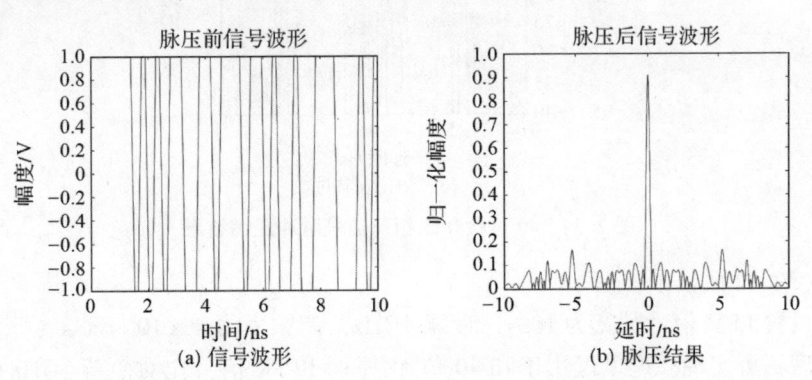

图 2.32　40 位 M 序列 BPSK 信号脉冲压缩结果

在脉冲压缩结果的频域使用 hann 窗以抑制旁瓣的影响。经加窗处理，由脉冲压缩结果得到峰值旁瓣 -14.8042dB，积分旁瓣比约 -4.1321dB，3dB 宽度约 0.208ns，对应距离分辨率约 3.12cm，如图 2.33 所示。

（2）40 位优化二相码信号。

由脉冲压缩结果得到峰值旁瓣 -18.5662dB，积分旁瓣比 -7.9012dB，3dB 宽度约 0.223ns，对应距离向分辨率约 3.35cm，如图 2.34 所示。

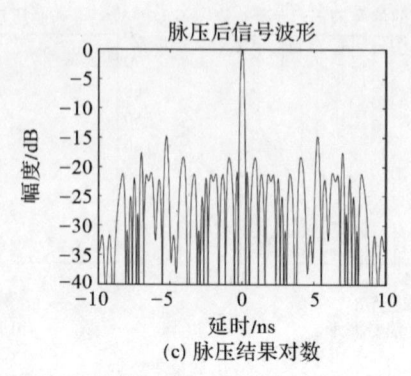

图2.33　加窗处理后的40位M序列BPSK信号脉冲压缩结果

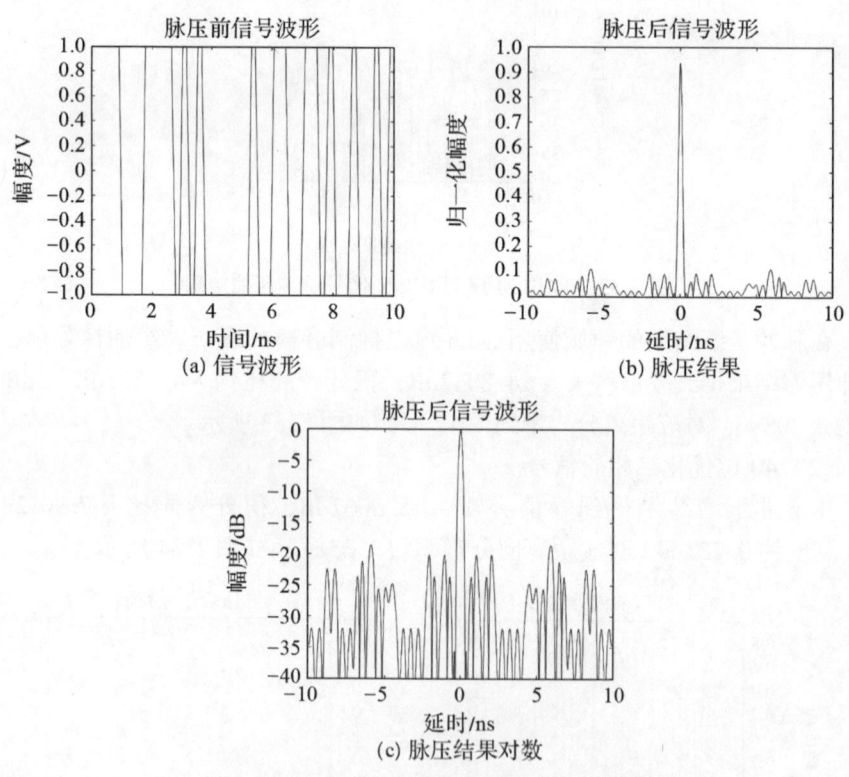

图2.34　40位优化二相码信号脉冲压缩结果

(3) LFM信号。

设置LFM信号脉宽为10ns，带宽4GHz，调频率为4×10^{17}Hz/s（该调频率物理不可实现，这里仅用于和40位M序列BPSK信号比对。若5GHz带宽LFM信号用电子学方法产生，其对应的时宽为16μs）。

由脉冲压缩结果得到峰值旁瓣 -13.6327dB，积分旁瓣比 -9.9619dB，3dB 宽度约 0.215ns，对应距离分辨率约 2.18cm，如图 2.35 所示。

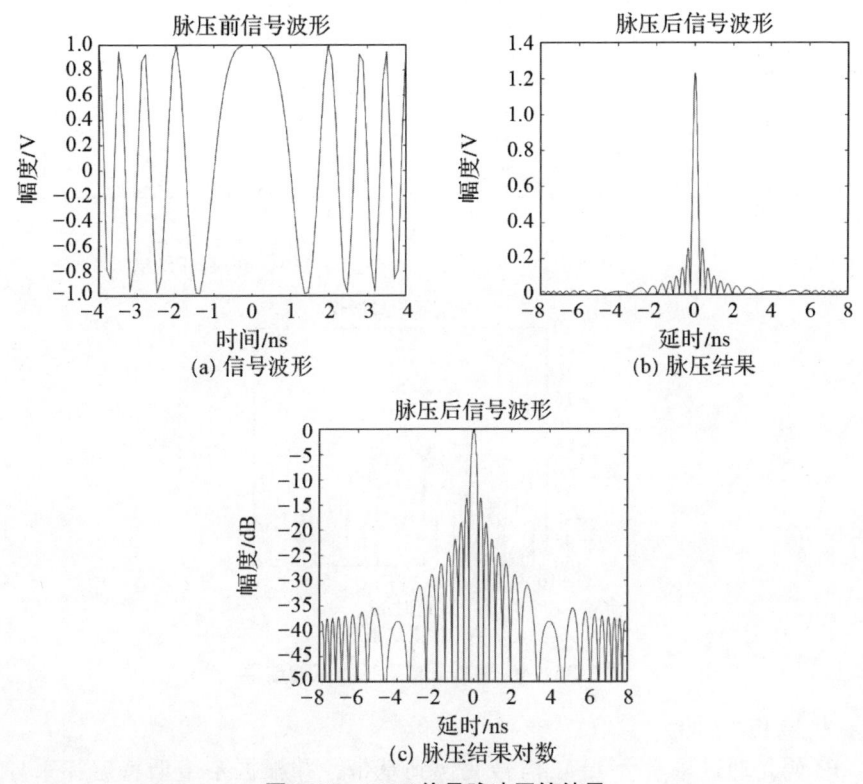

图 2.35　LFM 信号脉冲压缩结果

(4) 多相编码信号。

● 40 位 Frank 码

Frank 码的子脉冲相位可由如下二维矩阵 $\phi(p,q)$ 导出

$$\phi(p,q) = 2\pi \frac{pq}{L}, p=0,1,\cdots,L-1; q=p=0,1,\cdots,L-1 \quad (2.13)$$

式中：L 位 Frank 码子脉冲相位量化位数，将矩阵 $\phi(p,q)$ 的各行首位依次连接可得码长 L^2 的 Frank 码子脉冲相位序列。

为形成 40 位 Frank 码，设置 $L=7$，则有 $L^2=49$（19 相），取前 40 位用于相位编码，此时 40 位 Frank 码为 16 相码。由脉冲压缩结果得到峰值旁瓣为 -12.5196dB，积分旁瓣比为 -5.9315dB，3dB 宽度约为 0.173ns，对应距离分辨率约为 2.6cm，如图 2.36 所示。

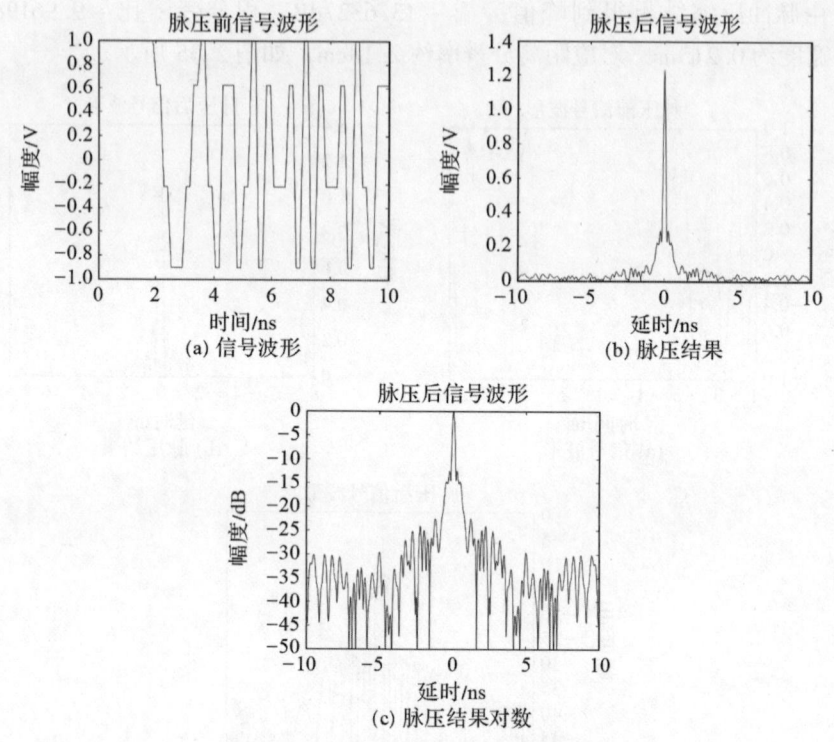

图 2.36　40 位 Frank 码脉冲压缩结果

- 40 位 P3 码

P3 码是通过将一个 LFM 信号变换到基带，并根据奈奎斯特定律采样得到，P3 码在基带变换时的本振频率取为 LFM 信号初始频率。对于码长为 N 的 P3 码，其子脉冲相位定义如下：

$$\phi_n = \pi n^2/N, n = 0,1,\cdots,N-1 \tag{2.14}$$

由式（2.14）可见，40 位 P3 码为 40 相码。

由脉冲压缩结果得到峰值旁瓣为 -22.261dB，积分旁瓣比为 -9.1931dB，3dB 宽度约为 0.177ns，对应距离分辨率约 2.66cm，如图 2.37 所示。

- 40 位 P4 码

P4 码是通过将一个 LFM 信号变换到基带，并根据奈奎斯特定律采样得到，P4 码在基带变换时的本振频率取为 LFM 信号中心频率，其子脉冲相位定义为

$$\phi_n = \pi n^2/N - \pi \cdot n, n = 0,1,\cdots,N-1 \tag{2.15}$$

由式（2.15）可见，40 位 P4 码为 20 相码。

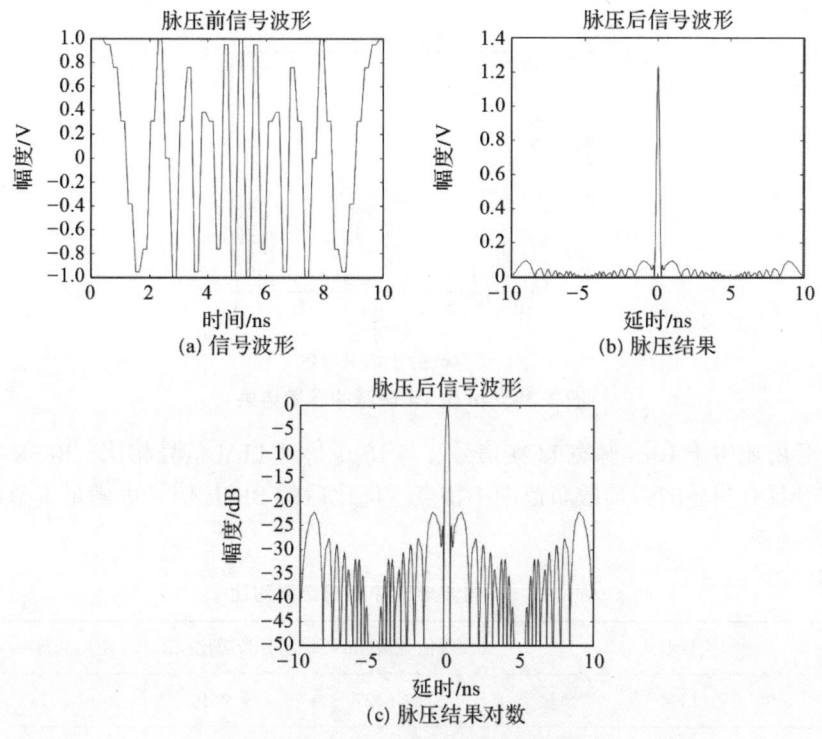

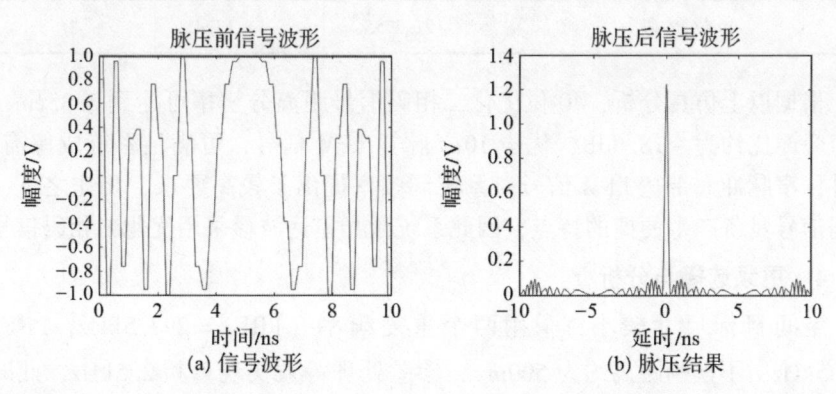

图 2.37　40 位 P3 码脉冲压缩结果

由脉冲压缩结果得到峰值旁瓣为 -22.2755dB，积分旁瓣比 -11.1774dB，3dB 宽度约为 0.185ns，对应距离分辨率约 2.78cm，如图 2.38 所示。

（5）脉冲压缩结果对比。

根据以上仿真分析，优化后的 40 位 BPSK 信号距离分辨率可达到为 3.35cm，其峰值旁瓣比为 -18.6dB，优于 10ns 脉宽 LFM 信号，但其 -7.9dB

脉压后信号波形

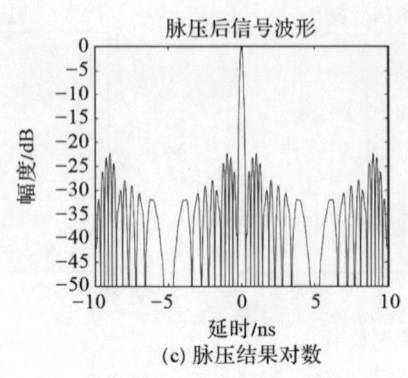

图 2.38　40 位 P4 码脉冲压缩结果

积分旁瓣比劣于 10ns 脉宽 LFM 信号。与 16μs 脉宽 LFM 信号相比，BPSK 窄脉冲信号具有明显的旁瓣散布范围小特点。优化后的 BPSK 信号可满足本节成像需求。

表 2.8　不同波形脉冲压缩结果对比

信号形式	峰值旁瓣/dB	积分旁瓣比/dB	距离分辨率/cm
LFM	-13.6327	-9.9619	2.18
40 位 M 序列 BPSK 信号（不加窗）	-15.1392	-3.9661	2.55
40 位 M 序列 BPSK 信号（加窗）	-14.8042	-4.1321	3.12
40 位优化二相码信号	-18.5662	-7.9012	3.35
40 位 Frank 码	-12.6196	-5.9315	2.6
40 位 P3 码	-22.261	-9.1931	2.66
40 位 P4 码	-22.2755	-11.1774	2.78

根据以上仿真分析，40 位优化二相码信号距离分辨率可达到 3.35cm，其峰值旁瓣比约为 -18.6dB，优于 10ns 脉宽 LFM 信号，可满足系统成像需求。此外，窄脉冲大带宽 LFM 信号对系统调频率提出了较高要求，相比之下，二相码信号具备产生便捷的特点，因此系统激光雷达波形采用优化二相码信号。

4. 重频选择与分析

空间目标尺寸较小，采用两个重复频率（PRF_1 = 297.5kHz，PRF_2 = 302.5kHz，不模糊距离约为 500m），参差处理等效实现重频 2.5kHz，此时可将测距时的最大不模糊距离扩大至 60km，满足 40km 不模糊探测距离要求。

在成像区间，重频仅须变化3次，工程易于实现。

5. 测量精度

测量精度和测量分辨率的关系为

$$\varsigma = \frac{k\Delta}{\sqrt{\text{SNR}}} \tag{2.16}$$

式中 ς——距离/角度的测量精度（m/rad）；

Δ——距离/速度/角度的测量分辨率（m/m·s^{-1}/rad）；

SNR——激光/红外信号的信噪比；

$k = 1.5$——展宽因子。

以下对系统测距精度和测角精度进行分析。

目前平台位置精度在百米量级，即便有目标的先验位置信息，由于相对位置误差较大，系统和目标的距离信息还需通过激光测距完成。

使用脉宽10ns的激光对目标实现测距，对应的距离分辨率为1.5m，当信噪比大于7.1dB时，其测距精度即可优于1m。

系统主要使用红外相机测角，像元角分辨率为25μrad，当信噪比大于1时，其测角精度即可优于40μrad。

2.4.4 目标速度参数估计

设目标和雷达的相对速度 v 拟根据成像几何、平台姿态角测量信息以及回波数据估计。该相对速度 v 估计可分为横向速度 v_c 和径向速度 v_r 估计两部分。

1. 横向速度 v_c 估计方法

基于短码BPSK信号的天基SAL系统成像几何关系如图2.39所示，在成像区间内（S_1点和S_2点之间），系统在采集实时低分辨率成像回波信号数据的间隙，发射10ns激光脉冲信号，并拟根据回波信号的方位向调频率估计其横向速度 v_c。

回波信号方位向调频率为

$$K = \frac{2v_c^2}{\lambda R} = \frac{2v^2 \cos^2\theta_s}{\lambda R} = \frac{2v^2 \cos^3\theta_s}{\lambda R_0} \tag{2.17}$$

其中，R 为目标斜距，R_0 为最短斜距，且满足 $R_0 = R\cos\theta_s$，该调频率可采用相位差（Phase Difference, PD）方法估计。

PD方法将方位向信号分解到两个子孔径上，两个子孔径信号分别记为 $g_1(t)$ 和 $g_2(t)$，其表达式分别为

$$g(t) = s(t)e^{j\pi Kt^2} \tag{2.18}$$

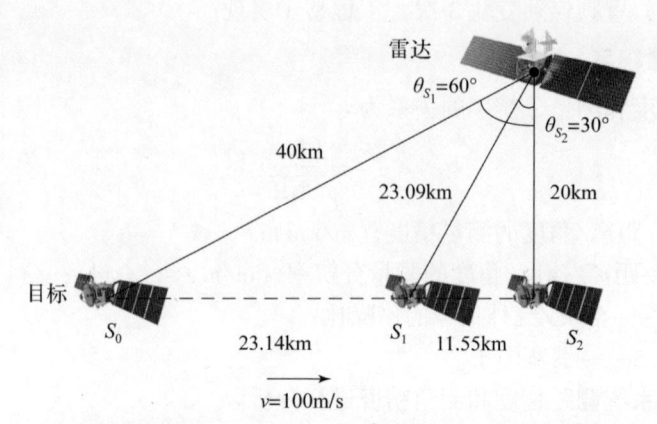

图 2.39 基于短码 BPSK 信号的系统成像几何关系示意图

$$g_1(t) = g\left(t - \frac{T_a}{4}\right) = s\left(t - \frac{T_a}{4}\right) \exp\left\{ja\left(t - \frac{T_a}{4}\right)^2\right\}, -\frac{T_a}{4} \leq t \leq \frac{T_a}{4} \quad (2.19)$$

$$g_2(t) = g\left(t + \frac{T_a}{4}\right) = s\left(t + \frac{T_a}{4}\right) \exp\left\{ja\left(t + \frac{T_a}{4}\right)^2\right\}, -\frac{T_a}{4} \leq t \leq \frac{T_a}{4} \quad (2.20)$$

式中 T_a——合成孔径时间（s）；

t——慢时间（s）。

将一个子孔径信号与另一个子孔径信号的复共轭相乘

$$g_p(t) = g_2(t) \cdot g_1^*(t), -\frac{T_a}{4} \leq t \leq \frac{T_a}{4} \quad (2.21)$$

对乘积信号 $g_p(t)$ 做傅里叶变换，产生每个子孔径复图像的互相关为

$$G_p(\omega) = \int_{T_a/4}^{-T_a/4} g_p(t) e^{-j\omega t} dt = \int_{T_a/4}^{-T_a/4} s\left(t + \frac{T_a}{4}\right) s^*\left(t - \frac{T_a}{4}\right) e^{j\pi K T_a t} e^{-j\omega t} dt \quad (2.22)$$

当不存在二次相位误差时，$|G_p(\omega)|$ 的峰值在零频；当存在二次相位误差时，$|G_p(\omega)|$ 的峰值发生平移。PD 方法对所有距离单元上相关函数的幅值 $|G_p(\omega)|$ 并取平均，测定平均相关函数的峰值位置 Δ_ω，并估计二次相位误差系数

$$\hat{K} = \frac{\Delta_\omega}{T_a} \quad (2.23)$$

其中，Δ_ω 可为正值或负值。

假设系统采集回波信号慢时间时长为 T，则瞬时多普勒带宽为

$$B_a = K \cdot T \quad (2.24)$$

对于瞬时多普勒带宽公式

$$B_a = \frac{2Lv\cos\theta_s}{\lambda R} \qquad (2.25)$$

式中　L——光斑尺寸（m）。

该公式可拆分为

$$B_a = \frac{2v^2\cos^2\theta_s}{\lambda R} \cdot \frac{L}{v\cos\theta_s} = K \cdot \frac{L}{v\cos\theta_s} = K \cdot \frac{L}{v_c} \qquad (2.26)$$

即在方位向调频率公式的基础上，令慢时间时长 $T = \dfrac{L}{v_c}$。

2. 横向速度 v_c 估计仿真

根据系统参数和表 2.9 所示仿真参数，以下分别分析雷达位于 S_1 点和 S_2 点时的横向速度估计情况。

表 2.9　横向速度估计仿真参数

参数	数值	参数	数值
PRF/kHz	300	目标相对速度/（m/s）	100
激光回波慢时间点数	16384	激光回波慢时间时长/ms	54.6
子孔径时长/ms	27.3	子孔径长度/m	2.73
激光波长/μm	1.55	波束宽度/μrad	20

（1）理想无噪声情况下的横向速度估计仿真。

当目标位于 S_2 点时，回波信号方位向调频率约 0.645MHz/s。子孔径 2 信号与子孔径 1 共轭信号的乘积进行傅里叶变换，其峰值对应频率为 17.6195kHz，对应调频率为 0.64524MHz/s，估计横向速度约为 100.0065m/s，横向速度估计误差为 0.0065m/s，如图 2.40 所示。

当系统采集 16384 个脉冲时，回波信号慢时间时长为 54.6ms，瞬时多普勒带宽为 35.23kHz；当系统采集 8192 个脉冲时，回波信号慢时间时长为 27.3ms，瞬时多普勒带宽为 17.615kHz；当波束宽度 20μrad 时，光斑尺寸为 0.4m，回波信号的慢时间时长为 0.004s，瞬时多普勒带宽为 2.581kHz。由仿真结果可见，54.6ms 信号去斜前 3dB 宽度约 34.63kHz，去斜后 3dB 宽度约 16.02Hz。

当目标位于 S_1 点时，回波信号方位向调频率约 0.419MHz/s。子孔径 2 信号与子孔径 1 共轭信号的乘积进行傅里叶变换，其峰值对应频率 11.4442kHz，对应调频率为 0.4191MHz/s，估计横向速度约为 86.6084m/s，横向速度估计误差为 0.0058m/s，如图 2.41 所示。

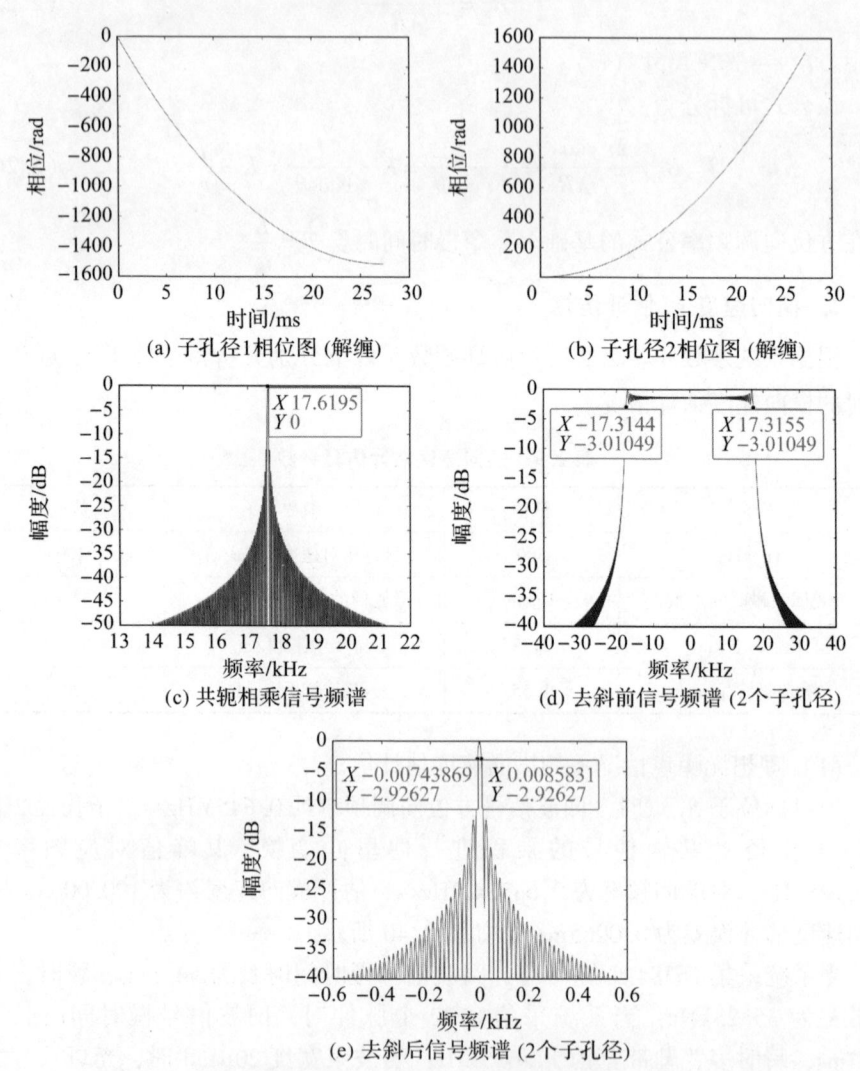

(a) 子孔径1相位图 (解缠)

(b) 子孔径2相位图 (解缠)

(c) 共轭相乘信号频谱

(d) 去斜前信号频谱 (2个子孔径)

(e) 去斜后信号频谱 (2个子孔径)

图 2.40　理想无噪声条件下雷达位于 S_2 点时的横向速度估计仿真

当系统采集 16384 个脉冲时，回波信号慢时间时长为 54.6ms，瞬时多普勒带宽为 22.883kHz；当系统采集 8192 个脉冲时，回波信号慢时间时长为 27.3ms，瞬时多普勒带宽为 11.441kHz；当波束宽度 20μrad 时，光斑尺寸为 0.46m，回波信号的慢时间时长为 0.0053s，瞬时多普勒带宽为 2.2212kHz。由仿真结果可见，54.6ms 信号去斜前 3dB 宽度约 22.3985kHz，去斜后 3dB 宽度约为 16.02Hz。

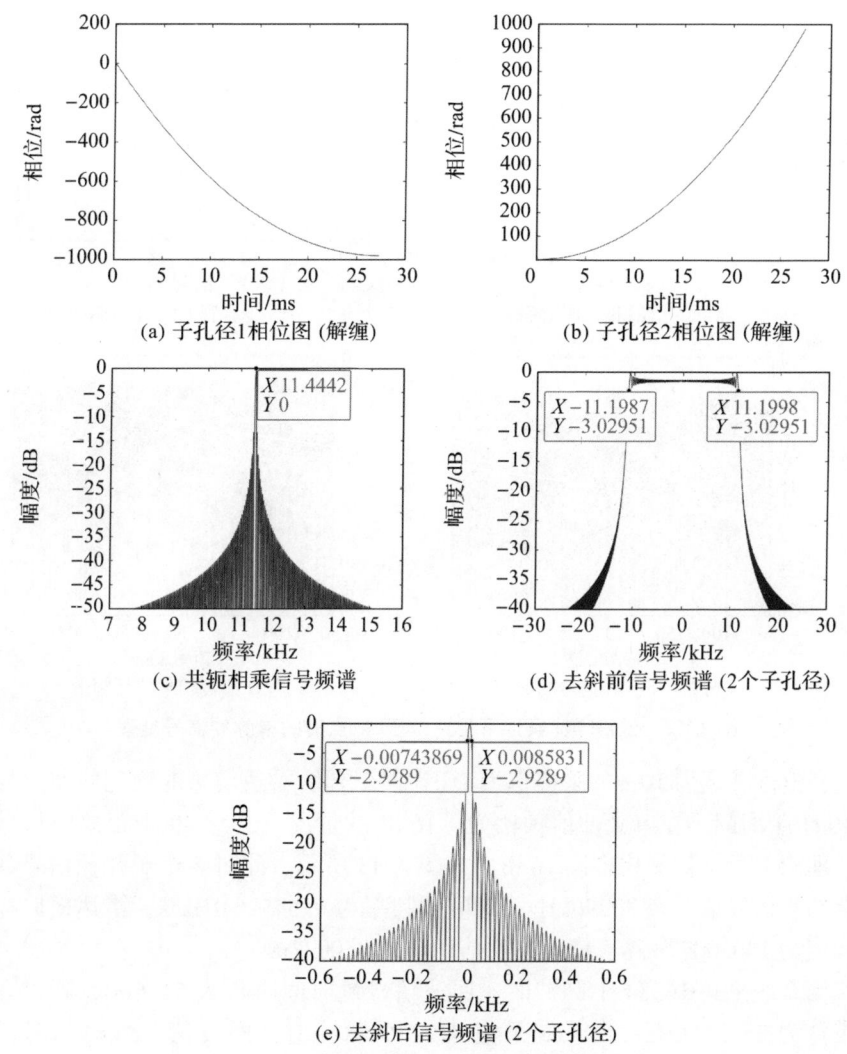

图 2.41　理想无噪声条件下雷达位于 S_1 点时的横向速度估计仿真

(2) 低信噪比条件下的横向速度估计仿真。

当目标位于 S_2 点时，设置雷达的单脉冲信噪比为 -16dB，脉冲数为 8192，其余仿真参数如表 2.9 所示。对单个距离门的信号，由于其信噪比较低，2 个子孔径信号共轭相乘的频谱无明显峰值，导致无法估计雷达横向速度，如图 2.42 所示。

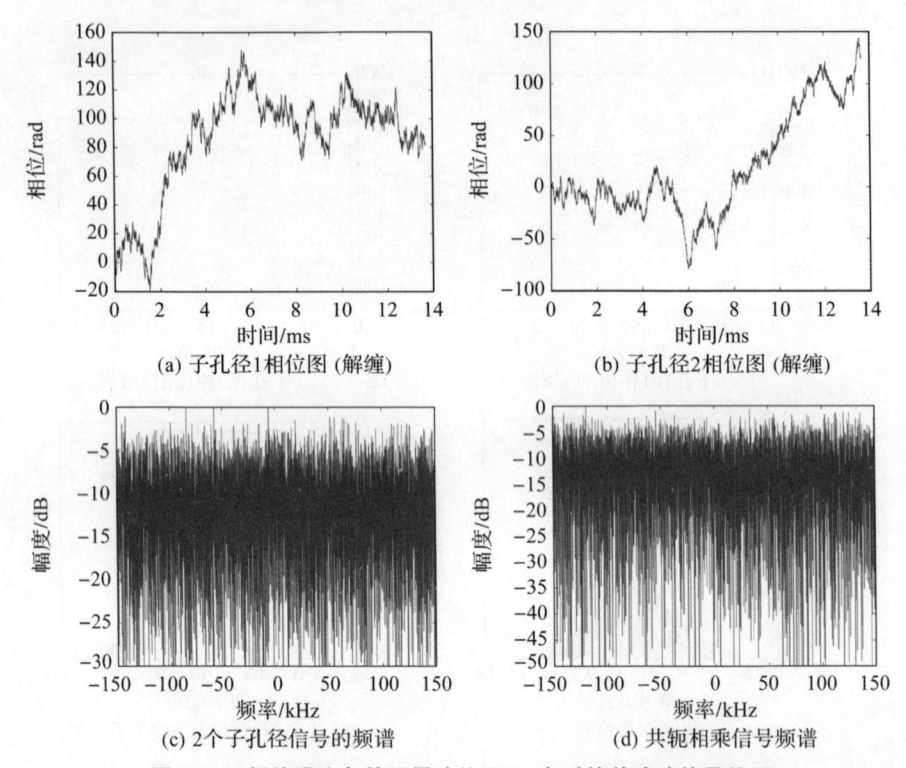

(a) 子孔径1相位图 (解缠)　　(b) 子孔径2相位图 (解缠)

(c) 2个子孔径信号的频谱　　(d) 共轭相乘信号频谱

图 2.42　低信噪比条件下雷达位于 S_2 点时的单脉冲信号处理

当信号脉宽为 10ns，采样率为 4GHz 时，包含雷达信息的激光回波信号共有 40 个距离门。在单脉冲信噪比为 −16dB 的情况下，对 40 个距离门信号累加，理论上可将信噪比提高 16dB，如图 2.43 所示。此时 2 个子孔径信号共轭相乘的频谱峰值为 8.80996kHz，对应调频率为 0.64526MHz/s，雷达横向速度估计值为 100.0077m/s，横向速度估计误差 0.0077m/s。

当系统采集 16384 个脉冲时，回波信号慢时间时长为 54.6ms，瞬时多普勒带宽为 35.231kHz；当系统采集 8192 个脉冲时，回波信号慢时间时长为 27.3ms，瞬时多普勒带宽为 17.616kHz；当波束宽度 20μrad 时，光斑尺寸为 0.4m，回波信号的慢时间时长为 0.004s，瞬时多普勒带宽为 2.581kHz。

当目标位于 S_1 点时，设置信号单脉冲信噪比为 −16dB，脉冲数为 8192，其余系统参数如表 2.9 所示。根据单距离门信号估计横向速度，仿真结果如图 2.44 所示。此时 2 个子孔径信号共轭相乘的频谱峰值为 5.72234kHz，对应调频率为 0.41912MHz/s，雷达横向速度估计值为 86.61m/s，横向速度估计误差 0.0075m/s。

(a) 40个距离门回波信号

(b) 40个距离门累加后信号的频谱

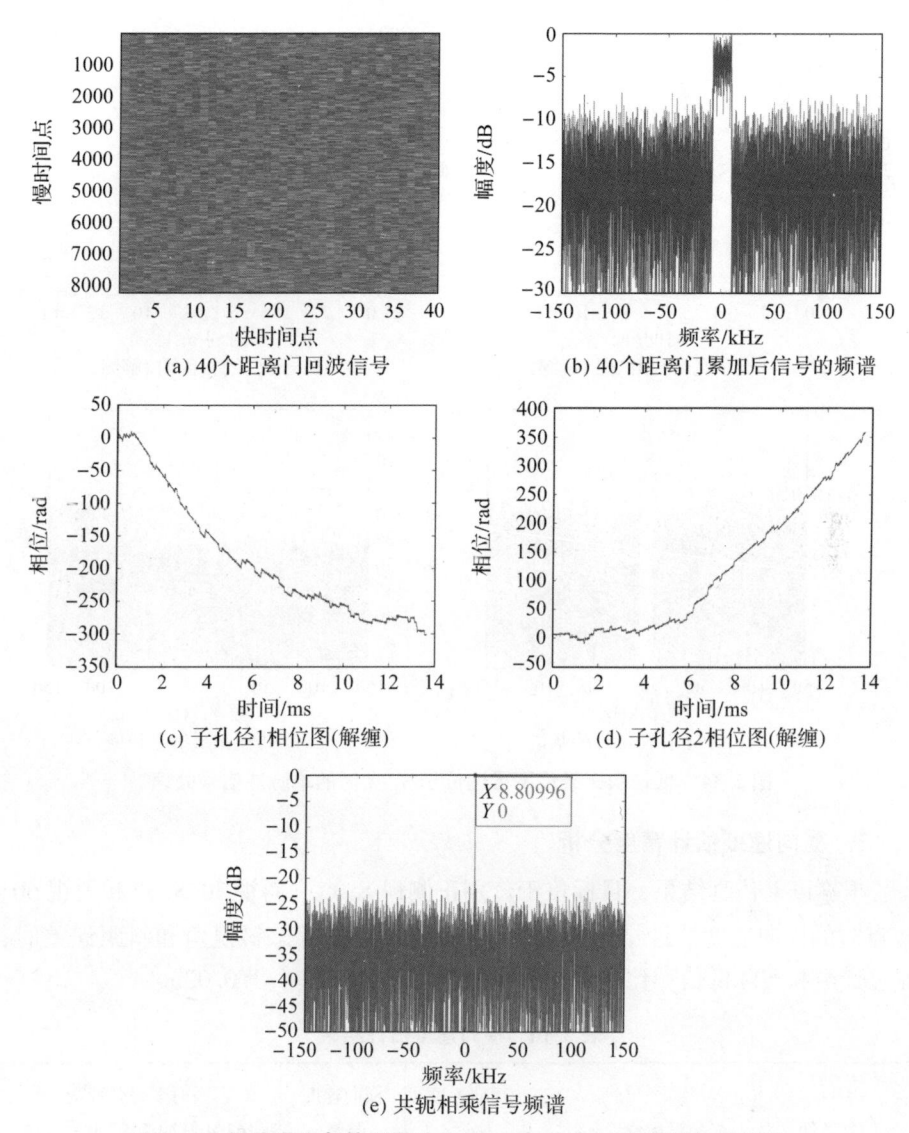

(c) 子孔径1相位图(解缠)

(d) 子孔径2相位图(解缠)

(e) 共轭相乘信号频谱

图 2.43 低信噪比条件下雷达位于 S_2 点时的 40 距离门信号处理

当系统采集 16384 个脉冲时，回波信号慢时间时长为 54.6ms，瞬时多普勒带宽为 22.884kHz；当系统采集 8192 个脉冲时，回波信号慢时间时长为 27.3ms，瞬时多普勒带宽为 11.442kHz；当波束宽度 20μrad 时，光斑尺寸为 0.46m，回波信号的慢时间时长为 0.0053s，瞬时多普勒带宽为 2.2213kHz。

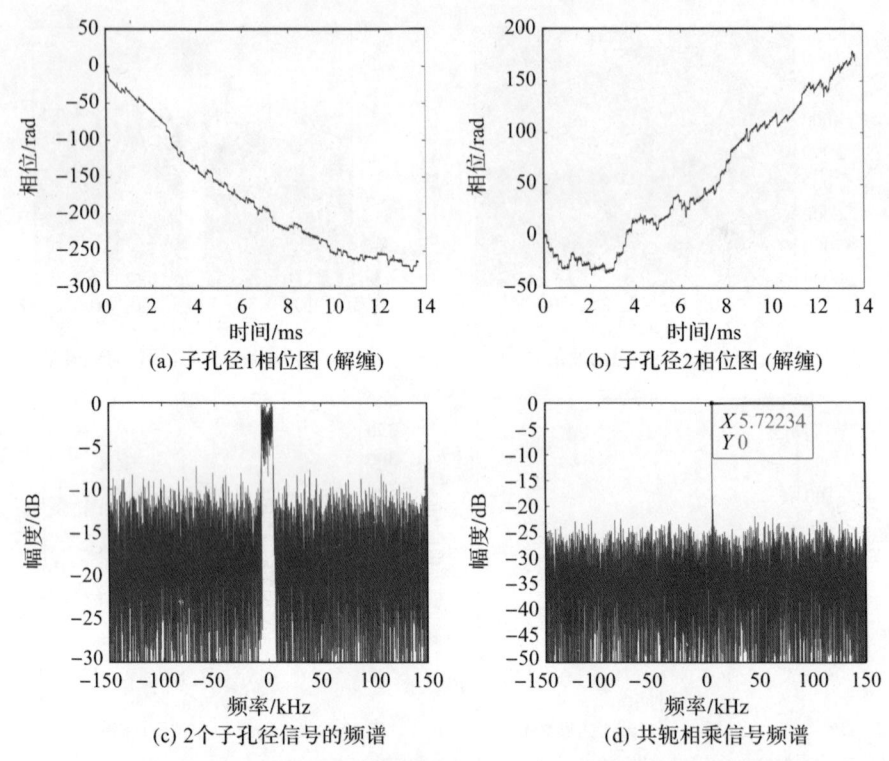

(a) 子孔径1相位图 (解缠)　　　　　　(b) 子孔径2相位图 (解缠)

(c) 2个子孔径信号的频谱　　　　　　(d) 共轭相乘信号频谱

图 2.44　低信噪比条件下雷达位于 S_1 点时的单脉冲信号处理

3. 横向速度估计精度分析

根据以上仿真结果，目标位于分别正侧视 S_2 点、斜视 30° S_1 点和斜视 60° S_0 点时的横向速度估计结果如表 2.10 所列。当不考虑斜视角和斜距误差时，理想噪声和实际低信噪比条件下，横向速度估计误差小于 0.02m/s。

表 2.10　横向速度估计结果

仿真条件	目标位置	横向速度估计/(m/s)	横向速度误差/(m/s)	瞬时多普勒带宽（16384 脉冲/8192 脉冲/根据 20μrad 波束宽度计算）/kHz
理想无噪声，方位向 16k 脉冲	S_2 点	100.0065	0.0065	35.23/17.615/2.581
	S_1 点	86.6084	0.0058	22.883/11.441/2.2212
实际低信噪比，方位向 8k 脉冲	S_2 点（单脉冲信噪比 −16dB，单个距离门）	无法估计	无法估计	无法估计

续表

仿真条件	目标位置	横向速度估计/(m/s)	横向速度误差/(m/s)	瞬时多普勒带宽（16384 脉冲/8192 脉冲/根据 20μrad 波束宽度计算）/kHz
实际低信噪比，方位向 8k 脉冲	S_2 点（单脉冲信噪比 −16dB，40 个距离门）	100.0077	0.0077	35.231/17.616/2.581
	S_1 点（单脉冲信噪比 −16dB，40 个距离门）	86.6100	0.0075	22.884/11.442/2.2213

4. 相对速度 v 和径向速度 v_r 估计误差

在理想无噪声条件下，使用 PD 算法估计雷达横向速度，当雷达分别位于正侧视 S_2 点和斜视 $30°S_1$ 点时，根据 2 个子孔径信号估计的调频率分别为 0.64524MHz/s 和 0.4191MHz/s。

假设雷达斜视角测量精度为 0.1mrad，以下将在无噪声影响下分析目标的相对速度 v 和径向速度 v_r 估计精度。根据式（2.16）所示回波信号方位向调频率表达式，可得横向速度 v_c、径向速度 v_r 和相对运动速度 v 的表达式

$$v_c = \sqrt{\frac{K\lambda R}{2}} \tag{2.27}$$

$$v_r = v_c \tan\theta_s = \tan\theta_s \sqrt{\frac{K\lambda R}{2}} \tag{2.28}$$

$$v = \frac{v_c}{\cos\theta_s} = \cos^{-1}\theta_s \sqrt{\frac{K\lambda R}{2}} \tag{2.29}$$

由斜视角角误差 $\Delta\theta_s$ 导致径向速度误差 Δv_r 和相对速度误差 Δv 表达式为

$$\Delta v_r = \Delta\theta_s \cos^{-2}\theta_s \sqrt{\frac{K\lambda R}{2}} \tag{2.30}$$

$$\Delta v = \Delta\theta_s \cos^{-2}\theta_s \sin\theta_s \sqrt{\frac{K\lambda R_0}{2}} \tag{2.31}$$

根据上式计算目标相对速度估计误差、径向速度估计误差和多普勒中心变化范围如表 2.11 所列。

以上径向速度误差对应多普勒中心变化范围根据 0.1mad 斜视角测量误差计算，在实际情况下，波束指向误差等因素导致斜视角误差增大，实际多普勒中心变化范围将增大至 50kHz 量级。

进一步考虑瞬时多普勒带宽，当回波信号采集 16384 个脉冲时，方位向多

普勒带宽达到23kHz。在此基础上，根据多普勒参数估计结果，对慢时多普勒模糊的回波信号进行多普勒中心补偿，可将回波信号慢时谱宽控制在±37.5kHz。

表2.11 目标速度估计误差和多普勒中心变化范围

目标位置	正侧视 S_2 点	斜视30° S_1 点
相对速度 v 误差/(m/s)	0	0.0058
径向速度 v_r 误差/(m/s)	0.01	0.0115
径向速度 v_r 误差对应多普勒中心变化范围/kHz	12.904	14.9

2.4.5 成像仿真

成像系统中设置双通道接收激光回波信号并用于高分辨率成像，两个接收通道分别为回波通道和参考通道，其顺轨向基线长度为100μm。系统在斜视角-30°~30°对应成像区间内分别完成实时低分辨率成像和高分辨率成像，其步骤如下。

实时低分辨率成像步骤：①目标相对运动参数粗估计；②信号慢时降采样处理；③采用空间相关算法（Space Correlation Algorithm，SCA）[9]实现运动补偿；④RD算法成像。

高分辨率成像步骤：①目标相对运动参数精确估计；②基于双通道干涉处理的运动补偿；③omega-K算法[36]成像。

为验证成像系统的有效性，以下分别完成雷达位于正侧视 S_2 点和30°斜视角 S_1 点时的实时低分辨率成像仿真和位于正侧视 S_2 点时的高分辨率成像仿真，其中，实时低分辨率成像不涉及本振参考通道和顺轨干涉处理运动补偿。

SAL系统实时低分辨率成像和高分辨率成像仿真参数如表2.12所列。

表2.12 成像全流程仿真参数

参数	数值	参数	数值
激光波长/μm	1.55	斜视角/(°)	0/30
目标斜距/km	20/23	方位向波束宽度/μrad	30
方位向光斑宽度/m	0.6/0.8	慢时间时长/s	0.2
回波和参考通道俯仰向等效间距/μm	50	回波和参考通道方位向等效间距/μm	5

续表

参数	数值	参数	数值
快时间采样率/GHz	4	PRF/kHz	300
BPSK 信号码长	40	BPSK 信号码型	优化二相码
BPSK 信号子码宽度/ns	0.25	BPSK 信号脉宽/ns	10
BPSK 信号带宽/GHz	4	BPSK 信号采样点数	40
方位向点数	60k	距离向点数	16k（截取 1k）
正侧视成像单脉冲信噪比/dB	-29.8	30°斜视角成像单脉冲信噪比/dB	-32.5

1. SAL 低分辨率成像仿真

在 XYZ 三维坐标系中设置间距 $0.1m$ 十字形点阵目标，Y 轴与方位向一致，Z 轴与高程一致。当正侧视和 30°斜视角条件下激光回波信号单脉冲信噪比分别为 $-26.88dB$ 和 $-29.3dB$ 时，实时低分辨率成像仿真结果如图 2.45 所示。由成像结果可见，间距为 $0.1m$ 的点阵目标可在斜距-方位向区分，因此系统低分辨率成像分辨率达到 $0.1m$。

2. SAL 高分辨率成像仿真

设置间距 6cm、5cm 十字形点阵目标和卫星，当激光回波信号单脉冲信噪比为 $-32.9dB$ 时，高分辨率成像仿真结果如图 2.46 所示，系统达到高分辨率成像分辨率要求。

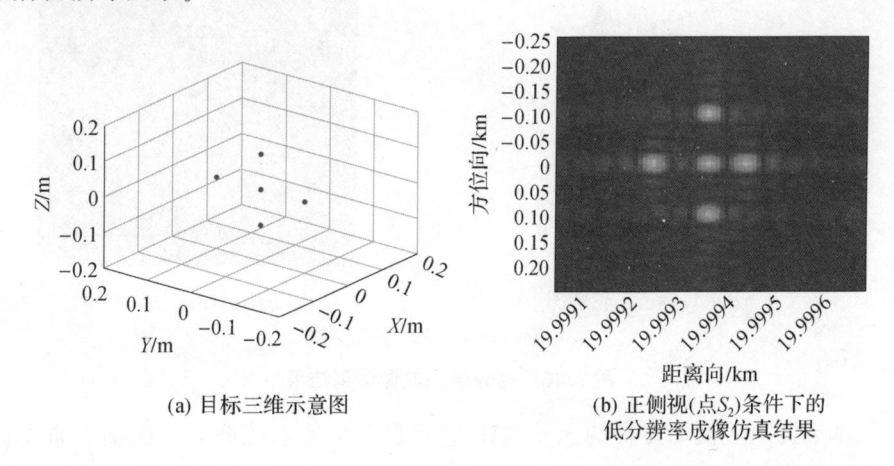

(a) 目标三维示意图

(b) 正侧视(点S_2)条件下的低分辨率成像仿真结果

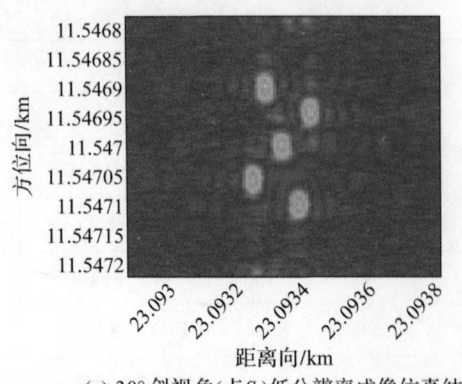

(c) 30°斜视角(点S_1)低分辨率成像仿真结果

图 2.45　实时低分辨率成像仿真结果

(a) 间距6cm十字形点阵目标高分辨率成像结果

(b) 间距5cm十字形点阵目标高分辨率成像结果

卫星目标三维轮廓图　　　　卫星目标成像结果

(c) 卫星目标高分辨率成像结果

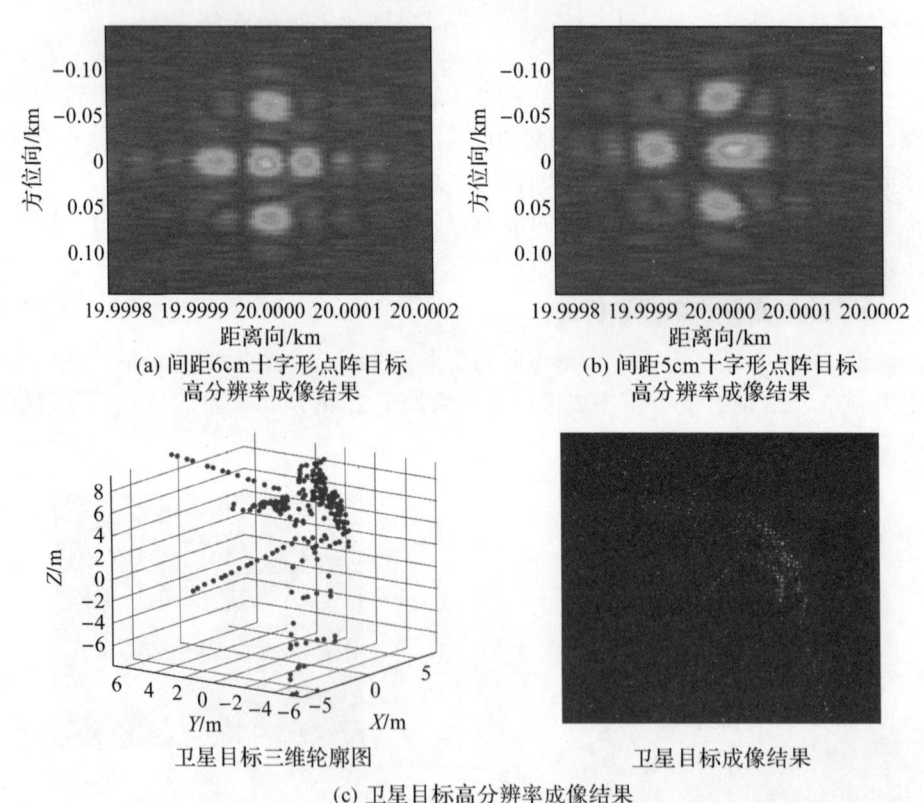

图 2.46　高分辨率成像仿真结果

本节提出主被动复合的天基 SAL 空间目标成像系统概念，明确了激光信号相干性保持、目标/平台振动相位误差估计与补偿、宽视场收发高分辨率成像关键技术的解决途径，设计了高 PRF 短码优化 BPSK 信号 SAL 与红外相机共孔径的系统方案，系统分析结果表明了技术实现的可行性。本节 SAL 成像系统具有系统规模小、功耗低的特点，系统设计方案对未来实际系统研制具有参考价值。

2.5 地基 2m 衍射口径远距离 ISAL 系统分析

2.5.1 系统指标

- 激光波长：1064nm
- 目标距离：1000km
- 目标横向速度：1000m/s
- 平均发射功率：16kW（激光线宽优于 1GHz）
- 发射波束宽度：35μrad（俯仰向）×35μrad（方位向）
- 接收波束宽度：25μrad（俯仰向）×25μrad（方位向）
- 接收镜口径：2m
- 成像分辨率：5cm
- 波形：BPSK 脉冲信号
- 干涉通道数量：4 通道（方位向 2×俯仰向 2）
- 图像数据率：约 0.5Hz

2.5.2 系统方案

本节观测对象确定为距离 1000km 量级运动目标。

考虑到实际应用情况，ISAL 系统的工作应建立在大口径望远镜对目标红外/可见光跟踪的基础上，且应具备自适应光学系统以解决大气影响。本节地基 ISAL 系统具备目标探测和成像功能，用宽谱段红外信号对远距离目标进行宽视场搜索和实时低分辨率成像，同时辅助跟踪目标并引导 ISAL 指向目标进行精细成像，可提升系统观测效率。

ISAL 系统主要由光学系统，激光发射单元（激光器），激光接收单元，信号采集和存储单元，数据处理单元等组成。

1. 衍射光学系统

ISAL 可使用非成像光学系统，本节 ISAL 系统采用透射式光学系统和基于光纤准直器的 1 发 4 收馈源，收发分置。激光中心波长为 1064nm，激光发射镜口径 400mm，衍射极限约为 3.1μrad，结合扩束镜使发射光斑展宽至 35μrad×35μrad。

激光接收光路对应的 F 数为 2，拟采用 2m 量级望远镜作为激光信号接收镜，其衍射极限为 0.6μrad。接收光路采用全光纤光路，将激光信号收入光纤可简化 ISAL 相干探测所需的混频及后续信号处理的系统结构。对 ISAL 需使用单模保偏光纤，单模保偏光纤芯径 10μm 对应的波束宽度为 3μrad×3μrad。单模保偏光纤较小的数值孔径使在宽视场条件下将激光信号收入光纤难度很大。考虑到光纤准直器可等效形成大的光敏面，可通过在前置光学系统像面处设置高阶相位微透镜，将像面上不同方向的入射光转换成近似平行于光轴的光束，收入该微透镜后端的光纤准直器以实现宽视场信号收入光纤。

在内视场设置由 4 个接收光纤准直器和高阶相位透镜组成的接收通道用于干涉运补，并采用简洁扩束方式使波束宽度展宽至 25μrad×25μrad。同时辅以轻度离焦使 4 个接收通道形成重叠视场，四通道接收光路及接收视场覆盖情况如图 2.47 所示。发射圆偏振激光，4 个光纤接收通道的偏振方向拟间隔 45°设置，通过不同偏振方向图像的融合处理减轻目标和大气退偏的影响。

原理上发射圆偏振激光，接收采用两个正交线偏振即可。本节采用 4 个接收通道间隔 45°设置偏振方向，有利于缓解圆偏振发射激光的退偏成椭圆偏振的问题。根据 4 个接收通道和发射镜的几何布局，利用收发形成的等效相位中心如图 2.48 所示，等效自发自收基线长度为 0.6mm。该内视场基线，可用于正交干涉处理实现振动抑制。

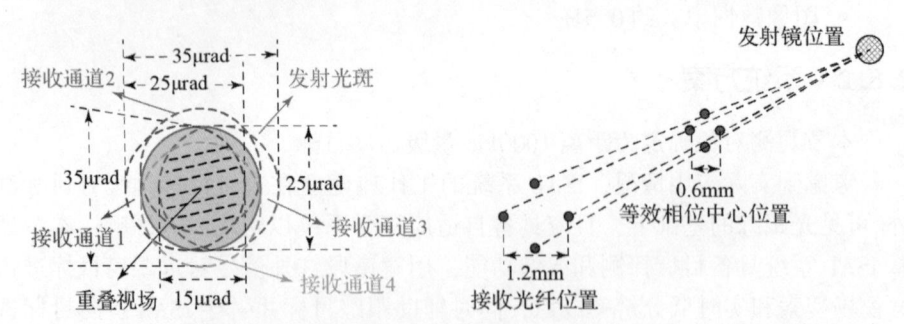

图 2.47 视场示意图及顺轨干涉处理所需的 4 个接收通道的布局及等效相位中心示意图

为形成新型主被动结合的 ISAL 地基望远镜成像探测系统，采用同伺服平台分置的发射镜发射激光，采用衍射薄膜镜作为接收镜以实现激光和红外共口径光学系统。2m 衍射口径可采用多衍射子镜（子镜口径 0.5m）拼接的方案以减轻系统的重量，各子镜以合成孔径的方式将多个子镜等效成大口径，其光路示意图如图 2.48 所示。

该方案的一个技术难点是多子镜的共焦和共相校准。通过控制多个光学元件的焦距，使得各子镜在同一焦平面上同时成像，以提升图像信噪比。通过微调机构调节光路，使得各子镜的光信号在焦平面上相干叠加，以提升系统的分辨率。

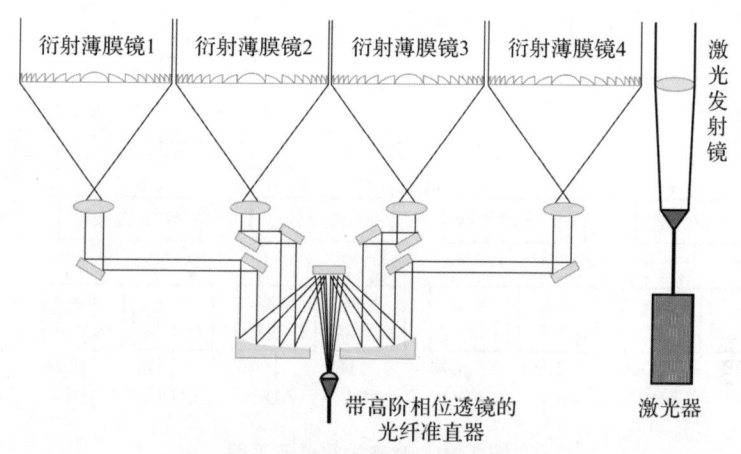

图 2.48　接收望远镜激光通信示意图

考虑到目标跟踪的需求，上述光学系统需设置成短波和中波两个波段，1064nm 用于主动激光成像探测，中波红外用于目标成像跟踪。因此光学系统中还应包括分色镜和红外成像所需的色差校正镜。

2. 激光发射单元

ISAL 激光发射单元（激光器）拟采用板条激光器，中心波长 1064nm、脉冲宽度在 250μs、重频在 2kHz、占空比 50%、输出平均功率在 16kW 量级的激光器。高功率条件下激光器输出信号的线宽是一个重要指标，目前输出平均功率在 120W、重频 50kHz、脉宽 10μs 时，板条激光器的线宽 11MHz 量级，根据分析当输出功率提升至 16kW，其线宽可控制在 1GHz 量级。BPSK 信号相位调制后，发射信号的瞬时带宽小于 4.5GHz，这使得用采样率 5GHz 的 ADC 对发射信号进行采样构造发射参考信号用于对回波信号进行脉冲压缩成为可能。

3. 激光接收单元

ISAL 激光接收单元采用全光纤光路，接收和发射端光路分置，有利于提高系统的收发隔离度。系统主要包含 4 个接收通道，为实现振动抑制和信号相干性保持，ISAL 同时增设发射信号/干涉参考通道 1 个，本振信号参考通道 1 个，系统原理框图如图 2.49 所示。

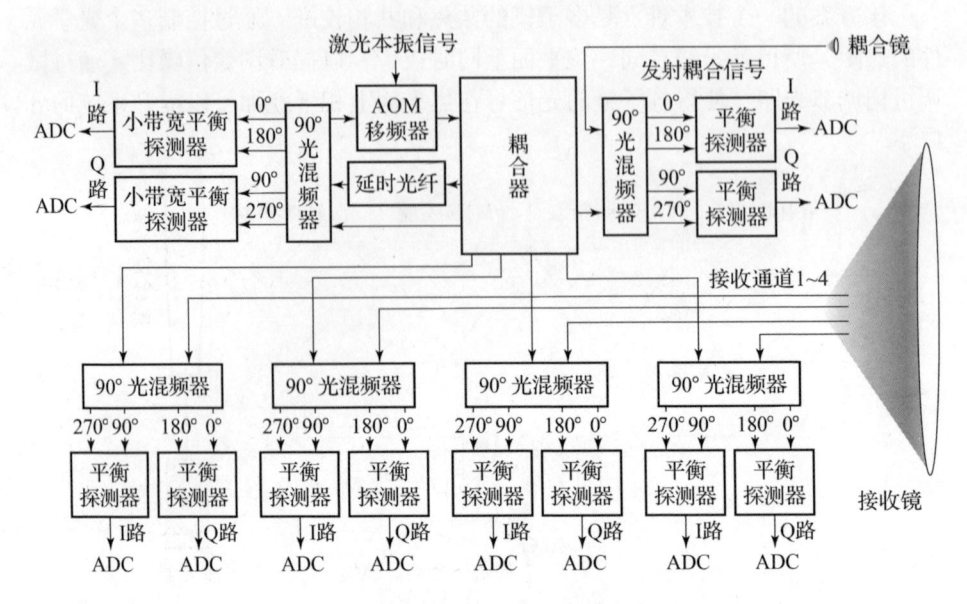

图 2.49　激光接收单元框图

4. 信号采集存储和处理单元

ISAL 所需的宽带信号产生和高速信号采集，通过高集成度多通道 ADC 和 DAC 芯片实现，芯片型号选为成熟的 RFSOC 芯片。8 路 14bit 量化，5GS/s 高速 ADC 用于信号采样；8 路 14bit 量化，10GS/s 高速 DAC 用于宽带 BPSK 信号产生。回波通道数为 4×2 路，发射参考和本振参考通道为 2×2 路，实际需选用两片 RFSOC 芯片来实现。ADC 采样后的数据记录存储容量应保证数据连续记录时间优于 20s，采用 DDR+SSD 的联合存储方案，采集数据先通过 DDR 进行一级缓存，再写入 SSD 中，通过两个并联使用方式可达到单路 5GB/s 的写入速率。数据处理单元采用通用服务器完成。

2.5.3　性能指标分析

1. 激光距离分辨率

若激光波长为 $1.064\mu m$，望远镜孔径为 2m，斜距为 1000km，其衍射极限分辨率约为 1m。

采用脉冲宽度为 $250\mu \cdot s$ 的 BPSK 脉冲信号，当相位调制带宽为 4GHz 时（子码宽度 0.25ns），距离分辨率为 5cm。

ISAL 的方位向分辨率由观测时间内目标与雷达间的相对转角决定，其方

位向分辨率可表示为

$$\rho_a = \frac{\lambda}{2\Delta\theta} \tag{2.32}$$

式中 $\Delta\theta$——观测时间内目标与雷达间的相对转角（rad）。

若要获得 5cm 的方位向分辨率，则在发射激光的波长为 1064nm 的情况下，所需要的转角 $\Delta\theta = 10.64\mu rad$。对于 1000km 处相对横向速度 1000m/s 的运动目标，对应的合成孔径长度为 10.64m，合成孔径时长为 10.64ms。

实际 ISAL 能实现的最高方位向分辨率为

$$\rho_{am} = \frac{\Delta f \lambda R}{2V\cos\theta_s} \tag{2.33}$$

式中 Δf——慢时频率分辨率（Hz），为激光静止目标回波信号和本振信号外差所得频谱宽度；

θ_s——前斜视角（rad），为激光雷达相对目标运动速度方向与波束指向夹角的余角。

假定雷达和目标的相对速度 V 为 1000m/s，前斜视角为 0°，激光波长 1.064μm，斜距 1000km，若要求目标的方位向分辨率为 0.05m，需其慢时频率分辨率需优于 65Hz，对应的合成孔径成像时间应不少于 15ms；若前斜视角为 60°，需其慢时频率分辨率需优于 32Hz，对应的合成孔径成像时间应不少于 31ms，故本节合成孔径长度在 30m 量级。实际工作中可适当加长合成孔径成像时间，以达到慢时频率分辨率和合成孔径长度要求。

与微波合成孔径雷达不同，由于 ISAL 所需的合成孔径时间和合成孔径长度都较小，ISAL 可在大前斜视角条件下，以高数据率对目标实现远距离高分辨率成像。

2. 作用距离和成像信噪比

系统参数如表 2.13 所列。

表 2.13 系统参数

参数	数值	参数	数值
激光波长 $\lambda/\mu m$	1.064	接收望远镜口径 D/m	2
脉冲宽度 $T_p/\mu s$	250	AO 功能	具备
占空比/%	50	PRF/kHz	2
发射平均功率/kW	16	发射峰值功率 P_t/kW	32

续表

参数	数值	参数	数值
激光发射俯仰向宽度 $\theta_r/\mu rad$	35	激光发射方位向宽度 $\theta_a/\mu rad$	35
激光接收俯仰向宽度 $\varphi_e/\mu rad$	25	激光接收方位向宽度 $\varphi_a/\mu rad$	25
发射光学系统损耗 η_t	0.8	接收光学系统损耗 η_r	0.55
收发视场匹配损耗 η_m	0.7	其他光学损耗 η_{oth}	0.5
双程大气损耗 η_{ato}	0.05	双程大气透过率	0.6
电子学其他损耗 η_{ele}	0.5	电子学噪声系数 F_n	0.5
退偏损耗 ξ	0.8	量子效率 η_D	0.5
目标散射系数 σ_0	0.4	目标后向散射立体角 Ω	π
分辨单元面积 A_t/m^2	0.0025	作用距离 R/km	1000

1000km 成像信噪比（斜视角为0°，0.05m×0.05m 分辨率）：按照上述参数计算，脉冲压缩后，5cm 分辨单元在 1000km 处的单脉冲信噪比为 −22.7dB；假定相对横向速度1000m/s，斜视角为0°时，相干积累的合成孔径时长选为 16ms，可相干积累的脉冲数为 32（增益15dB），16ms 对应的单视图像信噪比约 −7.7dB。加长观测时间到 2s（对应的图像数据率约 0.5Hz），通过 125 视非相干积累可获得 11dB 信噪比改善，多视图像信噪比约 3.3dB。

在斜视角 60°条件下，可提高相干积累脉冲数至 64，加长观测时间到 3s，经多视处理后可进一步提升信噪比至 6dB。

3. 信号处理增益

根据式（1.1）本节采用 250μs 宽脉冲，若子码宽度为 0.25ns、码长约为 1000000 位的 BPSK 信号脉冲压缩可获得 60dB 增益。方位向数据多普勒带宽为 2kHz，脉冲积累时间为 16ms（对应慢时 32 个脉冲相干积累）可获得增益 15dB。加长观测时间到 1.6s（对应的图像数据率约 0.5Hz），通过 100 视非相干积累可获得 10dB 信噪比改善。本节信号处理总的增益考虑为 85dB 左右。

4. 多普勒频率分辨率和微动探测能力

若系统不对发射脉冲信号进行频率或相位调制，而采用 2000 个脉冲进行相干积累时，对应的时宽为 1s，经距离重排，其频率分辨率为 1Hz。

本节采用发射脉冲记录和本振数字延时，可保证发射和接收信号的相干性，原理上可使系统远距离探测时的频率分辨率优于5kHz。

目标激光多普勒频率分辨率与其方位向分辨率的关系为

$$\rho_c = \frac{\Delta f_d \cdot \lambda \cdot R}{2v} \tag{2.34}$$

当目标横向速度为1000m/s，多普勒频率分辨率为5kHz，斜距为1000km时，其方位向分辨率为2.66m；当多普勒频率分辨率为50kHz时，其方位向分辨率为26.6m。

25μrad的波束宽度在1000km处的方位向分辨率为25m，4个接收波束对目标具有较好的覆盖能力。

激光波长较短，采用相干探测后具有良好的微动多普勒探测性能。如目标的振动频率为37Hz、振动幅度为20μm，该振动对应多普勒频率约9kHz；若目标的振动频率为50Hz、振动幅度为0.1mm，该振动对应多普勒频率约为60kHz。当系统多普勒频率分辨率优于5kHz时，能够感知振动频率为5Hz、振动幅度为0.1mm的微动。

5. 距离模糊求解

雷达的最大单值测距范围由其脉冲重复周期决定，即

$$R_{\max} = \frac{1}{2}c(T_r - \tau) \tag{2.35}$$

其中，脉冲宽度往往远小于脉冲重复周期（$\tau \ll T_r$），此时 $R_{\max} \approx \frac{1}{2}cT_r$。

当回波延迟超过脉冲重复周期时，会把远目标误认为近目标，即目标回波对应的距离为

$$R = \frac{1}{2}c(mT_r + t_R) \tag{2.36}$$

式中 m——非负整数；

$t_R(\tau + t_0 \leq t_R \leq T_r - \tau)$——接收的回波信号与最邻近发射脉冲间的延迟。

如果雷达重复频率选得过高，测距有可能出现多值性。为了得到目标的真实距离R，必须判定测距模糊值m。为了判别模糊，必须对周期发射的脉冲信号再加上某些可识别的标志，通常采用的解模糊方法为多种脉冲重复频率法，其原理如图2.50所示。

设脉冲重复频率分别为PRF_1和$PRF_2(PRF_2 > PRF_1)$，它们都不满足无模糊测距的要求，PRF_1和PRF_2具有公约频率为$PRF_d = PRF_1/N = PRF_2/(N+a)$，其中$N$、$a$为正整数（常选$a=1$使$N$和$N+a$为互质数）。

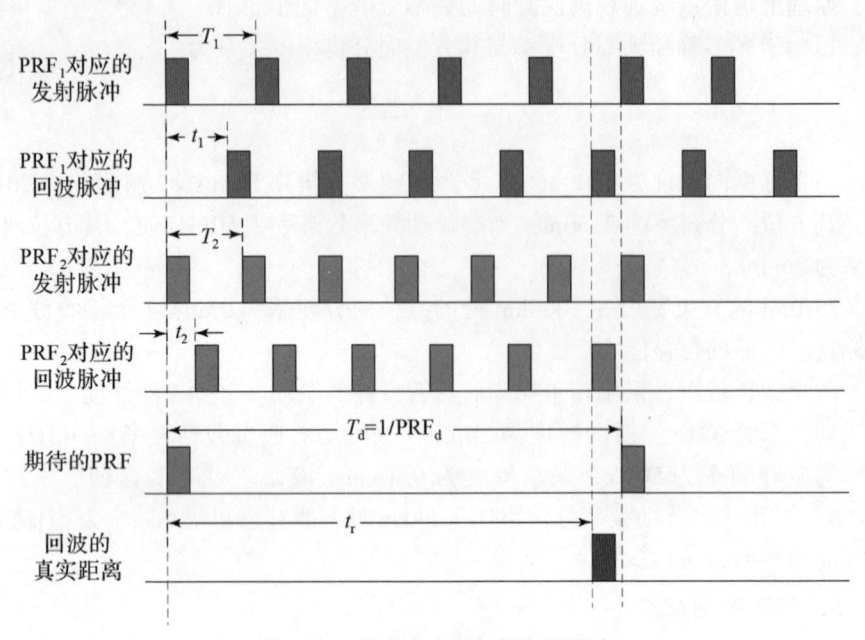

图 2.50 多种脉冲重复频率测距法

当 PRF = 2kHz 时,不模糊测距范围为 75km。采用参差重复频率解决目标距离模糊问题,设置参差重复频率 2kHz 和 2.1kHz,可将不模糊测距范围增大至 1500km。

回波的延时为

$$t_R = t_1 + \frac{n_1}{PRF_1} = t_2 + \frac{n_2}{PRF_2} \tag{2.37}$$

式中 t_1 和 t_2——两种重复频率下,发射时刻后到后面最近一个回波时刻的时间差(s);

n_1 和 n_2——两种重复频率下,发射时刻后直到回波到达时之间的脉冲数。

在 $0 < t_R < T_r$ 范围内, n_1 和 n_2 只有如下两种关系:

$$n_1 = n_2; n_1 = n_2 - 1 \tag{2.38}$$

t_1, t_2 的三种关系如下图所示,根据获得的 t_1, t_2 值大小,可计算 t_R 及目标距离,如图 2.51 所示。

在目标距离向变化较小的情况下,可采用双参差重频脉冲串间歇处理进行测距,例如,每个脉冲串 100 个脉冲,用 2 个脉冲串测距共需 200 个脉冲,时间约 0.1s。可用 0.4s 对信号进行处理,对应的数据率为 2Hz。

第 2 章 单元探测器激光成像

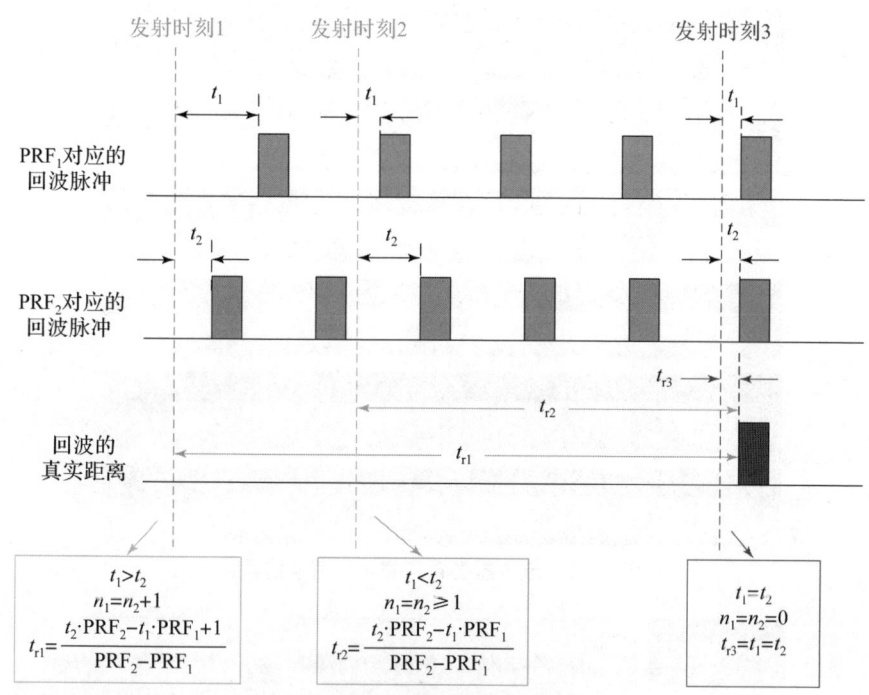

图 2.51 多种脉冲重复频率法

$$t_{r1} = \frac{t_2 \cdot PRF_2 - t_1 \cdot PRF_1 + 1}{PRF_2 - PRF_1}$$

$$t_{r2} = \frac{t_2 \cdot PRF_2 - t_1 \cdot PRF_1}{PRF_2 - PRF_1}$$

2.5.4 地基大口径 ISAL 探测性能验证实验

采用大口径望远镜对 1000km 的运动圆板角反射器进行探测，圆板角反射器的边长 b 约为 2.5cm。其对应的后向散射立体角为 32°，对应的全姿态平均激光雷达散射截面 (Laser Radar Cross Section, LRCS) 约为 70000m²，其计算公式如下所示[37]：

$$LRCS = 0.47 \cdot b^4/\lambda^2 \tag{2.39}$$

发射端发射单频连续波，激光波长为 1560nm，发射功率为 50W。扩束处理后，激光发射和接收波束分别为 6μrad 和 10μrad，ADC 采样率为 1GHz，采用相干探测并在平衡探测器后级联 50dB 增益的电子学放大器以保证回波信号能越过 ADC 量化门限，在电子学放大器之后对信号一分为二，一路送至采样率为 10GHz 的示波器实时显示回波频谱，另一路送至采样率为 1GHz 的 ADC 实时采样并存储回波数据。

数据记录时示波器上共看到 6 处回波信号，如图 2.52 所示，随着时间的推移其多普勒频率以 50MHz/s 的速率增大。

示波器数据与 ADC 采样数据的频谱对比结果如图 2.53 所示。

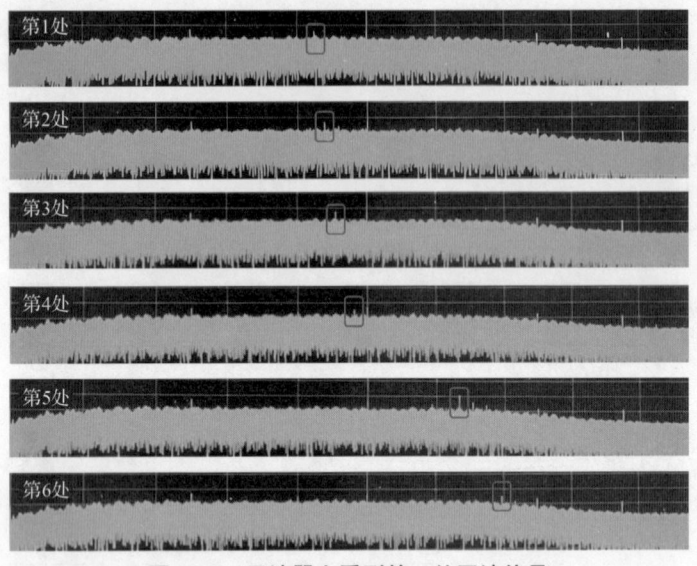

图 2.52　示波器上看到的 6 处回波信号

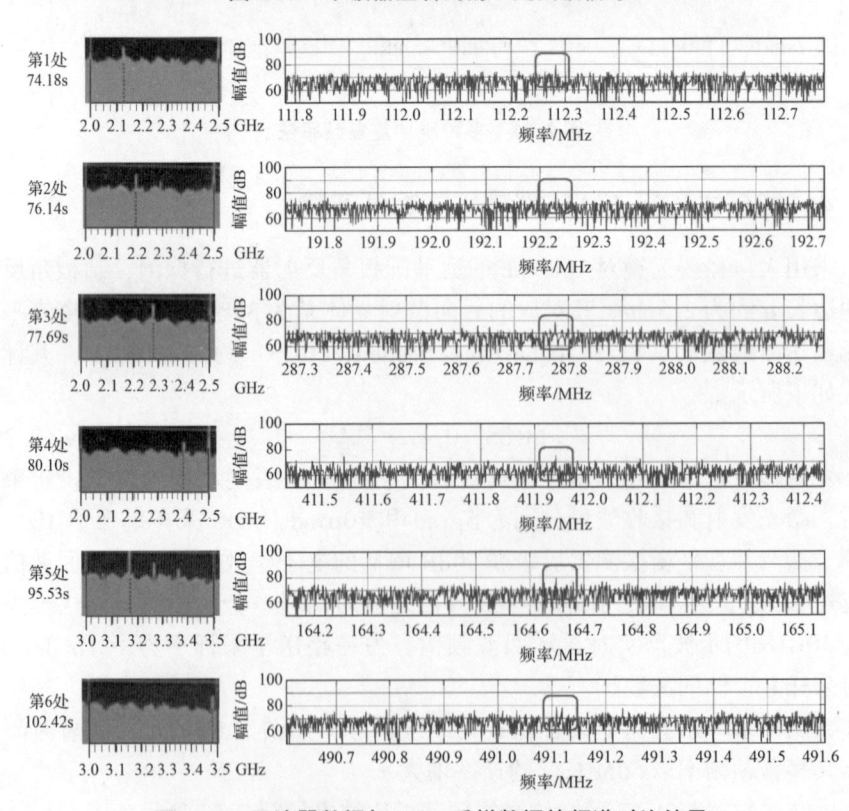

图 2.53　示波器数据与 ADC 采样数据的频谱对比结果

由于回波信号的多普勒频率大于 ADC 采样率,因此 ADC 采样后的数据需先解除频谱混叠再与示波器数据进行对比,如表 2.14 所列。考虑到示波器 50Hz 更新频率引入的时间误差,可以发现 6 处信号示波器数据与 ADC 数据的时间、频率均能较好地吻合。

表 2.14 示波器与 ADC 数据六处信号对比

信号序号		各数据中的时刻/s	时间增量/s	解模糊后的频率/GHz	频率增量/MHz
1	示波器数据	1.32	\	2.120	\
	ADC 数据	74.81	\	2.112	\
2	示波器数据	2.63	+1.31	2.195	+75
	ADC 数据	76.14	+1.33	2.192	+80
3	示波器数据	4.15	+1.52	2.278	+83
	ADC 数据	77.69	+1.55	2.288	+96
4	示波器数据	6.55	+2.40	2.405	+127
	ADC 数据	80.10	+2.41	2.412	+124
5	示波器数据	21.98	+15.43	3.165	+760
	ADC 数据	95.53	+15.43	3.165	+753
6	示波器数据	28.90	+6.92	3.480	+315
	ADC 数据	102.42	+6.89	3.491	+326

上述 6 处信号对应的示波器数据、ADC 数据以及根据目标运动轨道计算的时间-多普勒频率曲线如下图所示,可以发现 3 类数据可以较好地吻合。

对有明显特征的 6 处信号,每处信号时长选取 5.12ms(采样率为 1GHz,采样点数为 5120000 个点,考虑到积累损耗,约有 60dB 积累增益),PGA 处理前信号频谱散布在大于 10kHz 的较宽范围,信噪比约为 5dB;PGA 处理后信号 3dB 带宽为 200Hz,信噪比提高至 23dB;PGA 处理前后的结果如图 2.55 所示。对应的单采样点信噪比为 -37dB,由此折算 ADC 前的圆板角反射器回波功率约为 -105.2dBm。6 处信号经 PGA 处理后的结果如图 2.56 所示,插值后其 3dB 带宽均在 200Hz 量级。

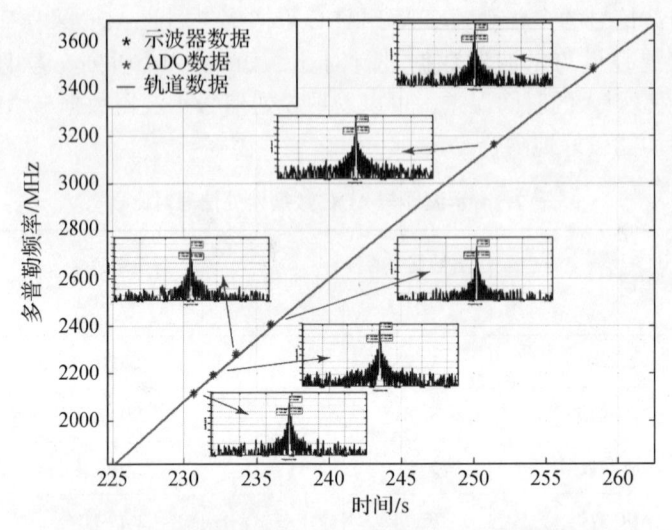

图 2.54 示波器数据、ADC 数据以及根据目标运动轨道计算的时间 – 多普勒频率曲线

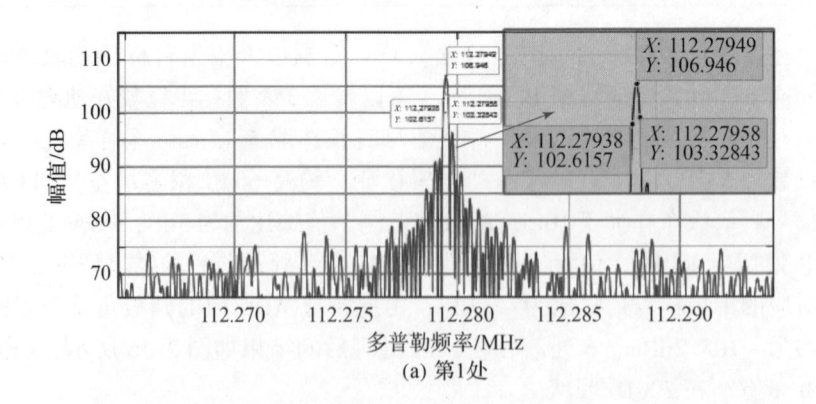

(a) PGA 处理前的结果

(b) PGA 处理后的结果

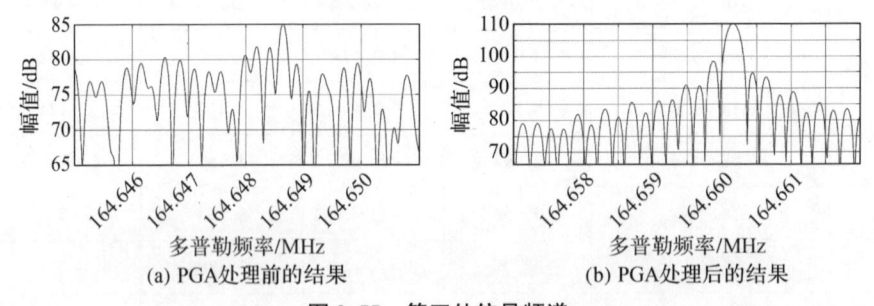

图 2.55 第五处信号频谱

(a) 第1处

(b) 第2处

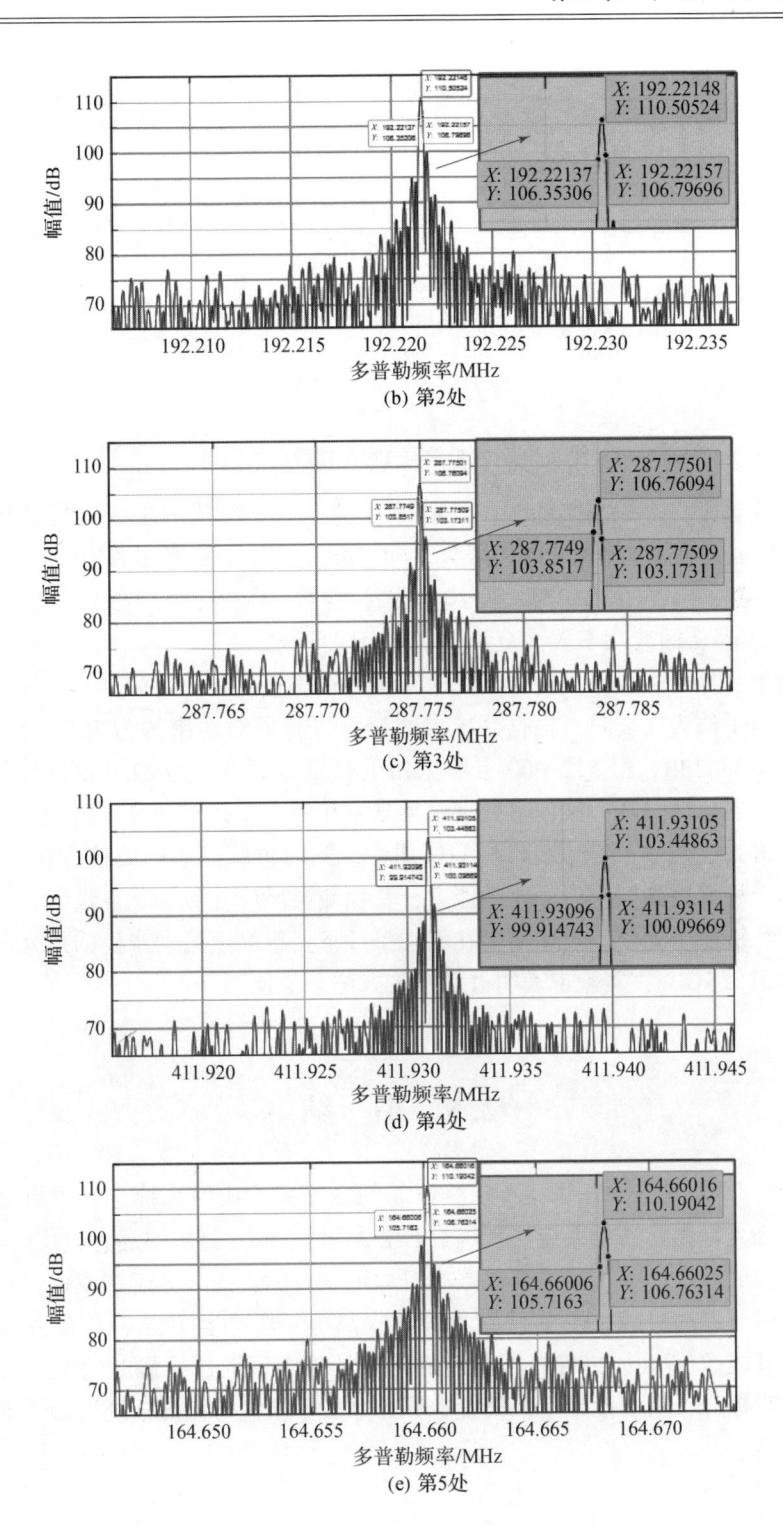

(c) 第3处

(d) 第4处

(e) 第5处

(f) 第6处

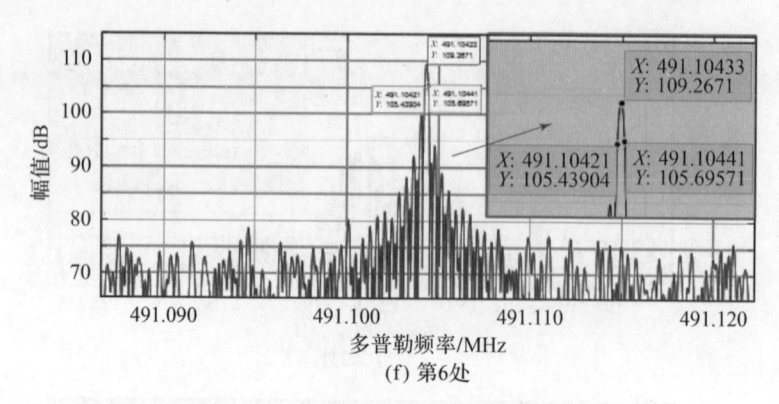

图 2.56　六处信号 PGA 处理后的结果

上述远距目标探测实验中，ADC 量化的电压动态范围为 ±0.5V，量化位数为 12 位，对应的量化功率门限为 −68.2dBm。当 ADC 前的圆板角反射器回波功率约为 −105.2dBm 时，回波信号不能被 ADC 采样，需引入增益至少 37dB 放大器将回波功率放大至量化功率门限量级。

由于目标为圆板角反射器，此时系统的退偏损耗将主要来自于大气，当退偏损耗因子约为 0.2 时，根据系统参数计算可得回波功率约为 38fW，单点信噪比为 −38.2dB，经 5120000 点数据相干积累后信噪比为 22.9dB，与上述圆板角反射器目标实际回波信号处理结果基本相符，验证了本节作用距离方程参数在通常大气条件下对远距目标的适用性，同时也验证了回波信号在 ADC 后通过相干积累提高探测信噪比的能力，其探测灵敏度在数十飞瓦量级。

要特别说明的是，上述实验在斜视条件下目标高速运动产生的最大多普勒频率达到 3.5GHz，实验也表明去斜接收方法无法使用。

2.6　小　结

SAL/ISAL 是一种基于相干探测体制的激光雷达成像系统，采用衍射光学系统和全光纤光路易于系统实现。SAL/ISAL 具有成像分辨率高、成像时间短、可前斜视成像等优点，可以高数据率对远距离目标实现高分辨率成像识别。

本章开展的机载 SAL 实验结果表明提高电子学增益并结合扩束方法的有效性，其成像信噪比在 ADC 采样后的信号处理中可通过快慢时间的相干积累来进一步提升，系统设计中，设置足够的电子学增益对保证系统探测性能具有重要意义。

本章开展的针对非合作运动目标的地基多偏振 ISAL 实验结果表明采用圆偏振发射信号，并设置垂直偏振和水平偏振的接收通道，可使系统对于多种真实目标均能够稳定地进行运动补偿并成像，降低了系统对退偏效应的敏感性。

本章提出主被动复合的天基 SAL 空间目标成像系统概念，明确了激光信号相干性保持、目标/平台振动相位误差估计与补偿、宽视场收发高分辨率成像关键技术的解决途径，设计了高 PRF 短码优化 BPSK 信号 SAL 与红外相机共孔径的系统方案，对未来实际系统研制具有参考价值。

和微波合成孔径雷达相比，激光接收端噪声功率至少要高 2 个数量级，这意味着同样成像信噪比要求下，SAL/ISAL 的功率口径积要更大。本章的偏振研究工作和地基大口径 ISAL 探测实验，为进一步开展远距离非合作运动目标激光成像工作奠定了基础。

参考文献

[1] CROUCH S, BARBER Z W. Laboratory demonstrations of interferometric and spotlight synthetic aperture ladar techniques[J]. Optics Express, 2012, 20: 24237-24246.

[2] BASHKANSKY M, LUCKE R L, FUNK E E, et al. Synthetic aperture imaging at 1.5 um: Laboratory demonstration and potential application to planet surface studies[C]//Proceedings of the Highly Innovative Space Telescope Concepts. Waikoloa, Hawaii, United States: Society of Photo-Optical Instrumentation Engineers (SPIE), 2002.

[3] LV Y, WU Y, WANG H, et al. An inverse synthetic aperture ladar imaging algorithm of maneuvering target based on integral cubic phase function-fractional fourier transform[J]. Electronics, 2018, 7:148.

[4] GUO L, YIN H F, ZENG X D, et al. Analysis of airborne synthetic aperture ladar imaging with platform vibration[J]. Optik, 2017, 140: 171-177.

[5] BASHKANSKY M, LUCKE R L, FUNK E, et al. Two-Dimensional synthetic aperture imaging in the optical domain[J]. Optics Letter, 2002, 27: 1983-1985.

[6] ABDUKIRIM A, REN Y C, Tao Z W, et al. Effects of atmospheric coherent time on inverse synthetic aperture ladar imaging through atmospheric turbulence[J]. Remote Sensing, 2023, 15: 2883.

[7] ZHAO Z L, HUANG J Y, WU S D, et al. Experimental demonstration of tri-aperture differential synthetic aperture ladar[J]. Optics Communications, 2017, 389: 181-188.

[8] KARR T J. Atmospheric phase error in coherent laser radar[J]. IEEE Transactions on Antennas and Propagation, 2007, 55: 1122-1133.

[9] ATTIA E H. Data-Adaptive motion compensation for synthetic aperture LADAR[C]//Proceedings of the 2004 IEEE Aerospace Conference Proceedings. Big Sky, MT, United States: Institute of Electrical and Electronics Engineers (IEEE), 2004.

[10] 马萌, 李道京, 杜剑波. 振动条件下机载合成孔径激光雷达成像处理[J]. 雷达学报, 2014, 3(05):

591 – 602.

[11] WANG S, WANG B N, XIANG M S, et al. Synthetic aperture ladar motion compensation method based on symmetrical triangular linear frequency modulation continuous wave[J]. Optics Communication, 2020, 471: 125901.

[12] CUI A J, LI D J, WU J. et al. Laser synthetic aperture coherent imaging for micro – rotating objects based on array detectors[J]. IEEE Photonics Journal, 2022, 14(6): 1 – 9.

[13] YU R H, WANG Q C, DAI G Y, et al. The design and performance evaluation of a 1550 nm all – fiber dual – polarization coherent doppler lidar for atmospheric aerosol measurements[J]. Remote Sensing, 2023, 15: 5336.

[14] ZHOU K, LI D J, GAO J H, et al. Vibration phases estimation based on orthogonal interferometry of inner view field for ISAL imaging and detection[J]. Applied Optics, 2023, 62: 2845 – 2854.

[15] CUI A J, LI D J, WU J, et al. Moving target imaging of a dual – channel ISAL with binary phase shift keying signals and large squint angles[J]. Applied Optics, 2022, 61: 5466 – 5473.

[16] SHI R H, LI W, DONG Q H, et al. Synthetic aperture ladar motion compensation method based on symmetric triangle linear frequency modulation continuous wave segmented Interference[J]. Remote Sensing, 2024, 16: 793.

[17] XU M M, ZHOU Y, SUN J F, et al. Generation of linear frequency modulation laser source with broadband narrow linewidth using optical phase modulator[J]. Infrared Laser Engineering, 2020, 49: 0205004.

[18] GAO J H, LI D J, ZHOU K, et al. Imaging and detection method for low signal – to – noise ratio airborne synthetic aperture ladar signals[J]. Optical Engineering, 2023, 62(9), 098104.

[19] ATTIA E H. Self – Phasing optical heterodyne arrays using the weighted least squares spatial correlation algorithm[C]//Proceedings of SPIE – The International Society for Optical Engineering. Los Angeles, CA, United States: Society of Photo – Optical Instrumentation Engineers (SPIE), 1994.

[20] FU T, GAO M, YUAN H. An improved scatter selection method for phase gradient autofocus algorithm in SAR/ISAR autofocus[C]//International Conference on Neural Networks & Signal Processing. Nanjing: Institute of Electrical and Electronics Engineers (IEEE), 2003.

[21] MO D, WANG R, WANG N, et al. Experiment of inverse synthetic aperture LADAR on real target[C]// 2017 7th IEEE International Conference on Electronics Information and Emergency Communication (ICEIEC). Macau, China: Institute of Electrical and Electronics Engineers (IEEE), 2017.

[22] BUCK J R, KRAUSE B W, MALM A I R, et al. Synthetic aperture imaging at optical wavelengths[C]// Conference on Lasers and Electro – Optics/International Quantum Electronics Conference. Baltimore, Maryland, United States: Institute of Electrical and Electronics Engineers (IEEE), 2009.

[23] KRAUSE B W, JOE B, CHRIS R. Synthetic aperture ladar flight demonstration[C]//CLEO:2011 – Laser Applications to Photonic Applications. Baltimore, Maryland, United States: Optical Society of America (OSA), 2011.

[24] BARBER Z W, DAHL J R. Experimental Demonstration of Differential Synthetic Aperture Ladar[C]// CLEO: 2015 – QELS – Fundamental Science. San Jose, California, United States: Optical Society of America (OSA), 2015.

[25] 罗晓翮, 冯力天, 尹微, 等. 基于相干激光雷达的双偏振探测技术[J/OL]. http://kns.cnki.net/kcms/detail/51.1125.tn.20240420.2004.002.html, 2024.7.9.

[26] ZHU L, SUN J F, ZHOU Y, et al. Down – Looking synthetic aperture imaging ladar demonstrator and its experiments over 1.2 km outdoor[J]. Chinese Optics Letters, 2014, 12(11): 111101.

[27] YIN H F, LI Y C, GUO L, et al. Spaceborne ISAL imaging algorithm for high – speed moving targets[J]. IEEE Journal of Selected Topics in Applied Earth Observations and Remote Sensing, 2023, 16: 7486 – 7496.

[28] GUO L, XU Q, LI X Z, et al. Multi – Channel scan mode and imaging algorithm for synthetic aperture ladar[J]. Optik, 2018, 155: 225 – 232.

[29] XU X W, GAO S, ZHANG Z H. Inverse synthetic aperture ladar demonstration and outdoor experiments [C]//2018 China International SAR Symposium (CISS). Shanghai, China: Optical Society of America (OSA), 2018.

[30] 尹红飞, 郭亮, 荆丹, 等. 天基合成孔径激光雷达成像参数分析[J]. 红外与激光工程, 2021, 50(2): 20200144.

[31] 李道京, 杜剑波, 马萌, 等. 天基合成孔径激光雷达系统分析[J]. 红外与激光工程, 2016, 45(11): 269 – 276.

[32] 王德宾, 吴谨, 吴童, 等. 地球同步轨道目标天基合成孔径激光雷达成像理论模型[J]. 光学学报, 2020, 40(18): 188 – 197.

[33] 高敬涵, 李道京, 周凯, 等. 衍射光学系统激光雷达接收波束展宽及作用距离分析[J]. 中国激光, 2023, 50(05): 157 – 166.

[34] GAO J H, LI D J, ZHOU K, et al. Maintenance method of signal coherence in lidar and experimental validation[J]. Optics Letter, 2022, 47(20), 5356 – 5359.

[35] 万相宏, 肖国尧, 全英汇. 一种大带宽多通道信号处理模块设计与实现[J]. 无线电工程, 2022, 52(12): 2253 – 2262.

[36] IAN G C, FRANK H W. 合成孔径雷达成像算法与实现[M]. 洪文, 胡东辉, 韩冰, 译. 北京: 电子工业出版社, 2021: 140 – 226.

[37] 黄培康. 雷达目标特性[M]. 北京: 电子工业出版社, 2005.

第 3 章

阵列探测器激光成像

3.1 引 言

目前国内外已针对激光本振相干阵列探测器[1-3]开展相关研究,采用平衡探测器和 ADC 采样级联,主要用于发射线性调频信号的激光雷达,也可形成激光复图像,但受制于数据传输带宽限制,其像元规模有限。

与尚在发展阶段的激光本振相干阵列探测器相比,现有以红外阵列探测器和激光焦平面探测器为代表的大规模直接阵列探测器技术成熟,且已获得广泛应用,但是仅能采集激光复图像的光强信息,不满足阵列探测器激光合成孔径成像的需求。在远距离成像的条件下,目标的微小运动无法通过光强图像体现,而激光复图像相位对目标运动敏感,因此阵列探测器激光合成孔径成像要求阵列探测器获取目标的相位信息。

经国内外多年算法研究和实验验证,激光数字全息[4-16]是当前形成激光复图像相位信息的常用方法。激光本振相干阵列探测器采用光波导结构实现激光复图像与激光本振的混频,将直接阵列探测器和激光数字全息方法相结合,可实现激光复图像与激光本振的空间光路混频,两种混频方式应具有等效性。目前已有多家单位对合成孔径数字全息展开研究[17-35]并用于高分辨率成像。2009 年,Pan Feng 等将菲涅耳数字全息与非相干叠加处理相结合,实现了显微图像的分辨率提高[36];A. Pelagotti 等(2012 年)[37]和 Samuel T. Thurman 等(2015 年)[38]均采用无透镜全息方法,分别通过移动直接阵列探测器和激光发射信号多角度照射目标的方式增大全息图范围以形成高分辨率成像结果。

为便于对阵列探测器激光合成孔径成像方法开展研究和验证,本章参考现有二步相移激光数字全息原理,拟基于现有大规模直接阵列探测器,提出激光本振直接阵列探测器复图像形成方法,利用空间光路引入激光本振等效实现目标的相干探测,并用于合成孔径成像。

二步相移数字全息通过对激光本振或激光回波信号进行 0°和 90°相位调制，形成 2 帧正交图像分别作为实部和虚部，由此构成激光复图像。根据正交图像的采集方式，激光本振直接阵列探测器复图像形成系统可由 1~2 个直接阵列探测器构成。基于 2 个直接阵列探测器同步采集正交图像的系统结构如图 3.1 所示，该系统控制激光回波信号与激光本振分别到达 2 个直接阵列探测器的光程相等，并通过空间光调制器（Spatial Light Modulator，SLM）对入射其中 1 台直接阵列探测器的激光本振进行 90°相位调制，由此实现 2 个直接阵列探测器采集图像正交。

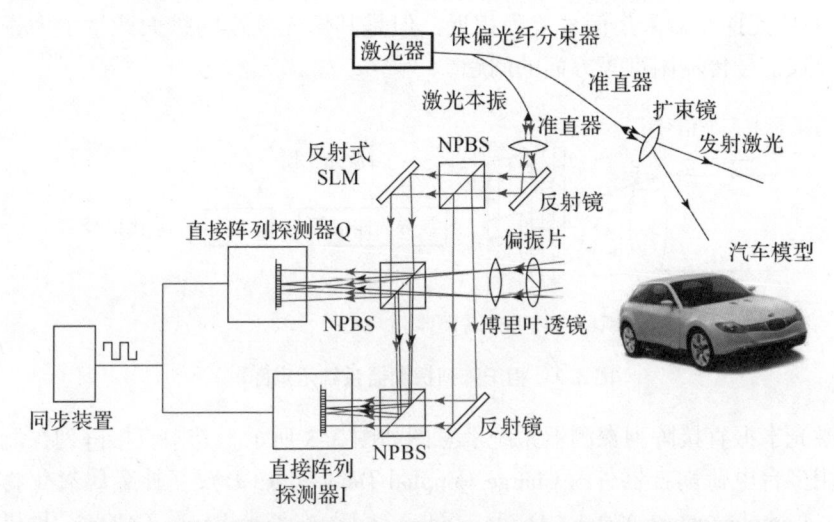

图 3.1 基于 2 个直接阵列探测器的激光复图像形成系统结构示意图

为简化系统，本章激光本振直接阵列探测器复图像形成方法使用 1 台直接阵列探测器，分别分析和仿真了基于时分相移数字全息的激光复图像形成方法、基于激光回波信号相位调制的激光复图像形成方法和基于激光本振相位调制的激光复图像形成方法，并将所形成的激光复图像用于合成孔径成像处理。本章实验中的激光本振和激光回波信号均采用线偏振信号。

3.2　直接阵列探测器 ISAL 成像

3.2.1　直接阵列探测器与相干阵列探测器对比分析

基于相干阵列探测 ISAL 成像方法，本章将基于激光本振直接阵列探测器开展复图像形成与 ISAL 成像方法分析、仿真与实验，即通过数据处理，使得激光本振直接阵列探测器等效实现相干探测功能。由于相干阵列探测器与激光本振直接阵列探测器系统结构不同，本节将对两种探测器的信号采集和处理流程及其等效性进行分析。

相干阵列探测器系统示意图如图3.2所示，该阵列探测器对每个像元接收的信号与激光本振进行波导光路混频处理后，通过ADC采样形成输出信号，通过设置I/Q两路相干阵列探测器或对输出信号进行快时间希尔伯特（Hilbert）变换可形成激光复图像。相干阵列探测器系统采集信号流程与SAL/ISAL中的单元探测器采集信号流程相近，但是其像元规模的扩大产生了大量数据，导致信号传输困难等方面的问题。

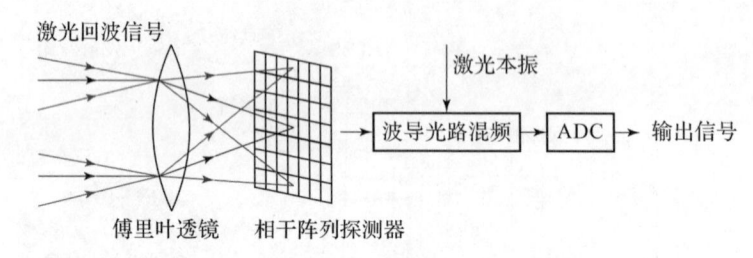

图3.2 相干阵列探测器系统示意图

激光本振直接阵列探测器系统示意图如图3.3所示，其中直接阵列探测器常使用多台电荷耦合器件（Charge Coupled Device，CCD）/互补金属氧化物半导体（Complementary Metal－Oxide－Semiconductor Transistor，CMOS）相机等（以下仿真和实验中均使用红外波段CCD相机作为直接阵列探测器，并简称为红外相机），激光本振和激光回波信号经消偏振分光棱镜（Non－polarizing Beam Splitter，NPBS）合束后，通过直接阵列探测器的平方律检波实现空间光路混频，此后经积分处理和ADC采样后形成输出信号。与相干阵列探测器相比，激光本振直接阵列探测器的主要区别在于其积分处理，该处理降低了系统对ADC采样率的要求，并大幅减少了输出信号的数据量。

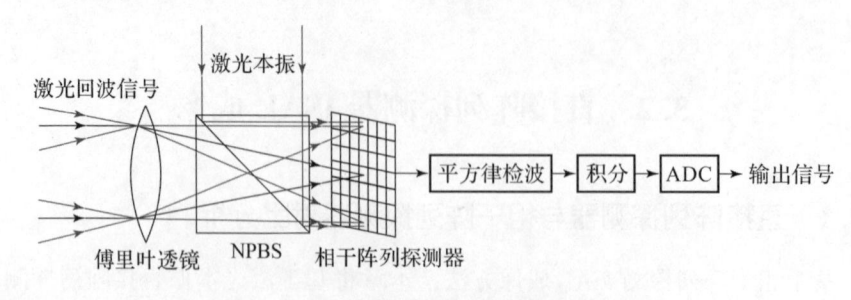

图3.3 激光本振直接阵列探测器系统示意图

以下在使用相移数字全息构造激光复图像的条件下，对激光本振直接阵列探测器积分处理对激光复图像的影响展开分析。

设激光本振直接阵列探测器采集的激光回波信号强度图像和激光本振强度图像分别为 $I_{\text{img}}(x,y)$ 和 $I_{\text{loc}}(x,y)$，积分时间为 T，$x-y$ 为图像域坐标系。由于激光本振直接阵列探测器使用平方律检波，当目标与成像系统相对静止时，激光回波信号与激光本振经空间光路混频和积分处理后形成的强度图像表达式为

$$\begin{aligned}I_0(x,y) &= \int_{-T/2}^{T/2} \left\{ I_{\text{loc}}(x,y) + I_{\text{img}}(x,y) + 2\sqrt{I_{\text{loc}}(x,y)}\sqrt{I_{\text{img}}(x,y)}\cos[\Delta\varphi_{\text{img}}(x,y)]\right\} \mathrm{d}t \\ &= T \cdot \left\{ I_{\text{loc}}(x,y) + I_{\text{img}}(x,y) + 2\sqrt{I_{\text{loc}}(x,y)}\sqrt{I_{\text{img}}(x,y)}\cos[\Delta\varphi_{\text{img}}(x,y)]\right\}\end{aligned}$$

(3.1)

式中　$\Delta\varphi_{\text{img}}(x,y)$——激光复图像相位（rad）。

在激光本振或激光回波信号经 90° 相位调制的条件下，激光回波信号与激光本振经空间光路混频和积分处理后形成的强度图像表达式为

$$\begin{aligned}I_{90}(x,y) &= \int_{-T/2}^{T/2} \left\{ I_{\text{loc}}(x,y) + I_{\text{img}}(x,y) + 2\sqrt{I_{\text{loc}}(x,y)}\sqrt{I_{\text{img}}(x,y)}\sin[\Delta\varphi_{\text{img}}(x,y)]\right\} \mathrm{d}t \\ &= T \cdot \left\{ I_{\text{loc}}(x,y) + I_{\text{img}}(x,y) + 2\sqrt{I_{\text{loc}}(x,y)}\sqrt{I_{\text{img}}(x,y)}\sin[\Delta\varphi_{\text{img}}(x,y)]\right\}\end{aligned}$$

(3.2)

此时激光复图像的相位信息可构造为

$$\Delta\varphi_{\text{img}}(x,y) = \arctan\left\{\frac{I_{90}(x,y) - I_{\text{loc}}(x,y) - I_{\text{img}}(x,y)}{I_0(x,y) - I_{\text{loc}}(x,y) - I_{\text{img}}(x,y)}\right\}$$

(3.3)

即目标与成像系统相对静止条件下，激光本振直接阵列探测器积分处理对激光复图像的构造无明显影响。

当目标与成像系统存在相对运动，使得激光回波信号中存在多普勒频率 $f_{\text{d}}(x,y)$ 时，在激光本振或激光回波信号经 0° 和 90° 相位调制的条件下，激光回波信号与激光本振经空间光路混频和积分处理后形成的强度图像表达式分别为

$$\begin{aligned}I_0(x,y) &= T \cdot [I_{\text{loc}}(x,y) + I_{\text{img}}(x,y)] + \\ &\quad 2\sqrt{I_{\text{loc}}(x,y)}\sqrt{I_{\text{img}}(x,y)} \int_{-T/2}^{T/2} \cos[2\pi f_{\text{d}}(x,y)t + \Delta\varphi_{\text{img}}(x,y)]\mathrm{d}t \\ &= T \cdot [I_{\text{loc}}(x,y) + I_{\text{img}}(x,y)] + \\ &\quad \frac{2\sqrt{I_{\text{loc}}(x,y)}\sqrt{I_{\text{img}}(x,y)}}{\pi f_{\text{d}}(x,y)} \sin[\pi f_{\text{d}}(x,y)T]\cos[\Delta\varphi_{\text{img}}(x,y)]\end{aligned}$$

(3.4)

$$I_{90}(x,y) = T \cdot [I_{\text{loc}}(x,y) + I_{\text{img}}(x,y)] + \frac{2\sqrt{I_{\text{loc}}(x,y)}\sqrt{I_{\text{img}}(x,y)}}{\pi f_{\text{d}}(x,y)} \sin[\pi f_{\text{d}}(x,y)T] \sin[\Delta\varphi_{\text{img}}(x,y)]$$
(3.5)

由式（3.4）和式（3.5）可见，在 $f_{\text{d}}(x,y)T$ 非整数的条件下，多普勒频率和直接阵列探测器的积分环节不影响激光复图像的相位信息。

当目标连续运动时，其运动可分解为径向运动和平行于成像系统平面内的横向运动，运动速度分别记为 v_{r} 和 v_{c}。当直接阵列探测器的积分时间为 T 时，为避免图像模糊，要求积分时间内目标的横向运动距离不超过一个像元对应的视场，即

$$v_{\text{c}} T \leqslant \frac{a}{f} R \tag{3.6}$$

式中　a——直接阵列探测器像元尺寸（m）；

　　　f——镜头焦距（m）；

　　　R——目标几何中心与成像系统的初始距离（m）。

v_{r} 和目标表面的起伏将产生多普勒频率 $f_{\text{d}}(x,y)$，减少探测器的积分时间，有助于缓解目标连续运动导致激光复图像模糊的问题。

为简化分析，以下分析与仿真中暂不考虑积分与多普勒频率对激光复图像构造的影响，即当激光本振或激光回波信号进行 0°和 90°相位调制时，激光回波信号与激光本振经空间光路混频和积分处理后形成的强度图像表达式分别为

$$I_0(x,y) = I_{\text{loc}}(x,y) + I_{\text{img}}(x,y) + 2\sqrt{I_{\text{loc}}(x,y)}\sqrt{I_{\text{img}}(x,y)}\cos[\Delta\varphi_{\text{img}}(x,y)]$$
(3.7)

$$I_{90}(x,y) = I_{\text{loc}}(x,y) + I_{\text{img}}(x,y) + 2\sqrt{I_{\text{loc}}(x,y)}\sqrt{I_{\text{img}}(x,y)}\sin[\Delta\varphi_{\text{img}}(x,y)]$$
(3.8)

3.2.2　基于时分相移数字全息的复图像形成和 ISAL 成像

1. 激光复图像形成原理

目前数字全息成像方法常用于图像相位信息的重构工作，其中相移数字全息方法已得到广泛应用，该方法基于激光本振和直接阵列探测器，通过对激光本振或激光回波信号的相移处理和多帧强度图像的采集，实现激光复图像的形成。

本小节通过对相移数字全息方法进行近似和简化，在对激光本振进行相移处理的基础上，形成基于时分相移数字全息的激光复图像形成方法。

第 3 章　阵列探测器激光成像

激光本振直接阵列探测器复图像形成系统如图 3.4 所示。激光器产生的信号经光纤分束后传输至准直器，发射激光通过扩束镜后照射目标，激光本振由反射式 SLM 进行 90°相位调制。NPBS 使得相位调制后的激光本振和通过衍射镜的激光回波照射直接阵列探测器并实现空间混频。

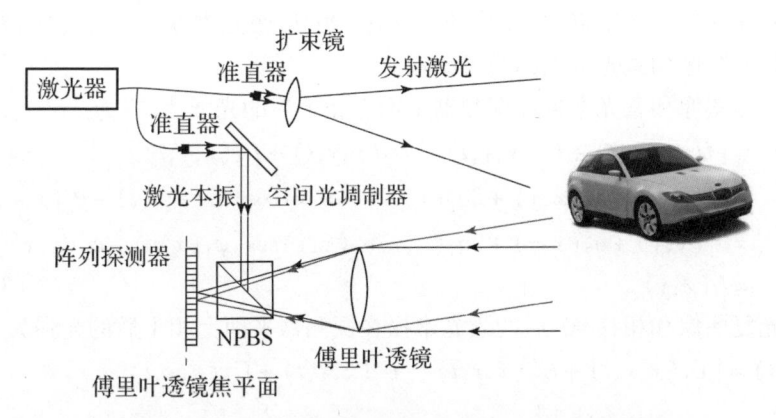

图 3.4　基于时分相移数字全息的激光复图像形成系统

在对基于直接阵列探测器的复图像形成过程进行分析前，做出以下假设。
（1）直接阵列探测器中各直接探测像元位于 xy 平面上；
（2）采样过程中，激光器、目标和衍射镜之间的距离固定，激光由激光器传播至衍射镜所经过的光程为定值；
（3）在 SLM 对激光本振做 0°和 90°相移过程中，激光复图像保持不变；
（4）激光本振的幅度远大于激光复图像的幅度。

设置激光复图像的表达式为

$$U_1(x,y,t) = a_1(x,y) e^{j\theta_1(x,y,t)} \tag{3.9}$$

激光本振的表达式为

$$U_2(x,y,t) = a_2(x,y) e^{j\theta_2(x,y,t)} \tag{3.10}$$

激光本振经 SLM 相移 90°后的表达式为

$$U_2'(x,y,t) = a_2(x,y) e^{j[\theta_2(x,y,t) - \frac{\pi}{2}]} \tag{3.11}$$

式中　$a_1(x,y)$——激光复图像在探测器平面上的幅度（V）；

$a_2(x,y)$——激光本振在探测器平面上的幅度（V）；

$\theta_1(x,y,t) = 2\pi f_0 t + \varphi_1(x,y)$——激光复图像在探测器平面上的相位（rad）；

$\theta_2(x,y,t) = 2\pi f_0 t + \varphi_2(x,y)$——激光本振在探测器平面上的相位（rad）；

f_0——激光载频（Hz）；

t——快时间（s）；

$\varphi_1(x,y)$——激光复图像在探测器平面上坐标(x,y)位置上的初始相位（rad）；

$\varphi_2(x,y)$——激光本振在探测器平面上坐标(x,y)位置上的初始相位（rad）。

该直接阵列探测器激光复图像形成方法仅需要记录 3 幅强度图像：激光本振与激光复图像干涉结果的强度图像、相移 90°后激光本振与激光复图像干涉结果的强度图像和激光本振的强度图像。

激光复图像和激光本振在探测器平面上相干后的光强[39-40]为

$$\begin{aligned}I_1(x,y,t) &= [U_1(x,y,t)+U_2(x,y,t)][U_1(x,y,t)+U_2(x,y,t)]^*\\ &= a_1^2(x,y)+a_2^2(x,y)+2a_1(x,y)a_2(x,y)\cos[\theta_1(x,y,t)-\theta_2(x,y,t)]\\ &= a_1^2(x,y)+a_2^2(x,y)+2a_1(x,y)a_2(x,y)\cos[\varphi_1(x,y)-\varphi_2(x,y)]\\ &= I_1(x,y)\end{aligned} \qquad (3.12)$$

激光复图像和相移 90°后的激光本振在探测器平面上相干后的光强为

$$\begin{aligned}I_Q(x,y,t) &= [U_1(x,y,t)+U'_2(x,y,t)][U_1(x,y,t)+U'_2(x,y,t)]^*\\ &= a_1^2(x,y)+a_2^2(x,y)+2a_1(x,y)a_2(x,y)\cos\left[\theta_1(x,y,t)-\theta_2(x,y,t)+\frac{\pi}{2}\right]\\ &= a_1^2(x,y)+a_2^2(x,y)-2a_1(x,y)a_2(x,y)\sin[\theta_1(x,y,t)-\theta_2(x,y,t)]\\ &= a_1^2(x,y)+a_2^2(x,y)-2a_1(x,y)a_2(x,y)\sin[\varphi_1(x,y)-\varphi_2(x,y)]\\ &= I_Q(x,y)\end{aligned} \qquad (3.13)$$

式中　*——信号的共轭处理。

$\theta_1(x,y,t)-\theta_2(x,y,t)=\varphi_1(x,y)-\varphi_2(x,y)$ 消除了激光载波的影响，激光本振的光强为 $I_3(x,y)=a_2^2(x,y)$。

由假设（3）可得 $a_2(x,y)\gg a_1(x,y)$，因此式（3.12）和式（3.13）中的 $a_1^2(x,y)$ 可忽略。经换算可将式（3.12）和式（3.13）转化为激光复图像实部和虚部的表达式，即

$$\hat{S}_I(x,y)=a_1(x,y)\cos[\theta_1(x,y,t)-\theta_2(x,y,t)]\approx\frac{1}{2}\left[\frac{I_1(x,y)}{a_2(x,y)}-a_2(x,y)\right] \qquad (3.14)$$

$$\hat{S}_Q(x,y)=a_1(x,y)\sin[\theta_1(x,y,t)-\theta_2(x,y,t)]\approx\frac{1}{2}\left[a_2(x,y)-\frac{I_Q(x,y)}{a_2(x,y)}\right] \qquad (3.15)$$

由式（3.14）和式（3.15）组合可得激光复图像表达式

$$\hat{S}(x,y)=a_1(x,y)e^{j[\theta_1(x,y,t)-\theta_2(x,y,t)]}=a_1(x,y)e^{j[\varphi_1(x,y)-\varphi_2(x,y)]} \qquad (3.16)$$

因 $\theta_1(x,y,t)-\theta_2(x,y,t)$ 仅为 xy 平面上的变量，该信号在任意时刻固定。

式(3.16)所示激光复图像与实际激光复图像 $a_1(x,y)e^{j\varphi_1(x,y)}$ 存在相位差,当激光本振的初始相位 $\varphi_2(x,y)=0$ 时,激光复图像形成效果较好;当激光本振的初始相位 $\varphi_2(x,y)=\pi/2$ 时,激光复图像的幅度仍能较好形成,但该形成信号与实际激光复图像正交。

2. 激光复图像形成与干涉处理仿真

根据表3.1所列仿真参数,基于时分相移数字全息和激光本振直接阵列探测器形成的汽车目标激光复图像及其空间采样信号仿真结果如图3.5所示。

表3.1 基于时分相移数字全息的激光复图像形成仿真参数

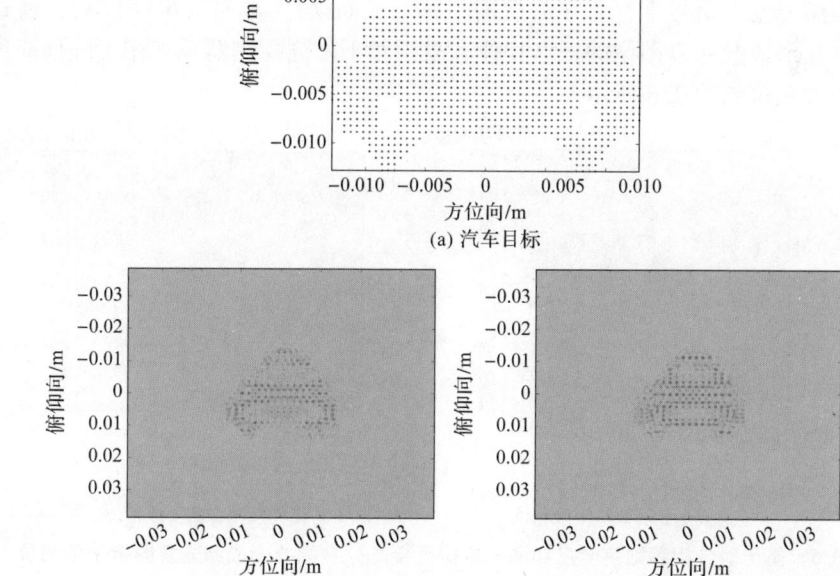

参数	数值	参数	数值
目标距离/m	1.05	像元尺寸/μm	20
像元规模	128×128	望远镜口径/mm	8.3
望远镜焦距/mm	35	激光波长/μm	1.55
直接阵列探测器帧率/FPS	100	直接阵列探测器积分时间/ms	10
衍射极限分辨率/μrad	186	像元角分辨率/μrad	571.4
视场/cm²	7.68×7.68	目标尺寸/cm²	2.56×2.56

(a) 汽车目标

(b) 直接阵列探测器采集光强图像1

(c) 直接阵列探测器采集光强图像2

(d) 激光复图像幅度图　　　　　　　(e) 激光复图像相位图

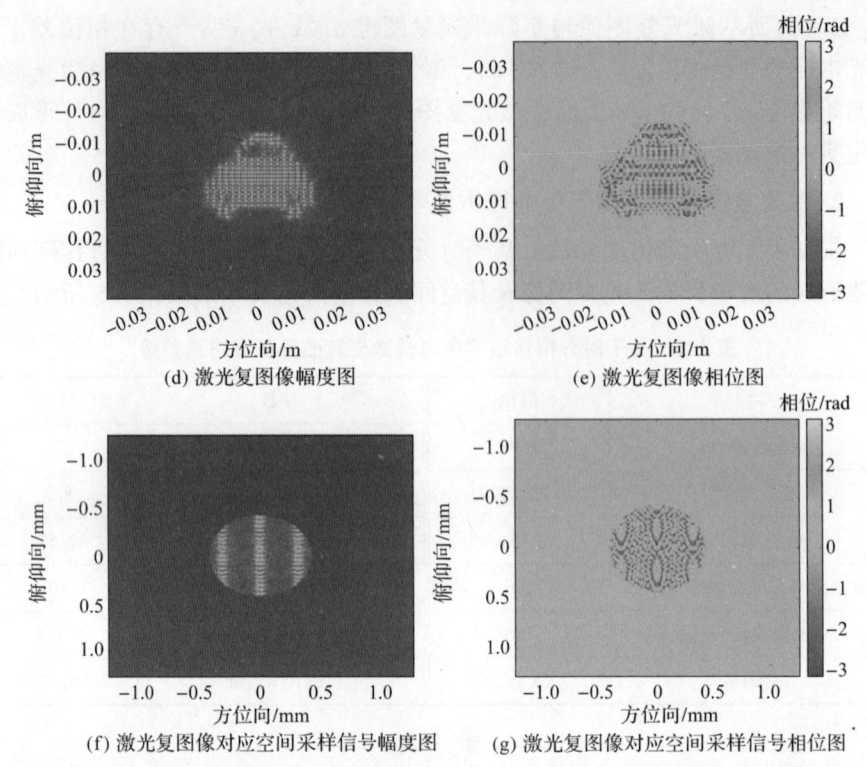

(f) 激光复图像对应空间采样信号幅度图　　(g) 激光复图像对应空间采样信号相位图

图 3.5　基于时分相移数字全息形成的汽车目标激光复图像及其空间采样信号仿真

当激光发射信号准直器在方位向平移 0.2mm 时，准直器平移前后，通过以上方法形成激光复图像的干涉相位和采用相干阵列探测器采集相干阵列探测器的干涉相位如图 3.6 所示。

(a) 激光本振直接阵列探测器采集并　　(b) 相干阵列探测器采集
构造激光复图像的干涉相位　　　　　激光复图像的干涉相位

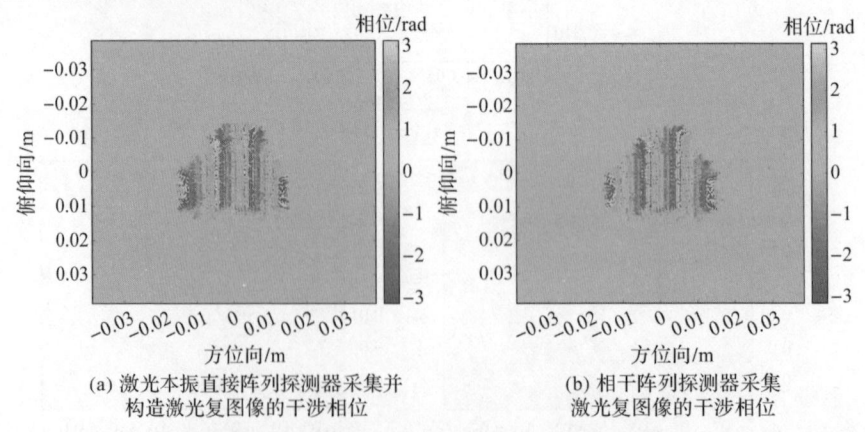

**图 3.6　基于时分相移数字全息和激光本振直接阵列探测器形成激光复图像干涉相位
与相干阵列探测器采集激光复图像干涉相位对比**

由仿真结果可见，基于时分相移数字全息形成激光复图像的干涉相位与相干阵列探测器采集激光复图像的干涉相位相近，由此可验证该方法可使得激光本振直接阵列探测器等效实现对目标的相干探测功能，且可应用于阵列探测器ISAL成像。

3. 激光复图像形成与干涉处理桌面物理实验

针对基于时分相移数字全息的激光复图像形成方法开展桌面物理实验，并通过激光复图像干涉相位验证该方法的有效性。

为简化实验系统，桌面物理实验系统采用单个红外相机采集光强图像，通过平移激光发射望远镜、令红外相机时分采集2组光强图像的方式，等效形成相邻两个相干阵列探测器获取的激光复图像，并据此分析平移前后所形成激光复图像的干涉性能。

桌面物理实验示意图如图3.7所示。激光器产生信号经1∶9保偏光纤分束器后传输至发射激光准直器和激光本振准直器，其中发射激光和激光本振功率比为1∶9；发射激光经扩束镜后照射距离1m的金属目标（汽车模型），激光本振经扩束照射反射式SLM，并进行相位调制；激光回波与经相位调制的激光本振由NPBS聚集并由红外相机接收。桌面物理实验中使用红外相机为型号Bobcat320的InGaAs面阵相机，其像元规模为320×256，像元尺寸为$20\mu m$，帧频为100FPS；红外相机使用镜头的焦距为35mm，F数为1.4，口径为25mm。实验中通过移动发射望远镜以等效相邻2个红外相机采集的情况。

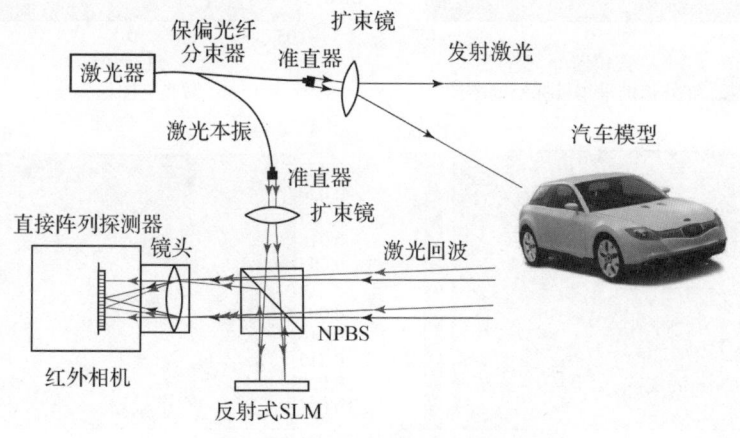

图3.7 桌面物理实验系统示意图

在激光数字全息实验中，一般将傅里叶透镜设置在激光回波光路的NPBS之前，即激光本振不经过傅里叶透镜的处理。由于实验条件限制，在桌面物理实验中使用红外相机的镜头作为傅里叶透镜，并在激光本振光路中设置扩束镜

(球面镜)引入二阶相位,以抵消红外相机镜头对激光本振的影响。

实验系统照片和形成激光复图像如图 3.8 所示。由桌面物理实验结果可见,在移动发射激光准直器的过程中使用红外相机采集多帧光强图像,并分别形成其对应复图像。

对形成的复图像进行合成孔径成像处理,根据成像分辨率的提高情况可判定其复图像的形成质量;与此同时,也可利用干涉处理检查其复图像形成质量。

已开展的桌面物理实验获得激光复图像干涉相位图如图 3.9 所示,该复图像干涉相位可产生明显条纹,即激光本振直接阵列探测器复图像形成方法在光学合成孔径和阵列探测器 ISAL 成像中的应用具有可行性。

图 3.8 桌面物理实验照片

(a) 红外相机采集目标幅度图像

(b) 激光复图像幅度图

(c) 激光复图像相位图

(d) 激光复图像干涉相位

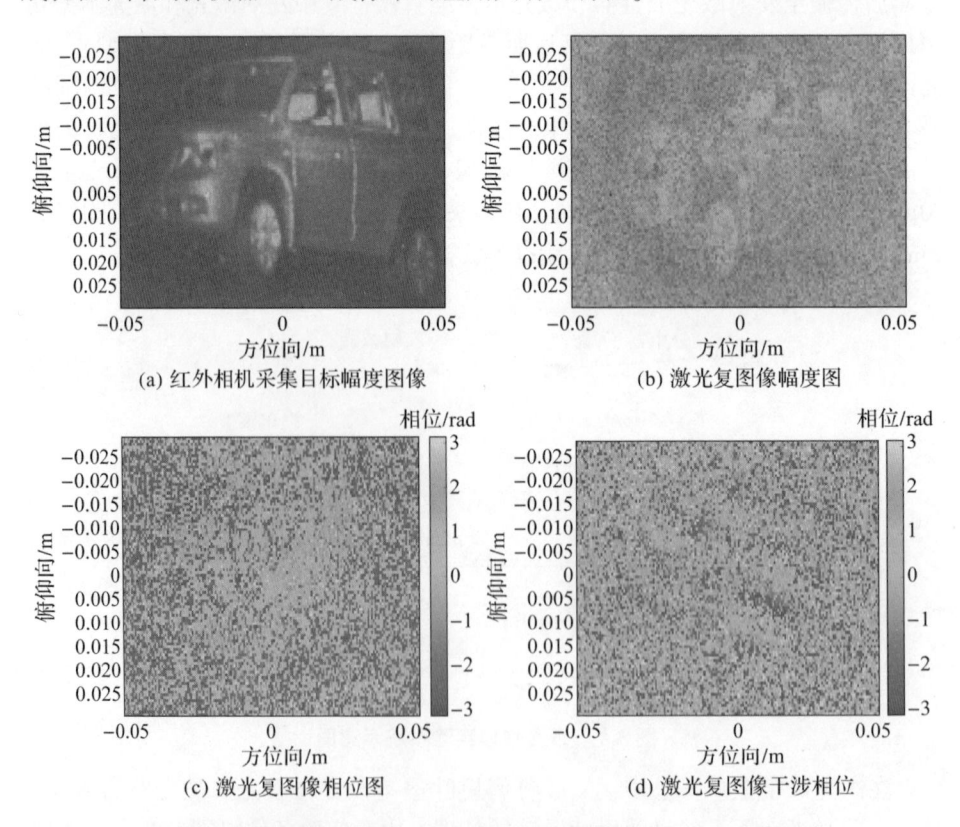

图 3.9 桌面物理实验对汽车模型形成的复图像及其干涉处理结果

4. 基于时分相移数字全息的 ISAL 成像仿真

基于激光本振直接阵列探测器复图像形成方法，将所形成的激光复图像用于高分辨率 ISAL 成像处理，实验系统如图 3.10 所示。若基于相移数字全息形成激光复图像，合成孔径成像实验系统的结构和器件参数与目前桌面物理实验基本一致，但红外相机不再配置镜头，在激光回波光路中的 NPBS 前设置傅里叶透镜，并去除了激光本振光路中的球面镜。合成孔径成像实验中将红外相机和光学元件固定，通过目标（汽车模型）的横向平动或转动实现合成孔径成像。

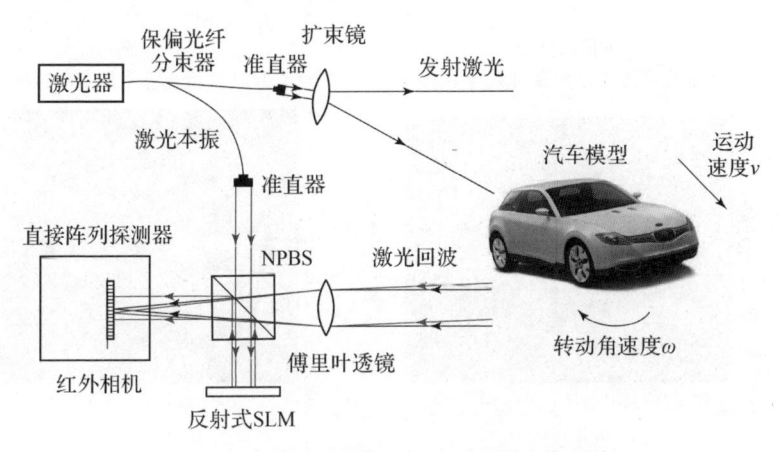

图 3.10 基于相移数字全息形成激光复图像

根据表 3.1 所示仿真参数，设置激光本振幅度为激光回波信号幅度的 30 倍，通过红外相机时分采样，采用相移数字全息方式形成激光复图像。令红外相机在二维方向平移，在空间中等效形成相邻孔径间距为 3.93mm 的 2×2 孔径阵列，通过对不同位置红外相机形成激光复图像的处理实现合成孔径成像。间距分别为 1cm 和 1mm 的 3×3 点阵目标的合成孔径成像结果如图 3.11 所示。

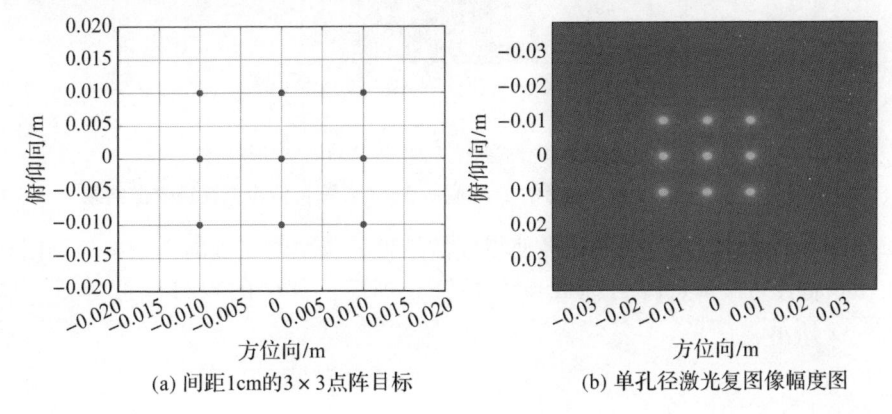

(a) 间距1cm的3×3点阵目标　　(b) 单孔径激光复图像幅度图

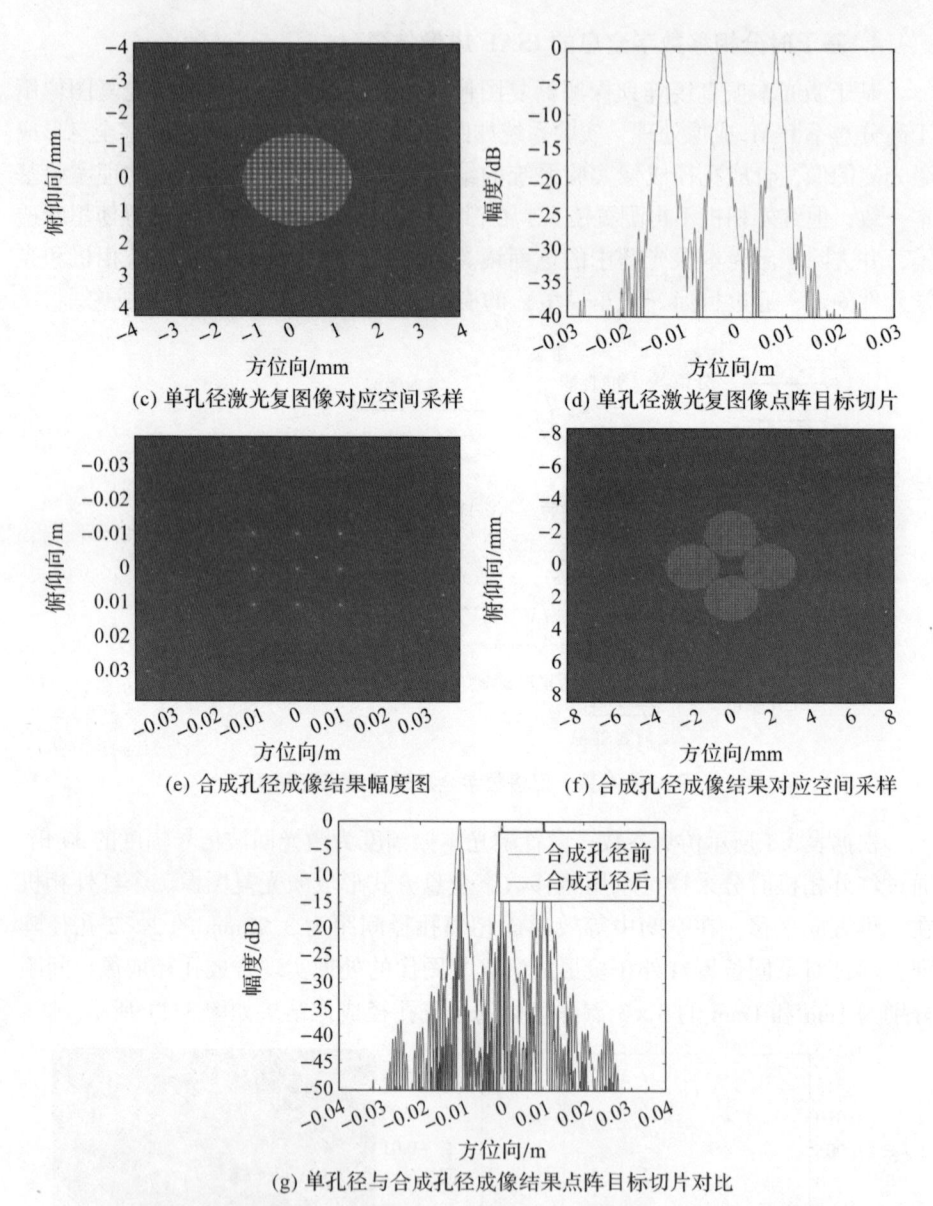

(c) 单孔径激光复图像对应空间采样　　(d) 单孔径激光复图像点阵目标切片

(e) 合成孔径成像结果幅度图　　(f) 合成孔径成像结果对应空间采样

(g) 单孔径与合成孔径成像结果点阵目标切片对比

图 3.11　基于相移数字全息的 1cm 间距 3×3 点阵目标合成孔径成像结果

由仿真结果可见，合成孔径使得成像结果分辨率明显提高，原本分辨困难的 1mm 间距 3×3 点阵目标成像结果经处理后，其中的点目标可分辨，如图 3.12 所示。

(a) 单孔径激光复图像幅度图

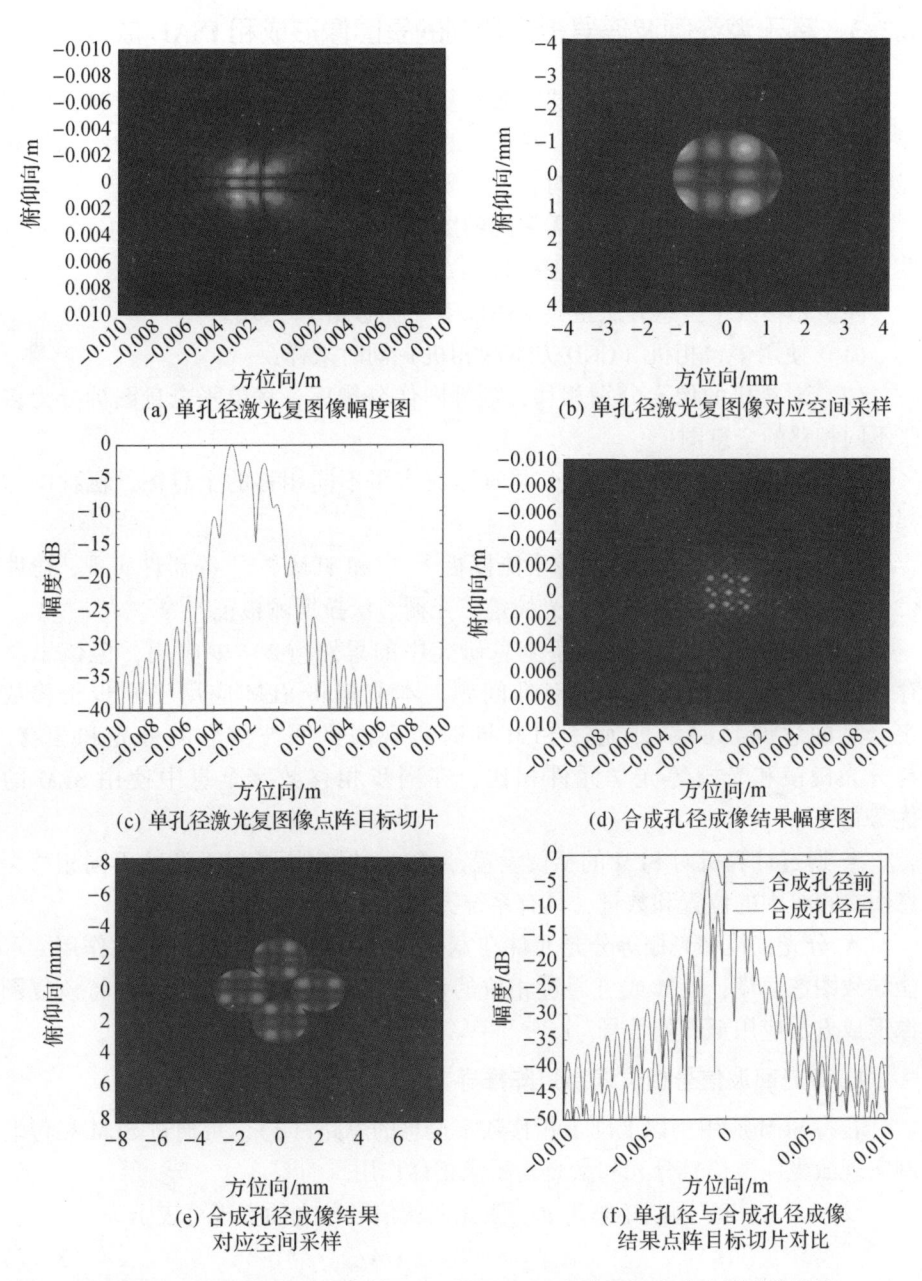

(b) 单孔径激光复图像对应空间采样

(c) 单孔径激光复图像点阵目标切片

(d) 合成孔径成像结果幅度图

(e) 合成孔径成像结果对应空间采样

(f) 单孔径与合成孔径成像结果点阵目标切片对比

图 3.12 基于相移数字全息的 1mm 间距 3×3 点阵目标合成孔径成像结果

3.2.3 基于激光回波信号相位调制的复图像形成和 ISAL 成像

基于时分相移数字全息方法的激光复图像形成方法一般需获取 3 帧强度图像，包括激光本振的强度图像、相移 90°后的激光本振与激光复图像空间光路混频结果的强度图像，存在耗时长、步骤多等问题。

为减少构造激光复图像所需采集的图像数量，提高激光复图像构造的实时性，可将同步相移数字全息原理引入激光复图像构造方法中。

同步相移数字全息方法主要采用以下三种思路[41]实现。

（1）使用多台相机（CCD/CMOS 相机）同时采样；

（2）对相机的像素分别相移，牺牲图像分辨率，将单张全息图拆分为多张不同相移的全息图；

（3）使用分光元件在相机上同时形成多张不同相移的全息图，牺牲图像视场。

其中，思路（2）常使用像素掩模板[42-43]和 SLM[44-46]等器件实现，思路（3）常使用的分光元件包括分光棱镜、光栅、沃拉斯顿棱镜[47]等。

目前 SLM 在同步相移数字全息研究中的思路（2）中应用，但该思路存在 SLM 像元与相机像素的对准问题。本节拟将 SLM 应用于同步相移数字全息的思路（c），即通过 SLM 同时实现激光回波信号的分光和相移。与分光棱镜和光栅等光学元件相比，在同步相移数字全息中使用 SLM 的优势如下。

- 通过计算机对 SLM 的相位设置，可在不同应用场景下调整不同相移全息图在相机中的位置和数量，具有系统灵活、适应性强的特点；
- 分光棱镜和光栅等分光元件在宽带红外信号条件下具有色散作用，可能导致图像模糊，SLM 或可通过相位的设置避免该问题的产生，并将该复图像形成方法应用至红外信号。

1. 激光回波信号相位调制矩阵推导

若将 SLM 应用于以上同步相移数字全息的思路（3），可通过 SLM 相位调制实现激光回波信号分光和激光复图像相移作用。

设 SLM 的相位调制矩阵为 $\boldsymbol{\phi}$。激光回波信号分光的实现可表示为

$$\boldsymbol{A}_{\text{out}} = \exp\{j\boldsymbol{\phi}\} \cdot \boldsymbol{A}_{\text{org}} \tag{3.17}$$

式中　$\boldsymbol{A}_{\text{org}}$——激光回波信号矩阵；

　　　$\boldsymbol{A}_{\text{out}}$——经 SLM 相位调制后的激光回波信号矩阵；

　　　·——矩阵中元素一一对应相乘。

若基于四步相移数字全息原理实现激光复图像形成，相位调制处理前后的激光回波信号矩阵满足

$$\boldsymbol{A}_{\text{out}}^{\text{F}}\left(1:\frac{N_{\text{a}}}{2}, 1:\frac{N_{\text{r}}}{2}\right) = \boldsymbol{A}_{\text{org}}^{\text{F}}\left(\frac{N_{\text{a}}}{4}:\frac{3N_{\text{a}}}{4}-1, \frac{N_{\text{r}}}{4}:\frac{3N_{\text{r}}}{4}-1\right) \tag{3.18}$$

$$\boldsymbol{A}_{\text{out}}^{\text{F}}\left(1:\frac{N_{\text{a}}}{2}, \frac{N_{\text{r}}}{2}+1:N_{\text{r}}\right) = \boldsymbol{A}_{\text{org}}^{\text{F}}\left(\frac{N_{\text{a}}}{4}:\frac{3N_{\text{a}}}{4}-1, \frac{N_{\text{r}}}{4}:\frac{3N_{\text{r}}}{4}-1\right) \cdot \exp\left\{j\frac{\pi}{2}\right\} \tag{3.19}$$

$$\boldsymbol{A}_{\text{out}}^{\text{F}}\left(\frac{N_{\text{a}}}{2}+1:N_{\text{a}}, 1:\frac{N_{\text{r}}}{2}\right) = \boldsymbol{A}_{\text{org}}^{\text{F}}\left(\frac{N_{\text{a}}}{4}:\frac{3N_{\text{a}}}{4}-1, \frac{N_{\text{r}}}{4}:\frac{3N_{\text{r}}}{4}-1\right) \cdot \exp\left\{j\pi\right\} \tag{3.20}$$

$$\boldsymbol{A}_{\text{out}}^{\text{F}}\left(\frac{N_{\text{a}}}{2}+1:N_{\text{a}}, \frac{N_{\text{r}}}{2}+1:N_{\text{r}}\right) = \boldsymbol{A}_{\text{org}}^{\text{F}}\left(\frac{N_{\text{a}}}{4}:\frac{3N_{\text{a}}}{4}-1, \frac{N_{\text{r}}}{4}:\frac{3N_{\text{r}}}{4}-1\right) \cdot \exp\left\{j\frac{3\pi}{2}\right\} \tag{3.21}$$

若基于二步相移数字全息原理实现激光复图像形成，仍需满足 3.2.2 节对激光本振的假设条件，即激光本振的幅度远大于激光复图像的幅度，SLM 相位调制处理前后的激光回波信号矩阵满足

$$\boldsymbol{A}_{\text{out}}^{\text{F}}\left(1:\frac{N_{\text{a}}}{2}, :\right) = \boldsymbol{A}_{\text{org}}^{\text{F}}\left(\frac{N_{\text{a}}}{4}:\frac{3N_{\text{a}}}{4}-1, :\right) \tag{3.22}$$

$$\boldsymbol{A}_{\text{out}}^{\text{F}}\left(\frac{N_{\text{a}}}{2}+1:N_{\text{a}}, :\right) = \boldsymbol{A}_{\text{org}}^{\text{F}}\left(\frac{N_{\text{a}}}{4}:\frac{3N_{\text{a}}}{4}-1, :\right) \cdot \exp\left\{j\frac{\pi}{2}\right\} \tag{3.23}$$

式中　N_{a}——矩阵的行数；

N_{r}——矩阵的列数；

$\boldsymbol{A}_{\text{org}}^{\text{F}}$——相位调制处理前激光回波信号矩阵的二维傅里叶变换结果；

$\boldsymbol{A}_{\text{out}}^{\text{F}}$——相位调制处理后激光回波信号矩阵的二维傅里叶变换，即理想情况下的激光复图像与多张相同场景、不同相移图像构成的复图像，其表达式分别为

$$\boldsymbol{A}_{\text{org}}^{\text{F}} = \mathcal{F}\{\boldsymbol{A}_{\text{org}}\} = \boldsymbol{G}_{\text{Nr}}\boldsymbol{A}_{\text{org}}\boldsymbol{G}_{\text{Na}} \tag{3.24}$$

$$\boldsymbol{A}_{\text{out}}^{\text{F}} = \mathcal{F}\{\boldsymbol{A}_{\text{out}}\} = \boldsymbol{G}_{\text{Nr}}\boldsymbol{A}_{\text{out}}\boldsymbol{G}_{\text{Na}} \tag{3.25}$$

$$\boldsymbol{G}_{\text{Nr}} = \begin{bmatrix} 1 & 1 & \cdots & 1 \\ 1 & e^{-j2\pi\frac{1\cdot 1}{\text{Nr}}} & \cdots & e^{-j2\pi\frac{1\cdot(\text{Nr}-1)}{\text{Nr}}} \\ \vdots & \vdots & & \vdots \\ 1 & e^{-j2\pi\frac{(\text{Nr}-1)\cdot 1}{\text{Nr}}} & \cdots & e^{-j2\pi\frac{(\text{Nr}-1)\cdot(\text{Nr}-1)}{\text{Nr}}} \end{bmatrix} \tag{3.26}$$

$$G_{Na} = \begin{bmatrix} 1 & 1 & \cdots & 1 \\ 1 & e^{-j2\pi\frac{1\cdot 1}{Na}} & \cdots & e^{-j2\pi\frac{1\cdot(Na-1)}{Na}} \\ \vdots & \vdots & & \vdots \\ 1 & e^{-j2\pi\frac{(Na-1)\cdot 1}{Na}} & \cdots & e^{-j2\pi\frac{(Na-1)\cdot(Na-1)}{Na}} \end{bmatrix} \quad (3.27)$$

若将式（3.22）和式（3.23）记为

$$A_{out}^{F} = \psi \cdot A_{org}^{F} \quad (3.28)$$

式中 ψ——变换矩阵。

对式（3.28）进行二维逆傅里叶变换处理可得

$$A_{out} = \mathcal{F}^{-1}\{\psi \cdot A_{org}^{F}\} = \mathcal{F}^{-1}\{\psi\} * A_{org} \quad (3.29)$$

式中 $*$——矩阵的卷积处理。

结合式（3.17）与式（3.29）可得

$$\exp\{j\phi\} = \frac{\mathcal{F}^{-1}\{A_{out}^{F}/A_{org}^{F}\} * A_{org}}{A_{org}} \quad (3.30)$$

2. 激光复图像形成与干涉处理仿真

基于 SLM 和同步相移数字全息的激光复图像形成系统如图 3.13 所示，激光器输出信号经保偏光纤分束器和准直器形成激光本振和激光发射信号，SLM 根据预设的相位调制矩阵对激光回波信号进行调制，该激光回波信号进一步由傅里叶透镜变换为激光复图像后，通过 NPBS 与激光本振合束并入射直接阵列探测器。

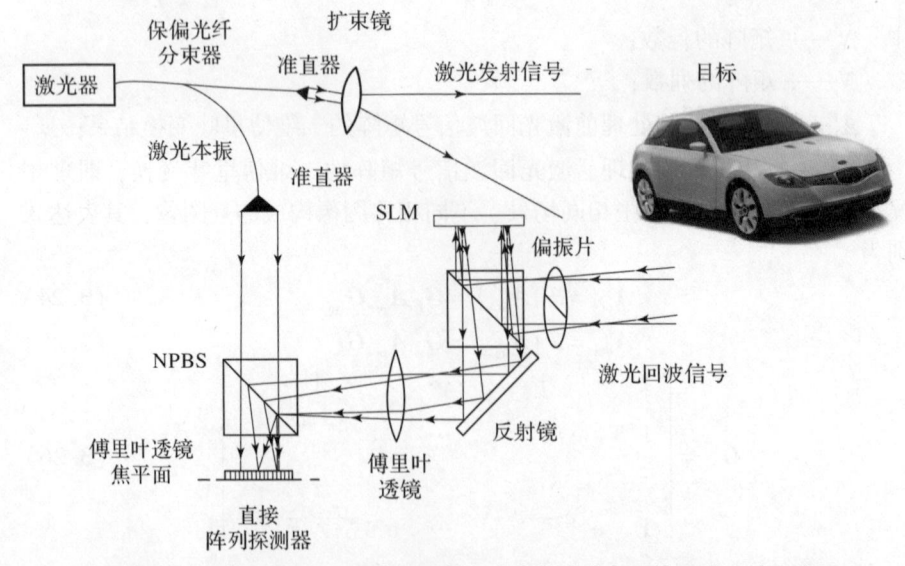

图 3.13 基于 SLM 和同步相移数字全息的激光复图像形成系统示意图

当目标设置为间距1cm的3×3点阵目标和汽车目标时，根据表3.1所列仿真参数，激光回波信号和理想情况下激光复图像如图3.14所示。

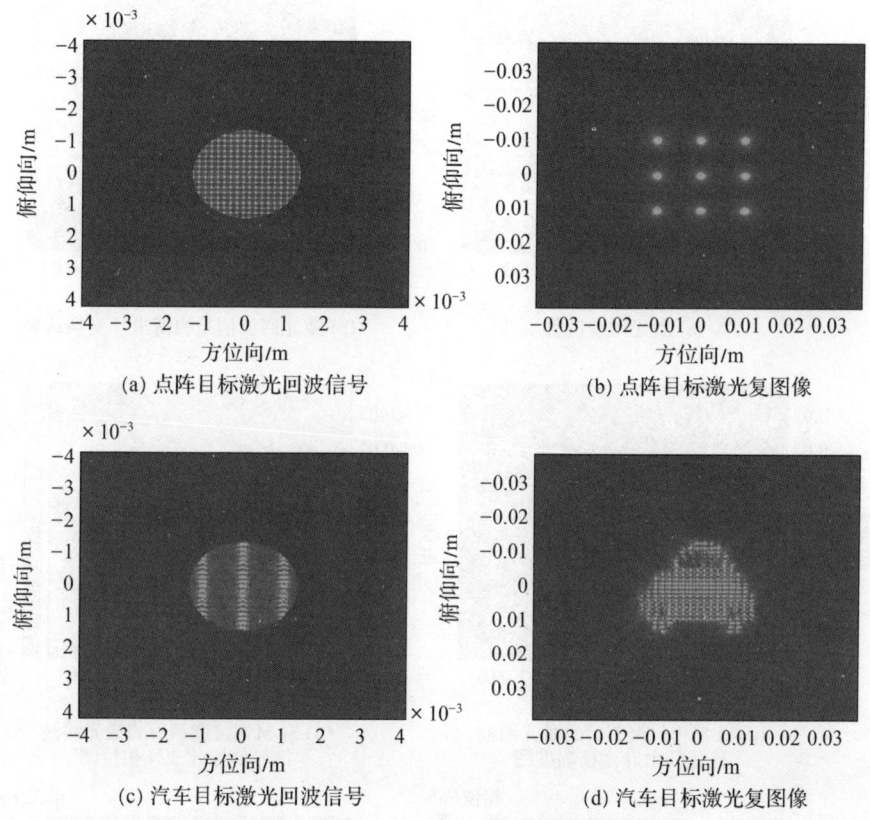

(a) 点阵目标激光回波信号
(b) 点阵目标激光复图像
(c) 汽车目标激光回波信号
(d) 汽车目标激光复图像

图3.14 汽车目标和点阵目标的激光回波信号和理想情况下激光复图像

（1）基于四步相移数字全息设计SLM相位调制矩阵。

根据表3.1仿真参数，在场景中心设置单点目标，并基于该目标的激光回波信号计算SLM的相位调制矩阵。单个点目标的激光回波信号与构造的SLM相位调制矩阵如图3.15所示。

采用以上SLM相位调制矩阵，图3.16对间距1cm的3×3点阵目标和汽车目标进行激光复图像形成，并仿真发射信号准直器平移2mm前后激光复图像的干涉相位。由仿真结果可见，根据四步相移数字全息原理构造SLM相位调制矩阵，导致形成激光复图像中存在图像混叠，将影响激光复图像的进一步处理。

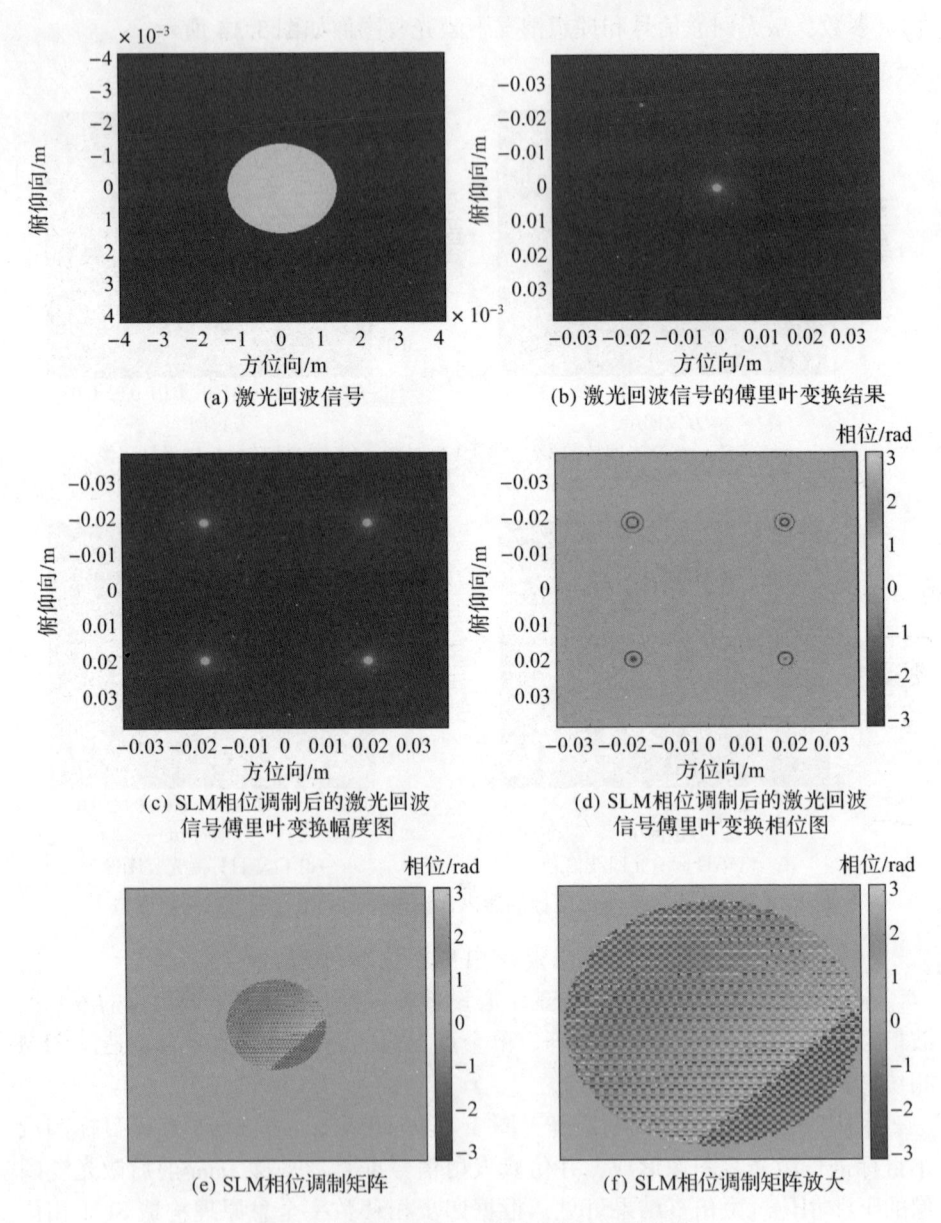

图 3.15 基于场景中心单点目标和四步相移
数字全息的 SLM 相位调制矩阵构造

(a) 点阵目标激光复图像幅度图

(b) 点阵目标激光复图像相位图

(c) 点阵目标激光复图像干涉相位

(d) 汽车目标激光复图像幅度图

(e) 汽车目标激光复图像相位图

(f) 汽车目标激光复图像干涉相位

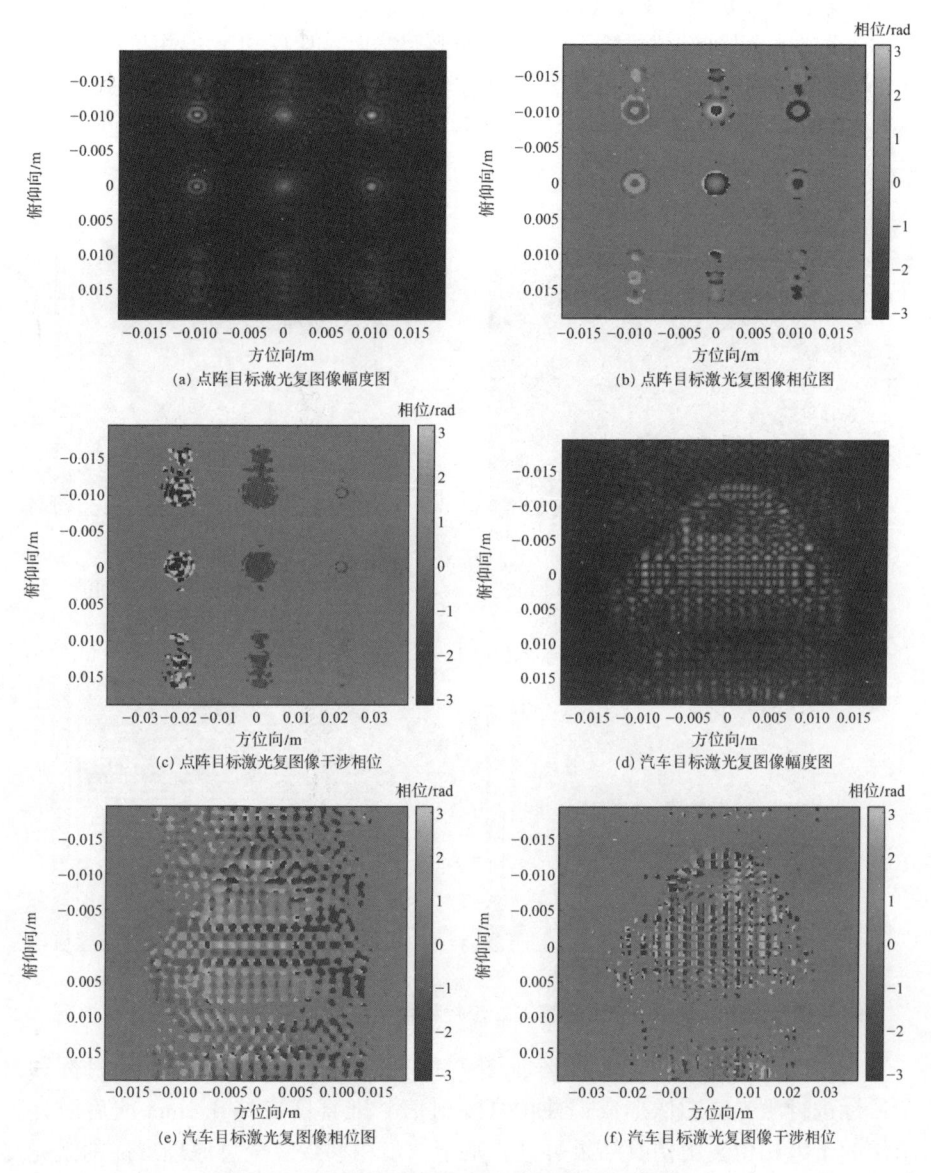

图 3.16 基于四步相移数字全息原理的点阵目标和汽车目标的形成激光复图像及其干涉相位

（2）基于二步相移数字全息设计 SLM 相位调制矩阵。

根据表 3.1 仿真参数，设置激光本振幅度为激光回波幅度的 30 倍，在场景中心设置单点目标，并基于该目标的激光回波信号计算 SLM 的相位调制矩阵。单个点目标的激光回波信号及其傅里叶变换结果如图 3.15（a）和图 3.15（b）所示，基于二步相移数字全息原理构造的 SLM 相位调制矩阵如图 3.17 所示。

(a) SLM相位调制后的激光回波信号傅里叶变换幅度图

(b) SLM相位调制后的激光回波信号傅里叶变换相位图

(c) SLM相位调制矩阵

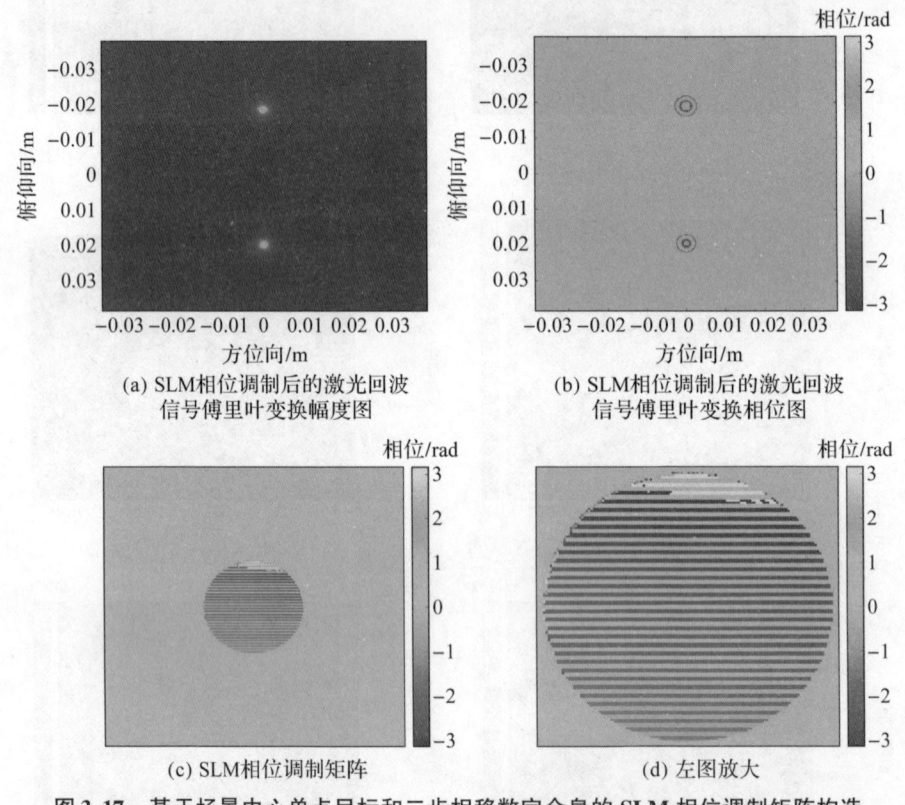

(d) 左图放大

图 3.17　基于场景中心单点目标和二步相移数字全息的 SLM 相位调制矩阵构造

采用以上 SLM 相位调制矩阵，图 3.18 对间距 1cm 的 3×3 点阵目标和汽车目标进行激光复图像形成，并仿真发射信号准直器平移 0.2mm 前后激光复图像的干涉相位。由仿真结果可见，基于二步相移数字全息原理形成的激光复图像没有明显的图像混叠问题，且发射信号准直器平移前后所形成的激光复图像干涉相位周期数与图 3.6（b）所示相干阵列探测器采集激光复图形干涉相位的周期数一致，因此通过该方法形成的激光复图像可用于后续阵列探测器 ISAL 成像等处理。

(a) 点阵目标激光复图像幅度图

(b) 点阵目标激光复图像相位图

(c) 点阵目标激光复图像干涉相位

(d) 汽车目标激光复图像幅度图

(e) 汽车目标激光复图像相位图

(f) 汽车目标激光复图像干涉相位

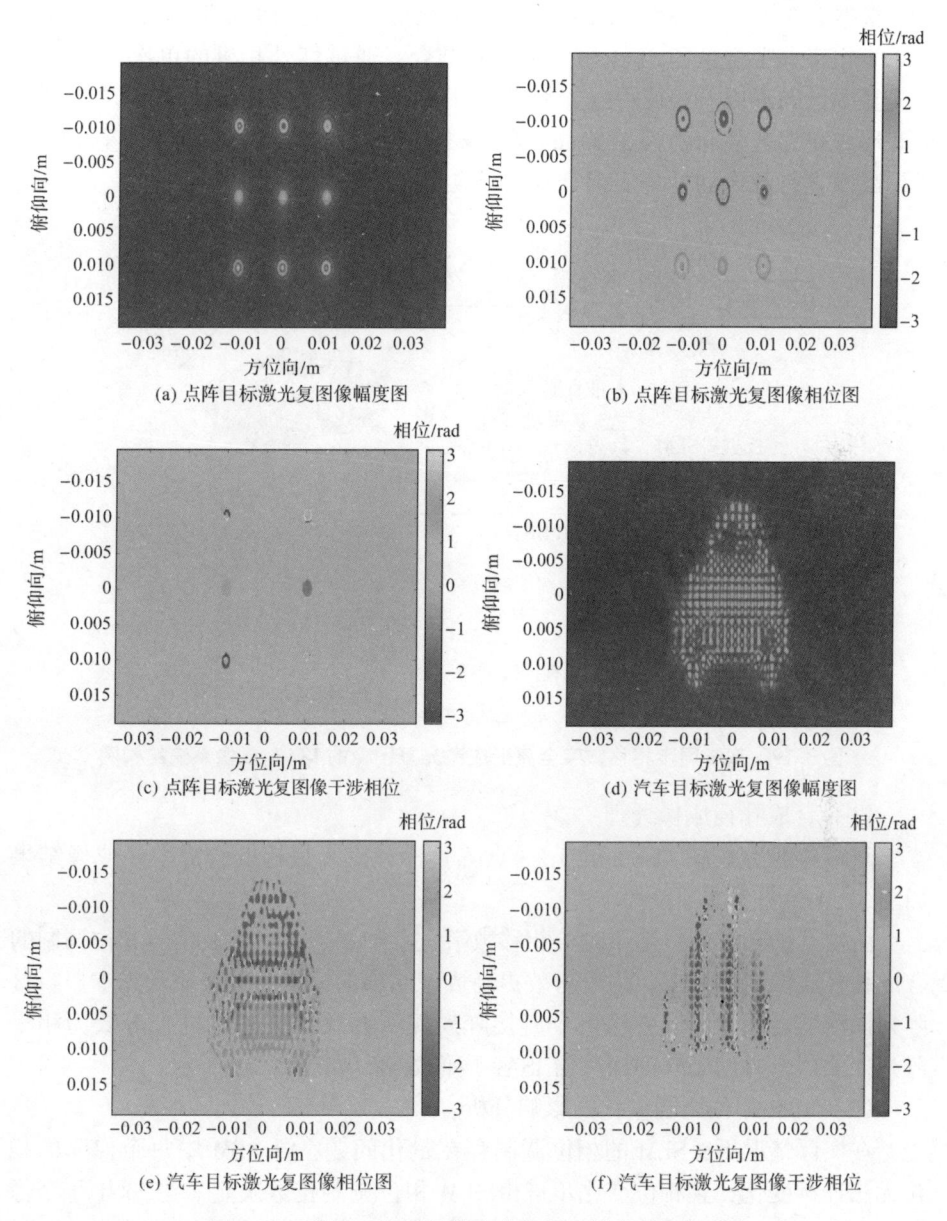

图 3.18　基于二步相移数字全息原理的点阵目标和汽车目标的形成激光复图像及其干涉相位

3. 基于激光回波信号相位调制的 ISAL 成像仿真

根据表 3.1 仿真参数，设置激光本振幅度为激光回波信号幅度的 30 倍，将二步相移数字全息和 SLM 相位调制相结合，通过红外相机的单次采样实现激光复图像的形成。并使得红外相机和目标在二维方向的相对平移，在空间中等效形成相邻孔径间距为 3.93mm 的 2×2 孔径阵列，通过对不同位置红外相机形成激光复图像的处理实现合成孔径成像。

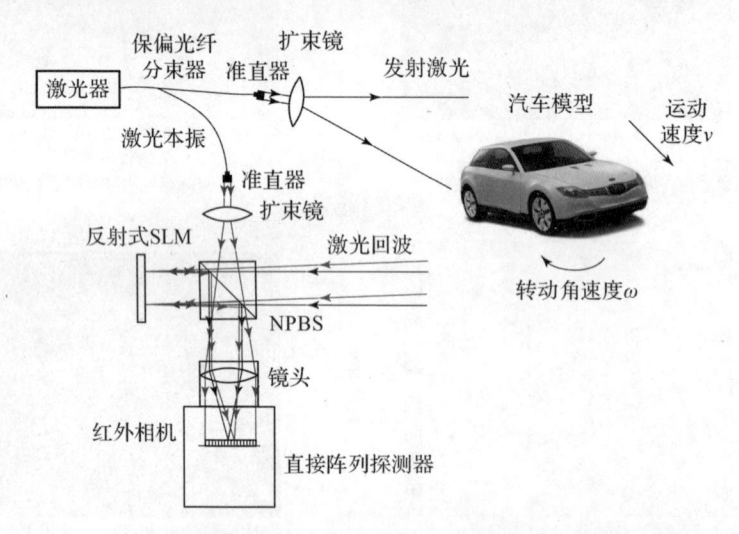

图 3.19 基于同步相移数字全息形成激光复图像的 ISAL 成像系统结构图

（1）合成孔径成像处理。

间距分别为 1cm、1mm 的 3×3 点阵目标和汽车目标的合成孔径成像结果如图 3.20 和图 3.21 所示。

由仿真结果可见，基于时分相移数字全息和基于激光回波信号相位调制的合成孔径成像结果相近，均可有效提高成像结果的分辨率，表明激光本振直接阵列探测器复图像形成方法可令直接阵列探测器（如红外相机）等效为相干阵列探测器，并用于阵列探测器 ISAL 成像处理，如图 3.22 所示。

（2）SLM 相位调制量化的影响分析。

在实际情况下，SLM 的相位调制存在量化问题，既 SLM 中每个像元的相位无法连续变化，且相位变化步进由 SLM 相位调制位数决定。当 SLM 每个像元可实现 8 位相位调制且相位变化范围为 2π 时，像元相位变化的步进为 $2\pi/256$。根据表 3.1 所列仿真参数，基于二步相移数字全息和场景中心单点目标构造相位量化处理前后的 SLM 相位调制矩阵如图 3.23 所示。

(a) 单孔径激光复图像幅度图

(b) 单孔径激光复图像对应空间采样

(c) 单孔径激光复图像点阵目标切片

(d) 合成孔径成像结果幅度图

(e) 合成孔径成像结果对应空间采样

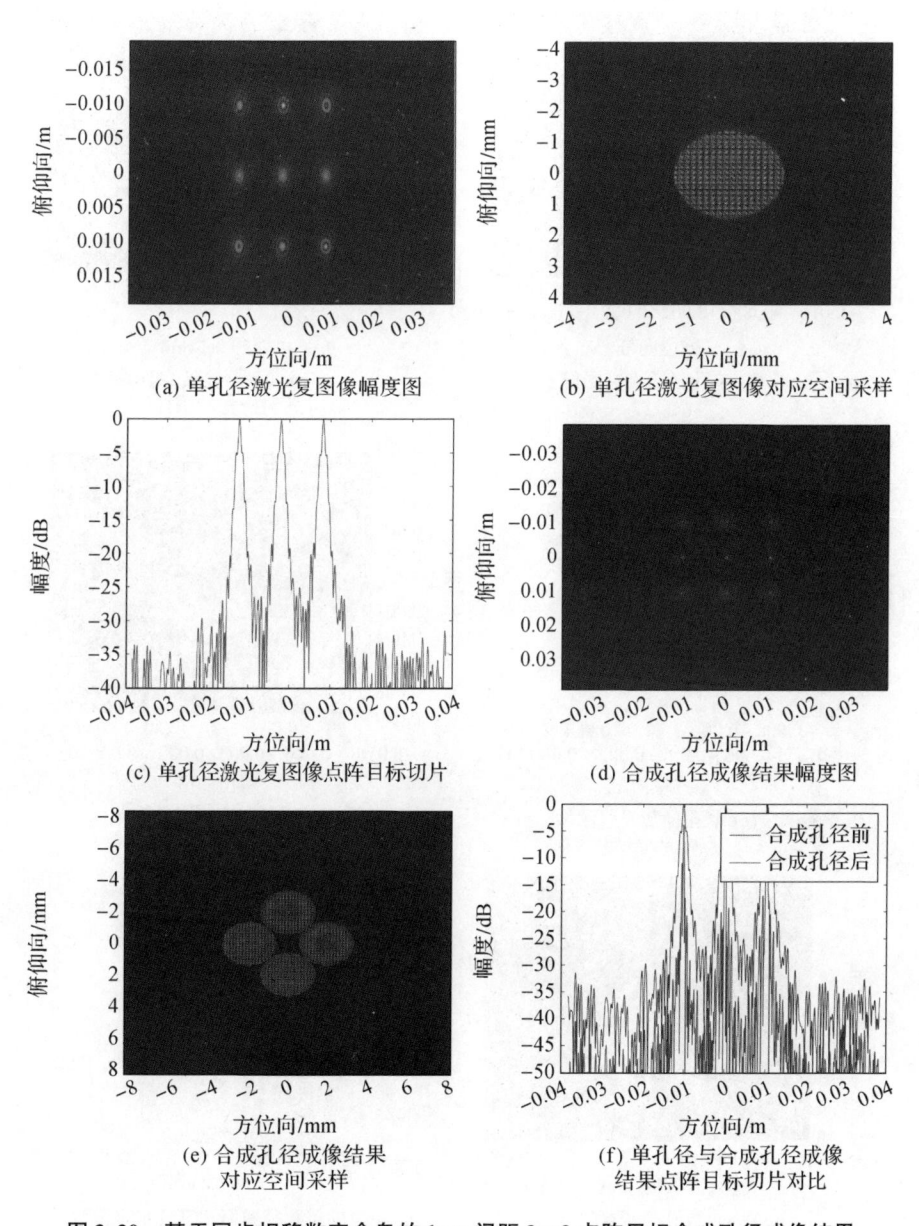

(f) 单孔径与合成孔径成像结果点阵目标切片对比

图 3.20　基于同步相移数字全息的 1cm 间距 3×3 点阵目标合成孔径成像结果

(a) 单孔径激光复图像
幅度图

(b) 单孔径激光复图像
对应空间采样

(c) 单孔径激光复图像
点阵目标切片

(d) 合成孔径成像结果
幅度图

(e) 合成孔径成像结果
对应空间采样

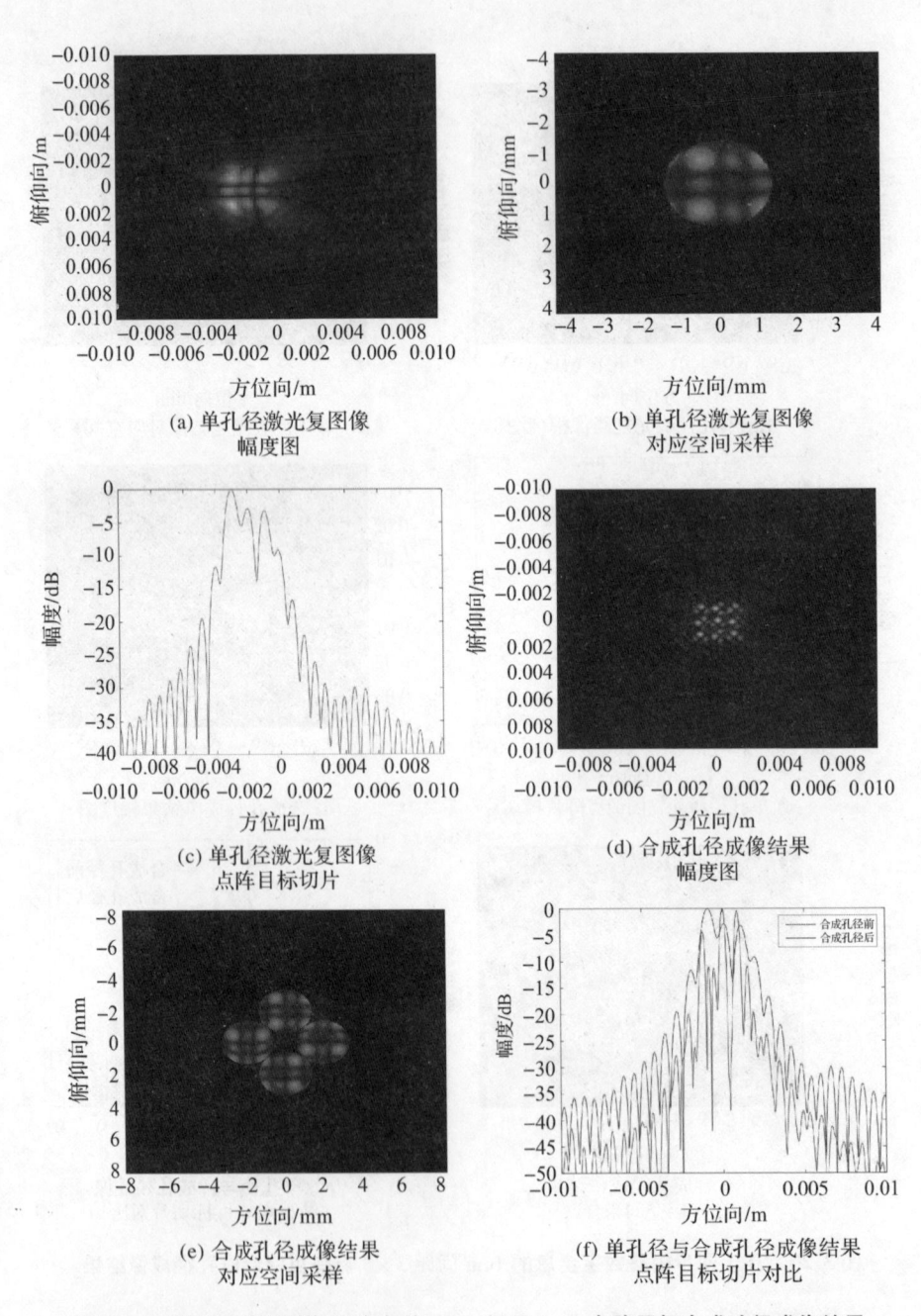

(f) 单孔径与合成孔径成像结果
点阵目标切片对比

图 3.21 基于同步相移数字全息的 1mm 间距 3×3 点阵目标合成孔径成像结果

第 3 章 阵列探测器激光成像

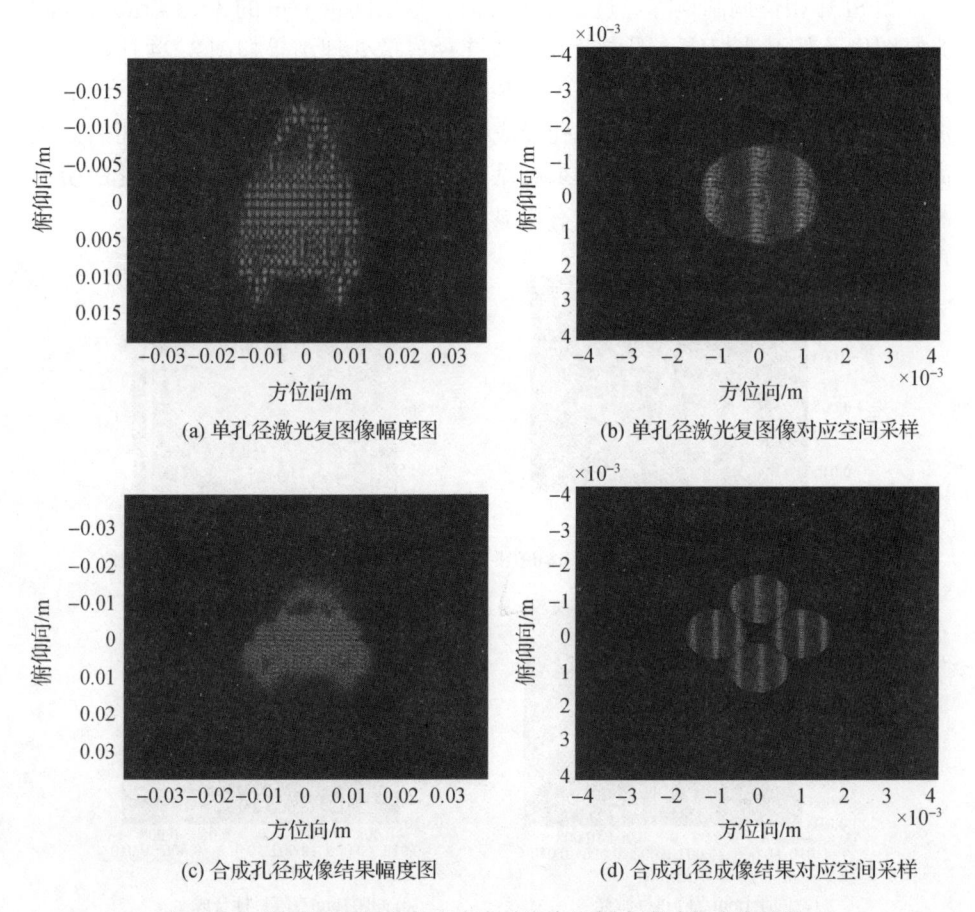

(a) 单孔径激光复图像幅度图

(b) 单孔径激光复图像对应空间采样

(c) 合成孔径成像结果幅度图

(d) 合成孔径成像结果对应空间采样

图 3.22 基于同步相移数字全息的汽车目标合成孔径成像结果

(a) 量化处理前的SLM相位调制矩阵

(b) 量化处理后的SLM相位调制矩阵

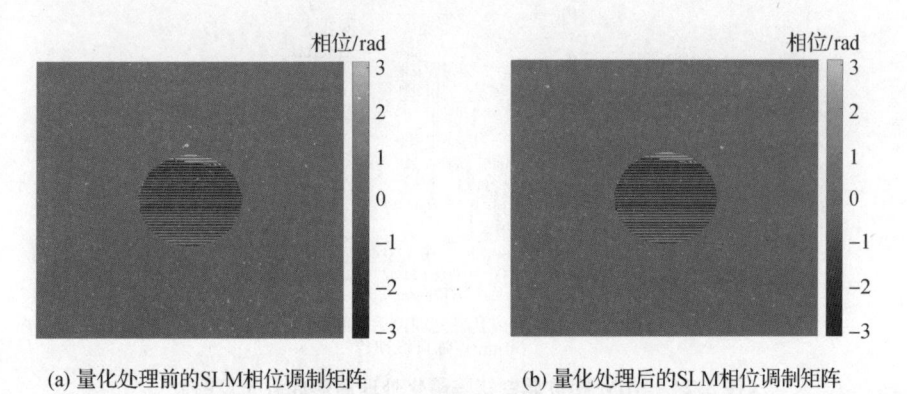

图 3.23 相位量化处理前后的 SLM 相位调制矩阵

当 SLM 相位调制矩阵经过量化处理时，形成间距 1cm 的 3×3 点阵目标激光复图像及其干涉相位，图像及其合成孔径成像处理结果如图 3.24 所示。对比图 3.18、图 3.21 和图 3.24 可见，SLM 相位调制矩阵量化处理前后所形成激光复图像及其干涉相位与合成孔径成像结果相近，合成孔径处理仍可有效提高成像结果的分辨率，由仿真结果可见，SLM 的 8 位相位调制矩阵量化所引入相位误差对激光复图像的形成没有明显影响。

(a) 间距1cm点阵目标激光复图像幅度图

(b) 间距1cm点阵激光复图像干涉相位

(c) 间距1mm点阵目标激光复图像幅度图

(d) 间距1mm点阵目标合成孔径成像结果

(e) 合成孔径处理前后的间距1mm点阵目标切片

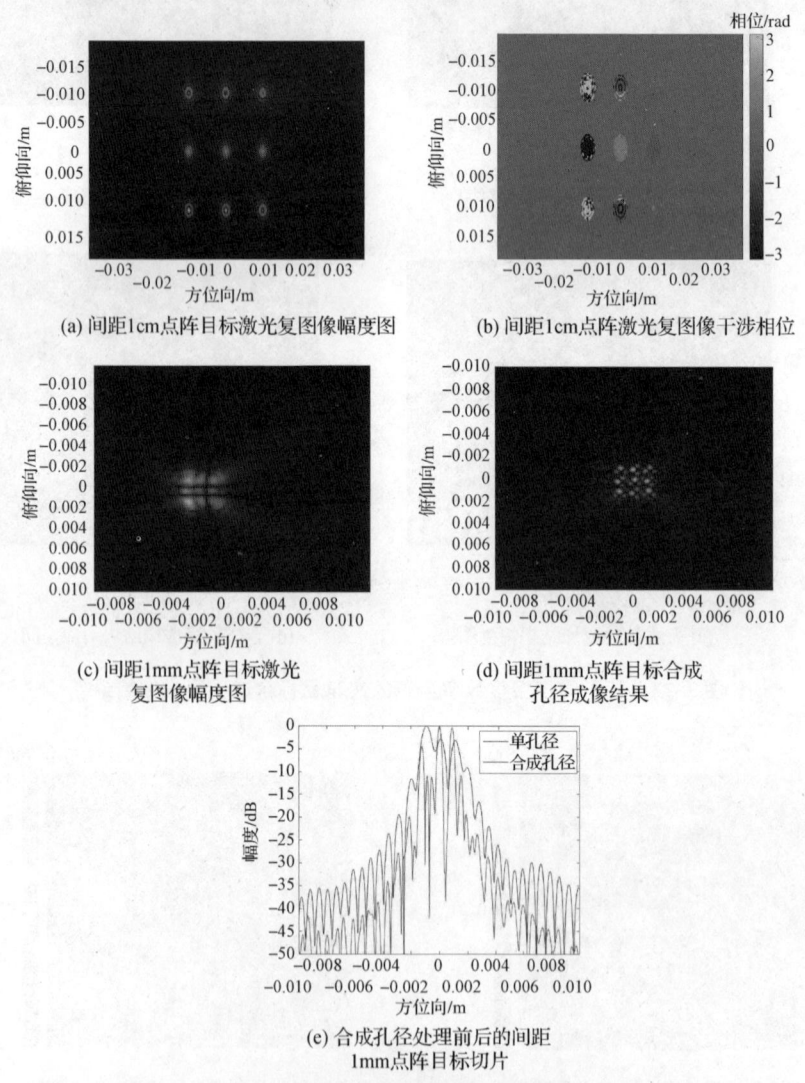

图 3.24 SLM 相位调制矩阵量化处理后形成激光复图像及其干涉相位和合成孔径成像处理

(3) 激光回波信号噪声的影响分析。

以上仿真均在无噪声条件下进行，实际情况下激光回波信号无法避免噪声影响。根据表3.1所列仿真参数，在SLM相位调制矩阵量化处理条件下，在激光回波信号中引入噪声，使其信噪比为 -20dB，此时形成间距1cm的3×3点阵目标激光复图像及其干涉相位，以及形成间距1mm的3×3点阵目标激光复图像及其合成孔径成像处理结果如图3.25所示。

(a) 间距1cm点阵目标激光复图像幅度图

(b) 间距1cm点阵激光复图像干涉相位

(c) 间距1mm点阵目标激光复图像幅度图

(d) 间距1mm点阵目标合成孔径成像结果

(e) 合成孔径处理前后的间距1mm点阵目标切片

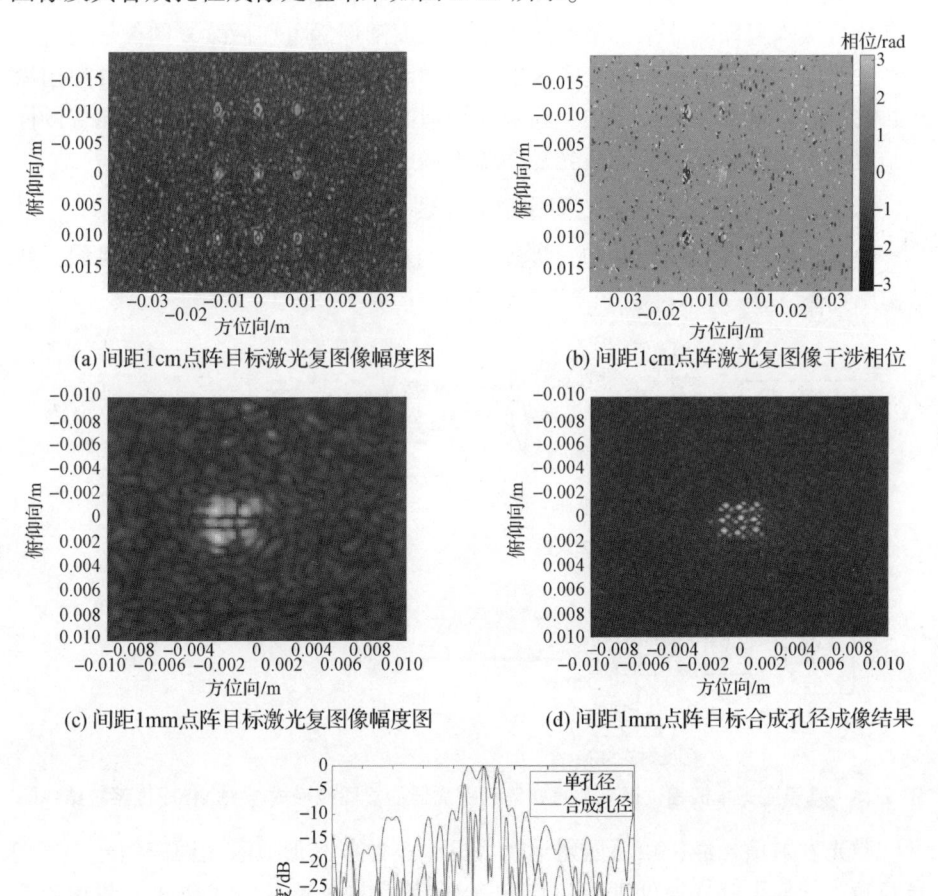

图3.25 激光回波信号受噪声影响时形成激光复图像及其干涉相位和合成孔径成像处理

由仿真结果可见，当激光回波信号信噪比为 −20dB 时，基于二步相移数字全息和 SLM 相位调制处理，形成激光复图像可用于合成孔径处理，且合成孔径处理可提高成像结果分辨率，同时抑制噪声对成像结果的影响。

3.2.4　基于激光本振相位调制的复图像形成和 ISAL 成像

在实际应用中，由于激光本振具有强度固定和远大于激光回波信号强度的特点，直接阵列探测器采集单次激光本振强度图像后可在后续复图像形成过程中多次使用。本节通过对激光本振的相位调制实现激光复图像形成，并提出激光回波信号强度图像估计方法，在减少构造激光复图像所需采集光强图像的同时，使得对连续运动目标的激光复图像构造成为可能[48]。

1. 激光本振相位调制与复图像形成原理

基于激光本振相位调制和直接阵列探测器的复图像形成与 ISAL 成像系统结构图如图 3.26 所示。

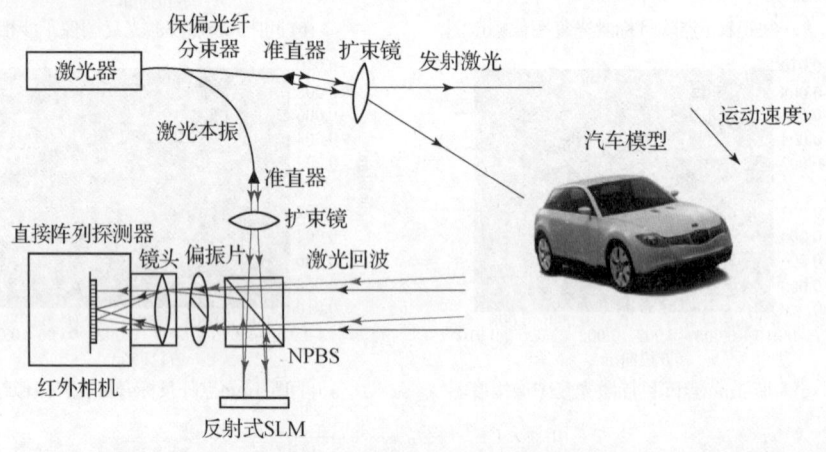

图 3.26　基于激光本振相位调制和直接阵列探测器的复图像形成与 ISAL 成像系统结构图

激光发射信号经扩束后照射运动目标，其散射光形成激光回波信号，该信号经镜头的傅里叶变换处理后，与 SLM 处理后的激光本振在空间混频形成全息图，由直接阵列探测器接收，并用于后续激光复图像形成与 ISAL 成像处理。

由准直器发射的激光本振在入射直接阵列探测器前，依次经过了扩束处理、SLM 的相位调制处理和镜头的二维傅里叶变换处理，扩束处理在激光本振中引入了二阶相位，在增大 SLM 上激光本振光斑尺寸的同时，减小了镜头二维傅里叶变换对激光本振的聚焦作用。

本节激光复图像形成方法使用 NPBS 和 SLM，采用空间光路混频方式，使得直接阵列探测器等效实现相干阵列探测器功能，为阵列探测器 ISAL 成像奠定基础。

为减小目标距离对激光复图像形成的影响，本节使用 SLM、激光本振和直接阵列探测器的激光复图像形成方法基于相移数字全息原理[41,49]。

为减少直接阵列探测器采集图像的步骤，使得连续运动目标的激光复图像形成成为可能，本节方法使用 SLM 对激光本振进行相位调制，使其在直接阵列探测器的行或列方向间隔 1 个像元形成 0°和 90°相移。如图 3.27 所示，以激光本振在直接阵列探测器的列方向相位调制为例，记直接阵列探测器所采集全息图、激光本振和激光回波信号强度图像分别为 $I(x,y,n)$、$I_{\mathrm{loc}}(x,y,n)$ 和 $I_{\mathrm{img}}(x,y,n)$，将图像间隔 1 行拆分形成激光本振 0°和 90°相移时的全息图、激光本振和激光回波信号强度图像 $I_0(x,y,n)$ 和 $I_{90}(x,y,n)$、$I_{\mathrm{loc}0}(x,y,n)$ 和 $I_{\mathrm{loc}90}(x,y,n)$、$I_{\mathrm{img}0}(x,y,n)$ 和 $I_{\mathrm{img}90}(x,y,n)$。在目标激光回波信号强度图像在激光本振相位调制方向具有连续性的条件下，拆分后的两个激光回波信号强度图像相近，即 $I_{\mathrm{img}0}(x,y,n) \approx I_{\mathrm{img}90}(x,y,n)$，可记为 $I'_{\mathrm{img}}(x,y,n) = A(x,y,n)$，根据式（3.31）可形成激光复图像，即

$$\begin{aligned}U(x,y,n) &= A(x,y,n) \cdot \exp\{\mathrm{j}\Delta\varphi_{\mathrm{img}}(x,y,n)\} \\ &= \frac{I_0(x,y,n) - I_{\mathrm{loc}0}(x,y,n) - I_{\mathrm{img}0}(x,y,n)}{2\sqrt{I_{\mathrm{loc}0}(x,y,n)}} + \\ &\quad \mathrm{j}\frac{I_{90}(x,y,n) - I_{\mathrm{loc}90}(x,y,n) - I_{\mathrm{img}90}(x,y,n)}{2\sqrt{I_{\mathrm{loc}90}(x,y,n)}} \\ &\approx \frac{I_0(x,y,n) - I_{\mathrm{loc}0}(x,y,n) - I'_{\mathrm{img}}(x,y,n)}{2\sqrt{I_{\mathrm{loc}0}(x,y,n)}} + \\ &\quad \mathrm{j}\frac{I_{90}(x,y,n) - I_{\mathrm{loc}90}(x,y,n) - I'_{\mathrm{img}}(x,y,n)}{2\sqrt{I_{\mathrm{loc}90}(x,y,n)}}\end{aligned} \quad (3.31)$$

$$\Delta\varphi_{\mathrm{img}}(x,y,n) = \varphi_{\mathrm{img}}(x,y,n) - \varphi_{\mathrm{loc}}(x,y,n) \quad (3.32)$$

式中　$A(x,y,n)$——激光复图像的幅度图（V）；

$\Delta\varphi_{\mathrm{img}}(x,y,n)$——激光复图像与激光本振的相位差（rad）；

$\varphi_{\mathrm{loc}}(x,y,n)$——激光本振的初始相位（rad）；

$\varphi_{\mathrm{img}}(x,y,n)$——由运动目标斜距产生相位（rad），可体现目标在激光波长量级的微小运动信息。

本节将激光复图像形成方法引入 SLM，减少了直接阵列探测器采集全息图的数量和时间，使得连续运动目标的激光复图像形成成为可能，如图 3.27 所示。

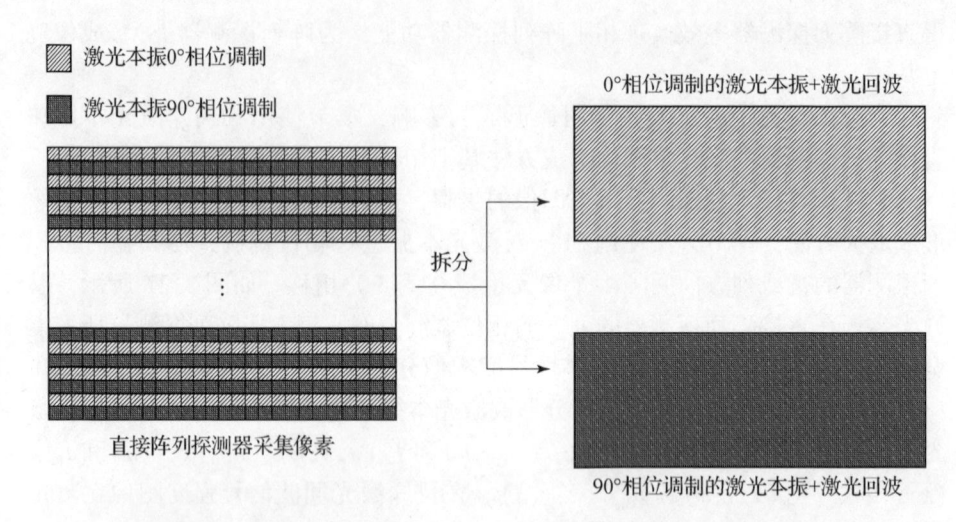

图3.27 基于激光本振相位调制的激光复图像形成方法示意图

在激光复图像的基础上，以下定义空间采样信号。如图3.28（a）所示，从物理角度，空间采样域 $x_{lens}y_{lens}$ 在镜头前，图像域 xy 与镜头的距离等于镜头焦距 f，空间采样信号经镜头的二维傅里叶变换处理后形成激光复图像，即两者互为二维傅里叶变换关系。空间采样信号与激光复图像频谱数值一致，此时其单位为波数，但是由于空间采样域定义在镜头所在平面上，其单位也可转换为 mm，以下空间采样信号单位均使用 mm 单位表述。由于空间采样域 $x_{lens}y_{lens}$ 和图像域 xy 单位统一，为便于表述，以下图像和文字部分将 x_{lens} 和 x 统称为 X 轴方向，将 y_{lens} 和 y 统称为 Y 轴方向。

(a) 图像域与空间采样域转换示意图

(b) 成像系统几何参数示意图

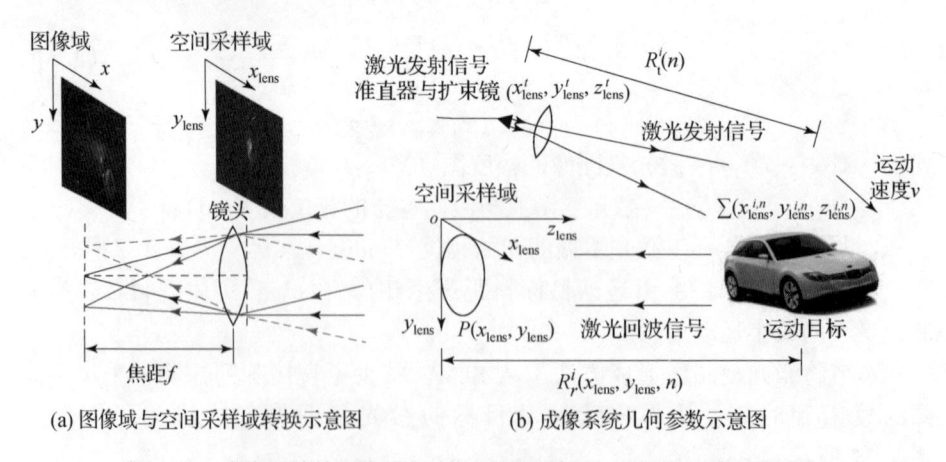

图3.28 成像系统的图像域与空间采样域转换，以及几何参数示意图

根据图 3.28（b）可得 $\varphi_{\text{img}}(x,y,n)$ 的表达式为

$$\varphi_{\text{img}}(x,y,n) = \text{angle}\left\{\mathcal{F}\left\{P(x_{\text{lens}},y_{\text{lens}})\cdot \right.\right.$$
$$\left.\left.\sum A'_i(x_{\text{lens}},y_{\text{lens}})\exp\left\{-\frac{2\pi}{\lambda}[R_t^i(n)+R_r^i(x_{\text{lens}},y_{\text{lens}},n)]\right\}\right\}\right\} \tag{3.33}$$

$$R_t^i(n) = \sqrt{(x_{\text{lens}}^t - x_{\text{lens}}^{i,n})^2 + (y_{\text{lens}}^t - y_{\text{lens}}^{i,n})^2 + (z_{\text{lens}}^t - z_{\text{lens}}^{i,n})^2} \tag{3.34}$$

$$R_r^i(x_{\text{lens}},y_{\text{lens}},n) = \sqrt{(x_{\text{lens}} - x_{\text{lens}}^{i,n})^2 + (y_{\text{lens}} - y_{\text{lens}}^{i,n})^2 + (z_{\text{lens}} - z_{\text{lens}}^{i,n})^2} \tag{3.35}$$

式中 λ——激光波长（m）；

angle$\{\cdot\}$——取相位处理；

$\mathcal{F}\{\cdot\}$——二维傅里叶变换处理；

$P(x_{\text{lens}},y_{\text{lens}})$——成像系统的孔径；

$(x_{\text{lens}}^t, y_{\text{lens}}^t, z_{\text{lens}}^t)$——激光发射信号准直器（m），由于复杂运动目标可分解为多个点目标的集合 $\sum(x_{\text{lens}}^{i,n}, y_{\text{lens}}^{i,n}, z_{\text{lens}}^{i,n})$；

$(x_{\text{lens}}^{i,n}, y_{\text{lens}}^{i,n}, z_{\text{lens}}^{i,n})$——采集第 n 帧全息图 $I(x,y,n)$ 时运动目标中第 i 个点目标的坐标；

$R_t^i(n)$——采集第 n 帧全息图 $I(x,y,n)$ 时运动目标中第 i 个点目标的激光发射信号传播距离；

$R_r^i(x_{\text{lens}},y_{\text{lens}},n)$——采集第 n 帧全息图 $I(x,y,n)$ 时运动目标中第 i 个点目标的激光回波信号传播距离，以上坐标均定义在空间采样域坐标系 $x_{\text{lens}}y_{\text{lens}}z_{\text{lens}}$。

2. 激光复图像形成与 ISAL 成像仿真

根据表 3.1 仿真参数，当 SLM 在直接阵列探测器列方向间隔 1 个像元形成 0°和 90°相移时（相位调制形式如图 3.27 所示），基于激光本振相位调制形成的激光复图像及其空间采样信号，以及激光发射信号准直器在方位向平移 0.2mm 前后的激光复图像干涉相位如图 3.29 和图 3.30 所示。由仿真结果可见，该方法可有效减少形成激光复图像所需采集的全息图数量，但同时也导致激光复图像在俯仰向的分辨率降低一倍。与图 3.6（b）对比可见，该方法形成激光复图像干涉相位与相干阵列探测器采集激光复图像干涉相位的周期数一致，即基于激光本振相位调制的激光复图像形成方法使得激光本振直接阵列探测器等效实现对目标的相干探测器，可用于阵列探测器 ISAL 成像。

(a) 直接阵列探测器采集全息图

(b) 经拆分后形成的全息图1

(c) 经拆分后形成的全息图2

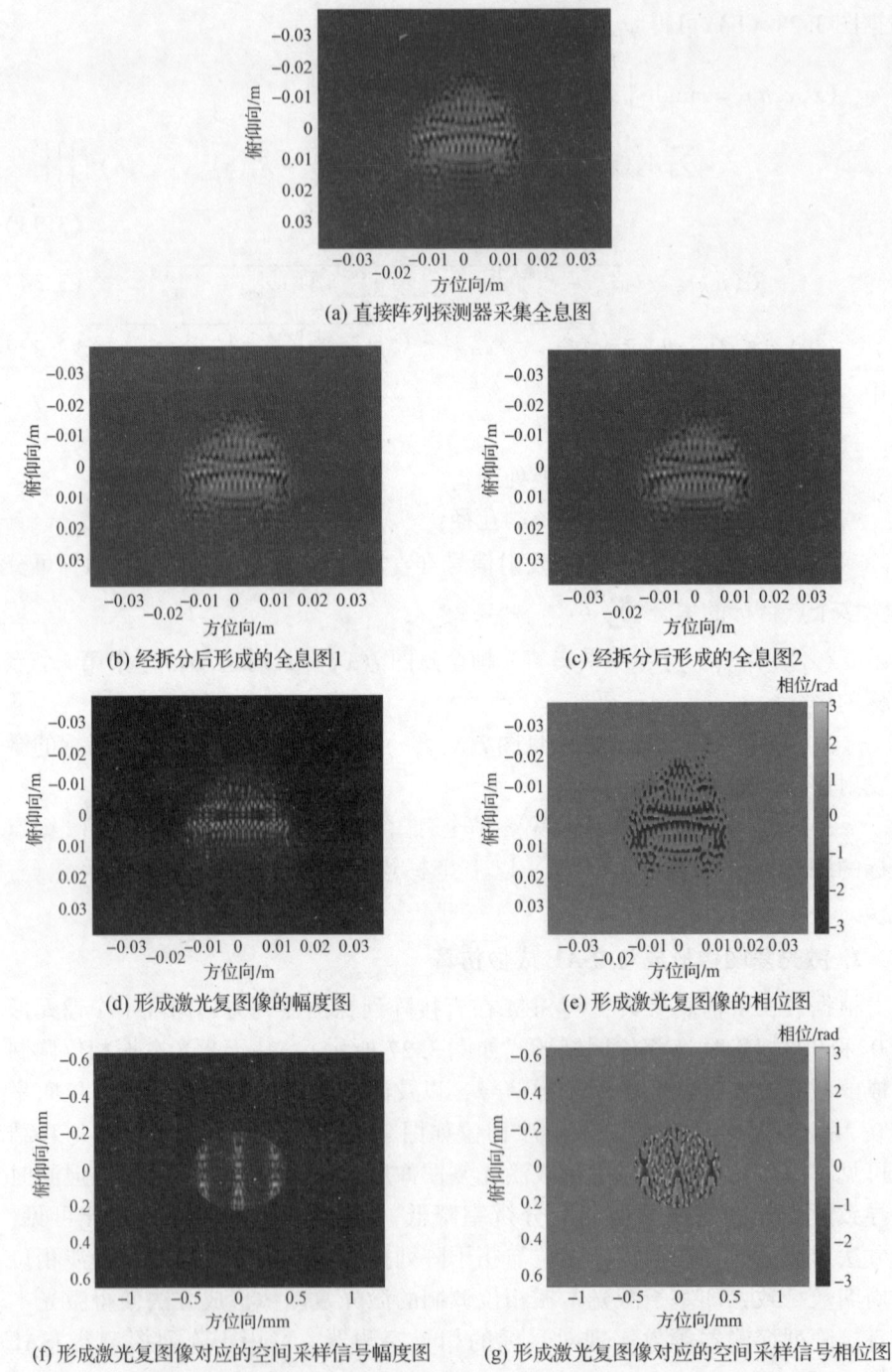

(d) 形成激光复图像的幅度图

(e) 形成激光复图像的相位图

(f) 形成激光复图像对应的空间采样信号幅度图

(g) 形成激光复图像对应的空间采样信号相位图

图 3.29 基于激光本振相位调制形成的汽车目标激光复图像及其空间采样信号仿真

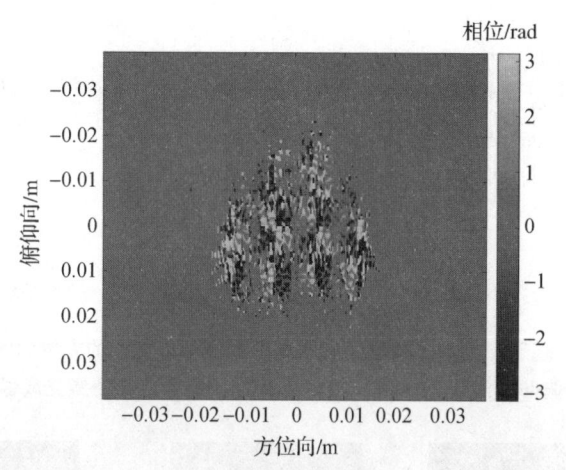

图 3.30 在发射信号准直器方位向平移 0.2mm 前后，
基于激光本振相位调制形成汽车目标激光复图像的干涉相位仿真

在以上激光复图像形成与干涉仿真的基础上，通过目标与直接阵列探测器的二维相对运动，在空间采样域等效形成方位向间距 3.93mm，俯仰向间距 1.96mm 的 2×2 孔径阵列，以实现阵列探测器 ISAL 成像。方位向间距 1cm、俯仰向间距 2cm 和方位向间距 1mm、俯仰向间距 2mm 线阵目标的阵列探测器合成孔径激光成像结果如图 3.31 和图 3.32 所示。由仿真结果可见，阵列探测器合成孔径激光成像可有效提高成像分辨率。

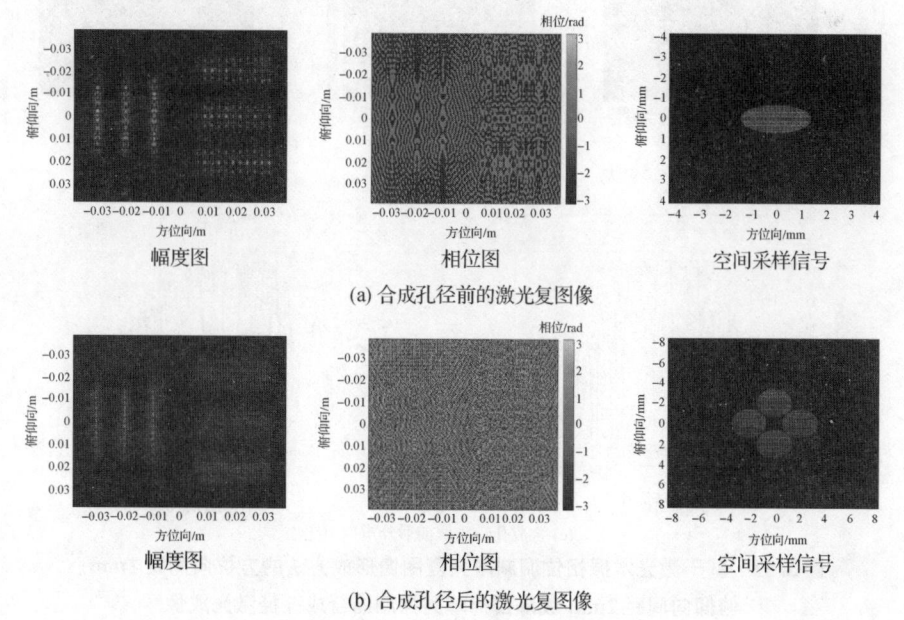

幅度图　　　　　　　相位图　　　　　　空间采样信号
(a) 合成孔径前的激光复图像

幅度图　　　　　　　相位图　　　　　　空间采样信号
(b) 合成孔径后的激光复图像

(c) 合成孔径成像前后分辨率对比

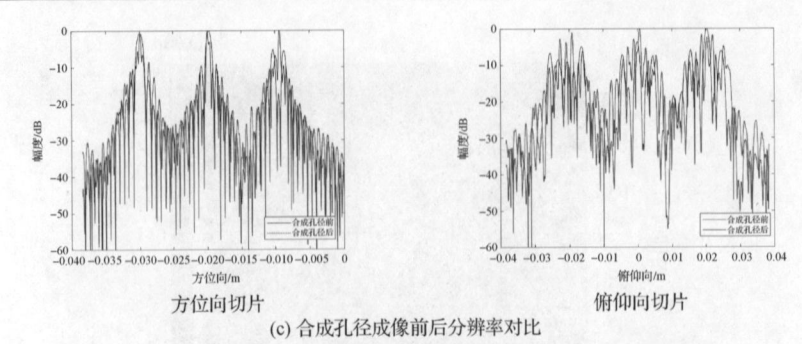

图 3.31　基于激光本振相位调制激光复图像形成方法的方位向间距 1cm、俯仰向间距 2cm 线阵目标阵列探测器合成孔径激光成像

(a) 合成孔径前的激光复图像

(b) 合成孔径后的激光复图像

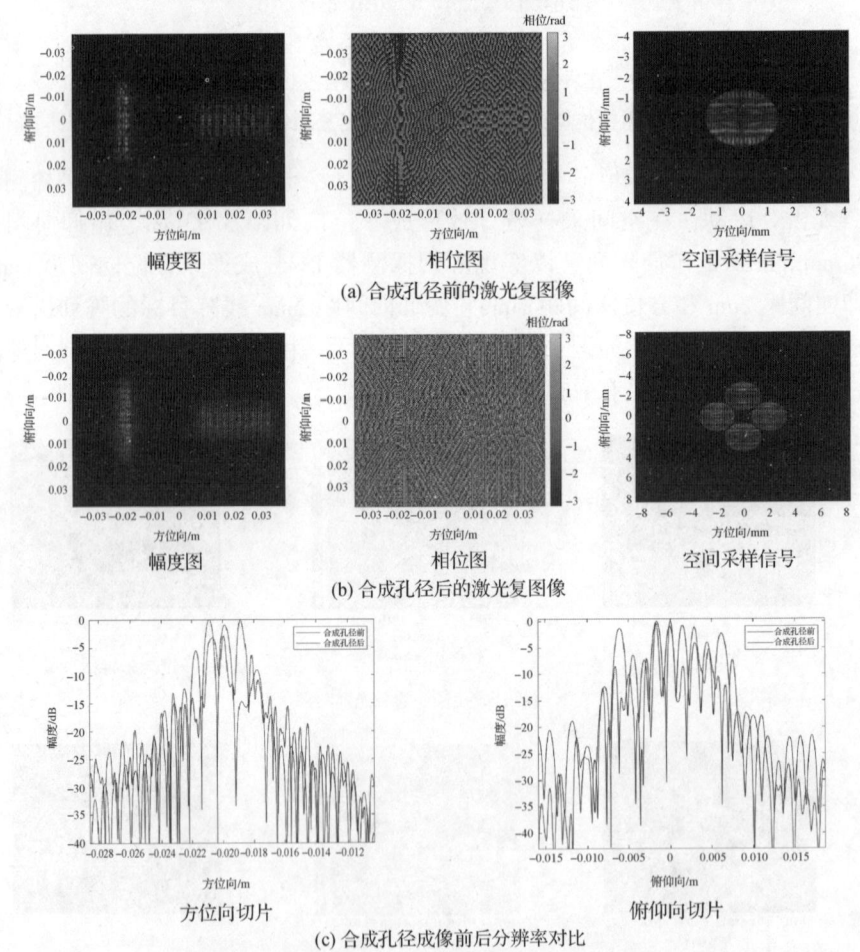

(c) 合成孔径成像前后分辨率对比

图 3.32　基于激光本振相位调制激光复图像形成方法的方位向间距 1mm、俯仰向间距 2mm 线阵目标阵列探测器合成孔径激光成像

第3章 阵列探测器激光成像

3. 连续运动目标的激光回波信号强度图像估计

在目标连续运动、激光发射信号与激光本振稳定的条件下,多帧激光复图像的形成可共用 1 帧激光本振的强度图像 $I_{loc}(x,y,n)$,但是目标运动导致全息图 $I(x,y,n)$ 和激光回波信号的强度图像 $I_{img}(x,y,n)$ 变化,单个直接阵列探测器无法同时采集两种图像。

为形成激光复图像,可根据拆分形成的全息图 $I_0(x,y,n)$ 和 $I_{90}(x,y,n)$ 构造滤波器,估计激光回波信号的强度图像 $I'_{img}(x,y,n)$。在激光本振如图 3.27 调制的基础上,激光回波信号的强度 $I'_{img}(x,y,n)$ 的估计流程如下。

(1) 将激光本振间隔 1 行拆分形成 0°和 90°相位调制的激光本振强度图像 $I_{loc0}(x,y,n)$ 和 $I_{loc90}(x,y,n)$,2 帧全息图 $I_0(x,y,n)$ 和 $I_{90}(x,y,n)$ 分别减去对应的激光本振强度图像,其表达式分别为

$$I_0(x,y,n) - I_{loc0}(x,y,n) = I'_{img}(x,y,n) + \\ 2\sqrt{I'_{img}(x,y,n)}\sqrt{I_{loc0}(x,y,n)}\cos[\Delta\varphi_{img}(x,y,n)] \quad (3.36)$$

$$I_{90}(x,y,n) - I_{loc90}(x,y,n) = I'_{img}(x,y,n) + \\ 2\sqrt{I'_{img}(x,y,n)}\sqrt{I_{loc90}(x,y,n)}\sin[\Delta\varphi_{img}(x,y,n)] \quad (3.37)$$

(2) 对 $I_0(x,y,n) - I_{loc0}(x,y,n)$ 和 $I_{90}(x,y,n) - I_{loc90}(x,y,n)$ 进行相减处理,相减项的表达式为

$$[I_0(x,y,n) - I_{loc0}(x,y,n)] - [I_{90}(x,y,n) - I_{loc90}(x,y,n)] \\ = 2\sqrt{I'_{img}(x,y,n)}\sqrt{I_{loc0}(x,y,n)}\{\cos[\Delta\varphi_{img}(x,y,n)] - \sin[\Delta\varphi_{img}(x,y,n)]\} \quad (3.38)$$

由式(3.38)可见,相减项中去除了激光回波信号强度图像的影响。计算相减项的空间采样信号,并对其进行归一化和中值滤波处理,通过设置阈值可构造激光回波信号强度图像滤波器。

(3) 对 $I_0(x,y,n) - I_{loc0}(x,y,n)$ 和 $I_{90}(x,y,n) - I_{loc90}(x,y,n)$ 进行相加处理,相加项的表达式为

$$[I_0(x,y,n) - I_{loc0}(x,y,n)] + [I_{90}(x,y,n) - I_{loc90}(x,y,n)] \\ = 2I'_{img}(x,y,n) + 2\sqrt{I'_{img}(x,y,n)}\sqrt{I_{loc0}(x,y,n)}\{\cos[\Delta\varphi_{img}(x,y,n)] + \sin[\Delta\varphi_{img}(x,y,n)]\} \quad (3.39)$$

经以上滤波器处理，相加项可大致滤除 $2\sqrt{I'_{\text{img}}(x,y,n)}\sqrt{I_{\text{loc}0}(x,y,n)}\{\cos[\Delta\varphi_{\text{img}}(x,y,n)]+\sin[\Delta\varphi_{\text{img}}(x,y,n)]\}$ 项，剩余部分除以 2 后，可形成激光回波信号强度图像的估计值。

3.2.5 激光复图像形成及其 ISAL 成像室内桌面物理实验

本节采用 3.2.4 节基于激光本振相位调制的复图像形成与 ISAL 成像原理开展桌面物理实验，并验证了方法的有效性。

1. 系统组成

基于 SLM 和直接阵列探测器的复图像形成与 ISAL 成像实验系统实物照片和直接阵列探测器采集汽车模型目标图像如图 3.33 所示，实验中使用汽车模型作为"走-停"目标和连续运动目标。

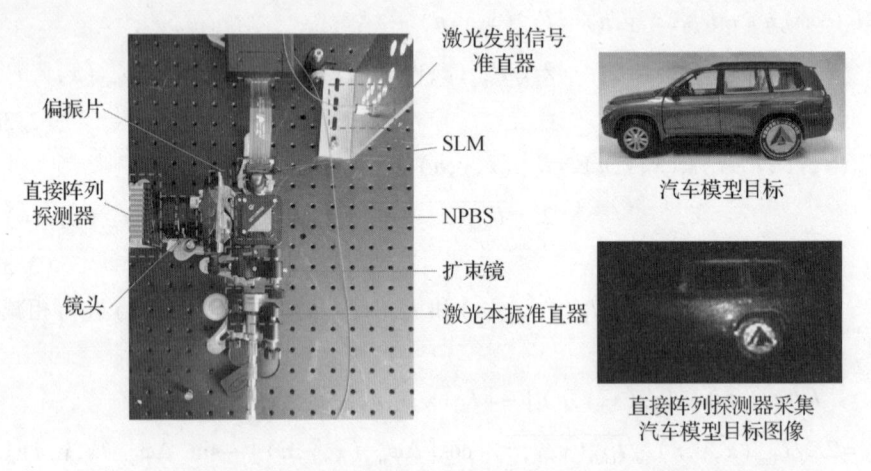

图 3.33 实验系统实物照片和直接阵列探测器采集汽车模型目标图像

系统使用 1:9 保偏光纤分束器将激光器的输出信号传输至激光本振和激光发射信号的准直器，激光本振准直器通过扩束镜增大光斑；激光发射准直器通过离焦处理，等效实现了扩束镜的功能。反射式相位型 SLM（HOLOEY PLUTO-2.1）处理后的激光本振和目标反射形成的激光回波信号由 NPBS 合束，经偏振片和镜头处理后，由直接阵列探测器（短波相机 Bobcat 320）接收并存储，用于激光复图像形成处理。目标在平行于直接阵列探测器的平面内运动，直接阵列探测器在目标运动过程中采集多帧图像，由此开展 ISAL 成像处理。实验系统参数如表 3.2 所列。

表 3.2　实验系统参数

参数	数值	参数	数值
激光中心波长/μm	1.55	激光发射功率/mw	30
激光信号波形	连续波	SLM 像素规模	1080×1920
SLM 像素间距/μm	8	SLM 相面尺寸/mm^2	15.36×8.64
SLM 偏振方向	水平	偏振片偏振方向	水平
镜头口径/mm	25	镜头焦距/mm	35
直接阵列探测器像元规模	320×256	直接阵列探测器像元尺寸/μm^2	20×20
直接阵列探测器阵列帧率/FPS	100	直接阵列探测器积分时间/μs	500
直接帧率探测像元角分辨率/mrad	0.571	成像系统衍射极限/mrad	0.0756
成像系统有效口径/mm	2.7	空间采样信号范围/mm^2	1.35×2.7

2. 实验数据处理

以下实验以金属圆盘和汽车模型为目标，目标与成像系统无刚性连接，基于激光本振相位调制形成激光复图像并开展 ISAL 成像。为验证阵列探测器 ISAL 成像方法的有效性，以下分别对"走－停"目标和连续运动目标采集多帧全息图，经处理后形成高分辨率成像结果，并通过分辨率、图像熵和对比度[50]评价成像结果质量。

（1）激光复图像形成。

移动发射信号准直器，采用以上方法对近似平面的圆盘目标构造激光复图像，并形成准直器平移前后、两个不同时刻激光复图像的干涉相位。圆盘目标的实物图、激光复图像和回转中值滤波前后的干涉相位如图 3.34（a）~图 3.34（f）所示。干涉条纹体现了准直器平移带来的相位变化。

图 3.34（g）~图 3.34（i）给出了观测结构对应的校正相位及其补偿结果。根据 0.13mm 激光发射信号准直器平移距离和观测结构参数可构造校正相位，该校正相位类似于干涉 SAR 的平地相位，用于对干涉相位图进行补偿。由图 3.34（h）、图 3.34（i）所示，经校正相位补偿后，干涉条纹基本消失，验证了本文方法构造激光复图像相位信息的有效性。

"走－停"汽车模型目标的图像采集步骤包括：直接阵列探测器对静止目标采集全息图、本振强度图像和激光回波信号强度图像后，搬移该目标，并重复以上过程。图 3.35（a）~图 3.35（c）为"走－停"目标激光复图像及其

(a) 圆盘目标实物图　　(b) 幅度图　　(c) 相位图

(d) 李萨如图　　(e) 干涉相位图　　(f) 回转中值滤波处理后的干涉相位图

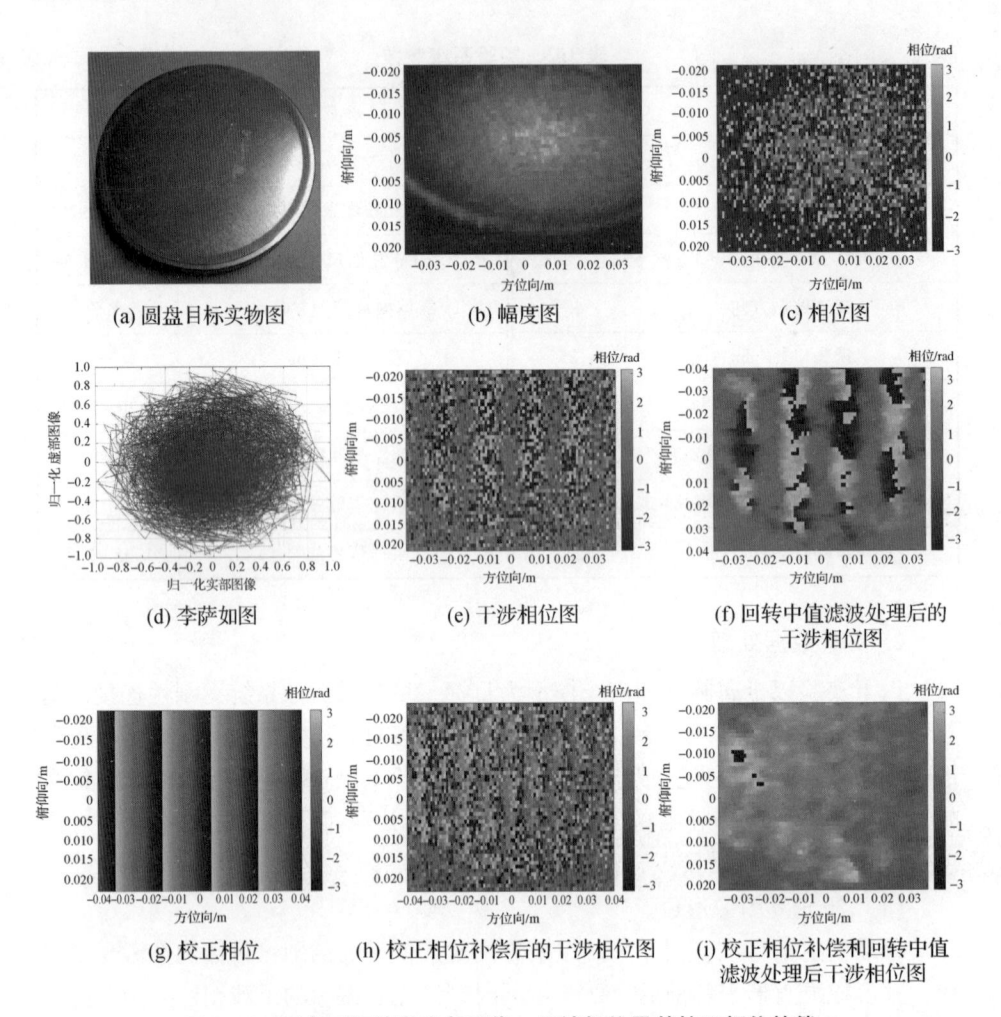

(g) 校正相位　　(h) 校正相位补偿后的干涉相位图　　(i) 校正相位补偿和回转中值滤波处理后干涉相位图

图 3.34　圆盘目标的激光复图像、干涉相位及其校正相位补偿

李萨如图；由于实验系统与目标的非刚性连接产生相位误差，在不同时刻对静止汽车模型目标形成的 2 帧激光复图像干涉相位如图 3.35（d）所示，其中斜条纹的出现表明，即便目标静止，实验系统与目标非刚性连接也会导致激光复图像间的相位变化。

　　目标在方位向运动 1.1mm 前后形成激光复图像的干涉相位及其在俯仰向计算均值并经归一化和对数处理后的相位曲线如图 3.35（e）和图 3.35（f）所示，其中密集的干涉条纹数量与参数分析结果基本吻合，本文的激光复图像形成方法可有效体现目标的微小运动信息，这为阵列探测器 ISAL 成像提供了条件。

图 3.35（d）和图 3.35（e）所示干涉相位均根据归一化幅度图设置阈值处理。

(a) 幅度图

(b) 相位图

(c) 李萨如图

(d) 静止汽车模型目标激光复图像干涉相位

(e) "走-停"汽车模型目标激光复图像干涉相位

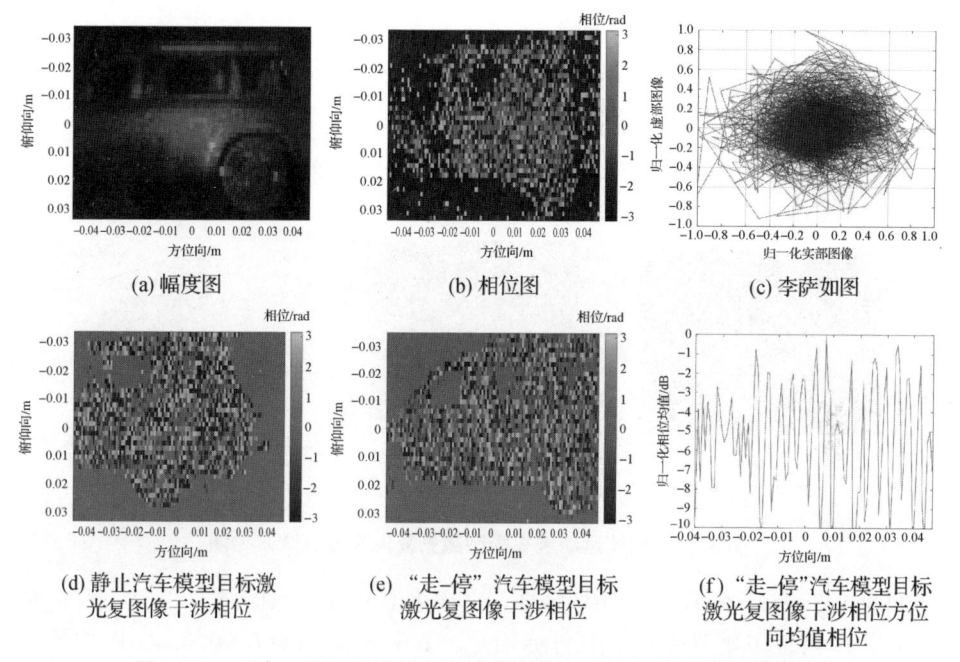

(f) "走-停"汽车模型目标激光复图像干涉相位方位向均值相位

图 3.35 "走-停"汽车模型激光复图像、李萨如图以及干涉相位

通过直接阵列探测器在目标连续运动过程中采集多帧全息图，并单独采集激光本振强度图像，结合 3.2.4 节激光复图像形成方法和激光回波信号强度图像估计方向，可构造连续运动目标的激光复图像。式（3.38）所示全息图相减项对应空间采样信号的中值滤波处理结果如图 3.36（a）所示，通过设置阈值可构造如图 3.36（b）所示激光回波信号强度图像滤波器。由此可根据全息图估计激光回波信号强度图像，并形成如图 3.36（c）~图 3.36（e）所示连续运动目标的激光复图像。由图 3.36（e）（李萨如图）可见，该激光复图像的实部和虚部具有良好的正交性。

（2）"走-停"目标成像处理。

由于激光本振光斑未能完全覆盖直接阵列探测器，激光复图像构造过程前截取了光斑范围内的图像，其像元规模为 80×140，当目标距离为 1.5m 时，成像系统对应视场为 $0.069\text{m} \times 0.12\text{m}$，像元角分辨率和衍射极限对应图像分辨率分别为 0.857mm 和 0.113mm。

短波相机拍摄的"走-停"目标图像及其点目标切片如图 3.37（a）和图 3.37（b）所示，该图像由直接阵列探测器采集，不包含相位信息，其分辨

141

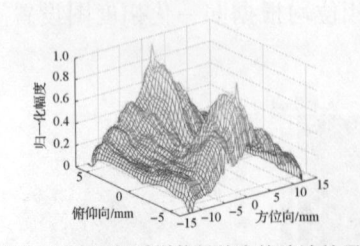

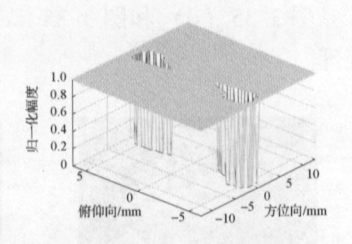

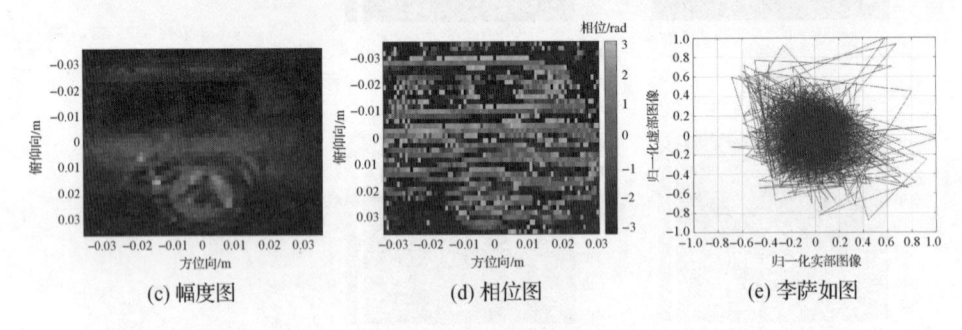

(a) 相减项对应空间采样信号的中值滤波处理结果 (b) 激光回波信号强度图像滤波器

(c) 幅度图 (d) 相位图 (e) 李萨如图

图 3.36　连续运动汽车模型激光复图像及其李萨如图

率约为 1.33mm，图像熵为 10.4873，对比度 0.4549。图 3.37（c）~图 3.37（e）为单帧激光复图像及其点目标切片，其分辨率约为 0.907mm，图像熵为 9.3469，对比度为 1.2877。

目标向 X 轴负方向步进运动，在此过程中形成 7 帧激光复图像，其阵列探测器 ISAL 成像结果及其点目标切片如图 3.37（f）~图 3.37（h）所示。由于目前实验在近场条件下开展，根据激光复图像幅度图和目标运动参数估计方法可获得目标运动距离等信息，依次通过图像插值和配准处理可知，7 帧图像间目标的运动距离分别约为 1.8mm、2.5mm、4.1mm、1.4mm、2.5mm 和 2mm，空间采样信号根据目标运动参数搬移，与单帧激光复图像相比，成像分辨率可提高 10.5 倍，经 PGA 处理后，实际成像结果分辨率约为 0.06mm，图像熵为 9.1141，对比度为 1.3892。

成像结果的空间采样信号稀疏将导致图像旁瓣增大，为减小图像旁瓣的影响，图 3.37（i）~图 3.37（k）将每帧激光复图像对应空间采样信号连续排布，在避免空间采样信号稀疏的同时，也将成像结果的分辨率提高倍数减小至 6。经图 3.37（m）所示 PGA 相位补偿处理的成像结果如图 3.37（l）~图 3.37（n）所示，此时成像结果的分辨率约为 0.11mm，图像熵为 9.0983，对比度为 1.3918，旁瓣抑制处理可进一步将图像对比度提升至 2.0413。

第 3 章 阵列探测器激光成像

(a) 直接阵列探测器采集图像　　(b) 直接阵列探测器采集图像的点目标切片

(c) 形成的单帧激光复图像幅度图　(d) 形成的单帧激光复图像对应空间采样信号　(e) 形成的单帧激光复图像点目标切片

(f) 稀疏条件下的阵列探测器ISAL成像结果幅度图　(g) 稀疏条件下的阵列探测器ISAL成像结果对应空间采样信号　(h) 稀疏条件下的阵列探测器ISAL成像结果点目标切片

(i) PGA处理前非稀疏条件下的阵列探测器ISAL成像结果幅度图　(j) PGA处理前非稀疏条件下的阵列探测器ISAL成像结果对应空间采样信号　(k) PGA处理前非稀疏条件下的阵列探测器ISAL成像结果点目标切片

(l) PGA处理后非稀疏条件下的阵列探测器ISAL成像结果幅度图　(m) PGA补偿相位　(n) PGA处理后非稀疏条件下的阵列探测器ISAL成像结果点目标切片

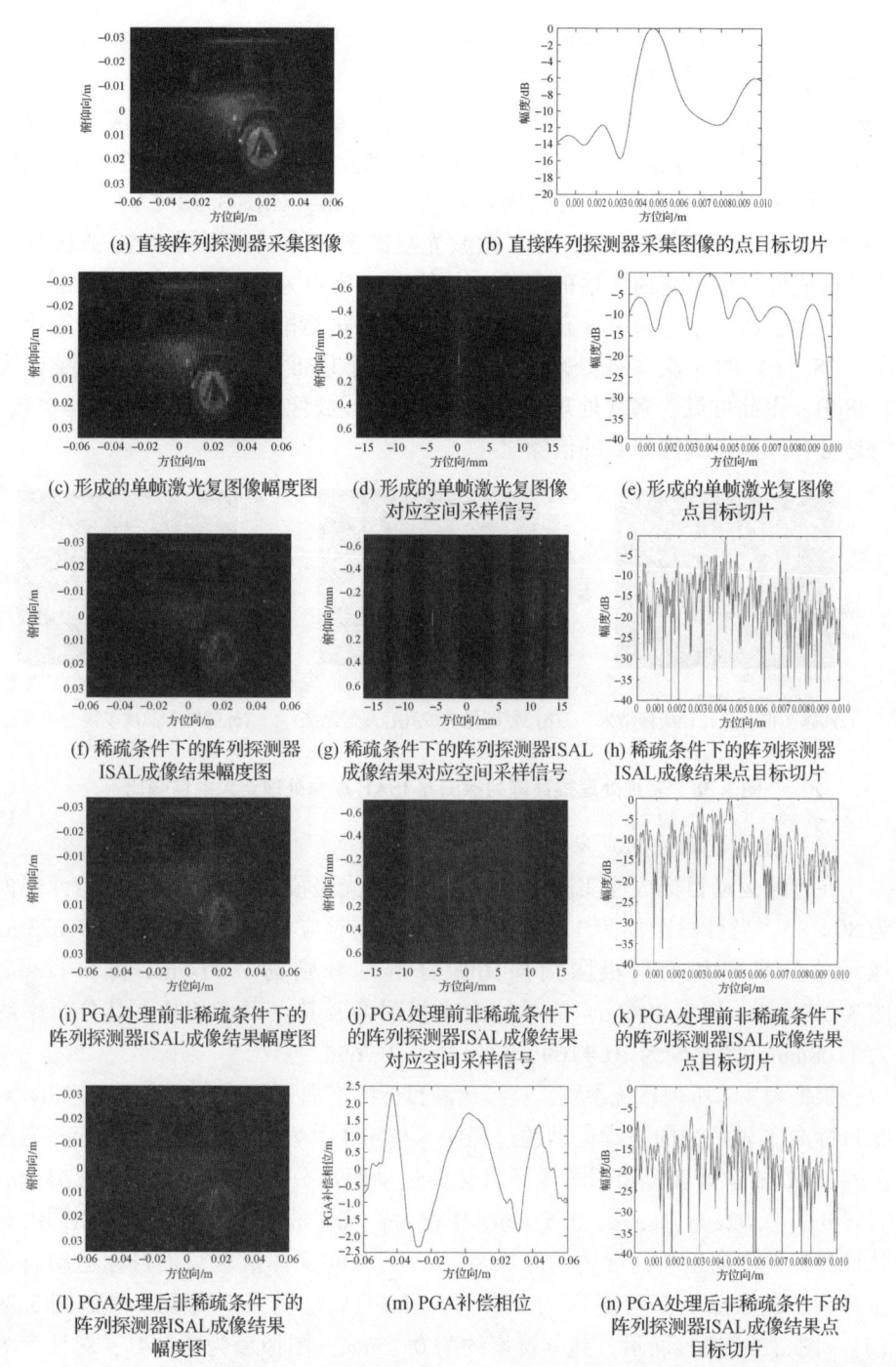

图 3.37　"走－停"目标的直接阵列探测器采集图像、单帧激光复图像与阵列探测器 ISAL 成像结果

为验证多视对图像信噪比的提升作用，对9帧的激光复图像进行处理，帧间目标的运动距离分别约为1.13mm、1.1mm、1.5mm、0.6mm、1mm、1mm、0.9mm和0.9mm。当空间采样信号根据目标运动参数搬移时，合成孔径成像结果对应空间采样信号不稀疏。基于9帧激光复图像的阵列探测器ISAL成像结果如图3.38（a）所示，其信噪比约为-4.2dB；如图3.38（b）所示，将9帧激光复图像划分为3组，每3帧激光复图像经阵列探测器ISAL成像处理均可形成分辨率提高约3倍的图像，其信噪比分别为-0.62dB、-2.08dB和-3.53dB；将3个分辨率3倍提高的成像结果进行非相干加处理，可等效为图3.38（a）的3次多视处理，处理结果如图3.38（c）所示，其信噪比为2.48dB。由此可见，多视处理虽然降低了ISAL成像结果的分辨率提高倍数，但是可有效提高成像结果的信噪比。

(a) 9帧图像合成孔径成像结果　　(b) 3帧图像合成孔径成像结果　　(c) 9帧图像3次多视合成孔径成像结果

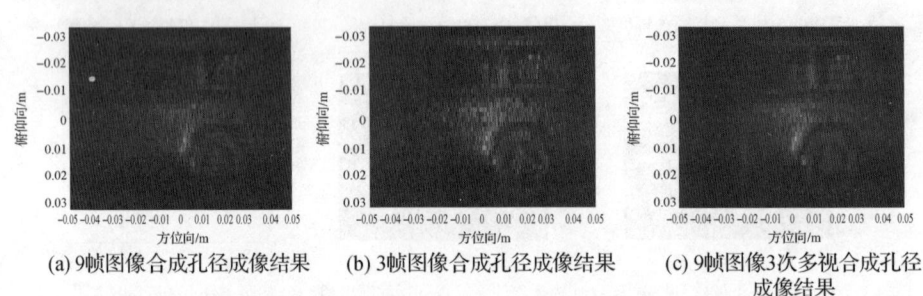

图 3.38　多视处理提高阵列探测器 ISAL 成像处理结果的信噪比

（3）连续运动目标成像处理。

在连续运动目标成像实验中，激光本振的光斑覆盖阵列探测器的像元规模为80×80，当目标距离为1.6m时，成像系统对应视场为0.073m×0.073m，像元角分辨率和衍射极限对应图像分辨率分别为0.914mm和0.12mm。图3.39（a）~图3.39（c）为单帧激光复图像及其点目标切片，其分辨率约为1.08mm，图像熵为10.1169，对比度为0.7696。

根据表3.2所列系统参数，连续运动目标的横向运动速度需小于1.828m/s。在目标向X轴负方向连续运动的过程中，构造11帧激光复图像并进行阵列探测器ISAL成像处理，相邻图像间目标的运动距离分别为约0.4mm、0.55mm、0.55mm、0.92mm、1mm、0.57mm、0.65mm、0.7mm、0.9mm和1mm，由此估计目标的横向运动速度约为0.058m/s。当空间采样信号根据目标运动参数搬移时，成像分辨率可提高约6.3倍，经PGA处理后，成像结果如图3.39（d）~图3.39（h）所示，其分辨率约为0.15mm，图像熵为9.1141，对比度为1.3892，经旁瓣抑制处理，成像结果的对比度提升至1.6583。

(a) 单帧图像幅度图　　(b) 单帧图像对应空间采样信号　　(c) 单帧图像点目标切片

(d) 阵列探测器ISAL成像
结果幅度图
(e) 阵列探测器ISAL成像结果
对应空间采样信号
(f) 阵列探测器ISAL成像
结果点目标切片

(g) 旁瓣抑制处理后的阵列探测器
ISAL成像结果幅度图
(h) 旁瓣抑制处理后的阵列探测器
ISAL成像结果点目标切片

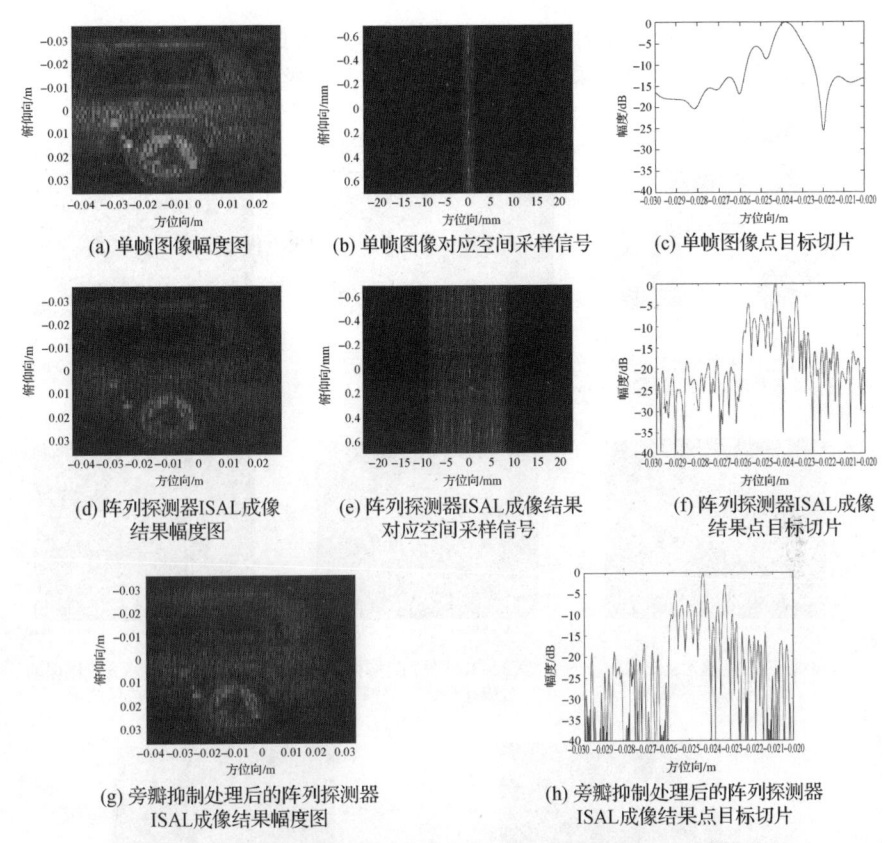

图 3.39　连续目标的单帧激光复图像与阵列探测器 ISAL 成像结果

若目标同时向 X 轴和 Y 轴负方向运动并穿过激光发射信号光斑，在汽车模型目标穿越光斑时的过程中，直接阵列探测器采集图像如图 3.40（a）所示。当 0.66s 内目标在方位向运动 0.0737m，在俯仰向运动 0.0579m 时，目标的横向运动速度约为 0.14m/s，整个汽车模型目标从头至尾穿过激光光斑，通过直接阵列探测器采集并形成 51 帧激光复图像，图 3.40（b）为 51 帧激光复图像经配准后的非相干叠加结果，其图像熵为 11.6910，对比度为 1.3468，该处理不改变图像分辨率。

若将复图像全部用于阵列探测器合成孔径成像，其对应的空间采样信号如图 3.40（c）所示，该空间采样信号高度稀疏。将第 1－10、11－21、22－32、33－43 和 44－51 帧激光复图像分别进行合成孔径成像处理，理论上可将图像分辨率提高约 10 倍。成像结果经非相干叠加后，可拼接形成如图 3.40（g）所示完整汽车模型目标图像，其图像熵为 11.6342，对比度为 1.3572。该图像经旁瓣抑制处理的结果如图 3.40（h）所示，其图像熵降低至 11.0639，对比度提高至

2.1875。由此可见，在收发视场有限的条件下，利用目标和成像系统的相对运动，通过对目标图像的连续采样，可实现大尺寸目标整体的高分辨率成像。

(a) 汽车模型目标穿越光斑时的直接阵列探测器采集图像

(b) 51帧激光复图像非相干加结果

(c) 51帧激光复图像对应空间采样信号

(d) 第1—10帧激光复图像的合成孔径成像结果

(e) 第22—32帧激光复图像的合成孔径成像结果

(f) 第44—51帧激光复图像的合成孔径成像结果

(g) 整个汽车模型目标ISAL成像结果

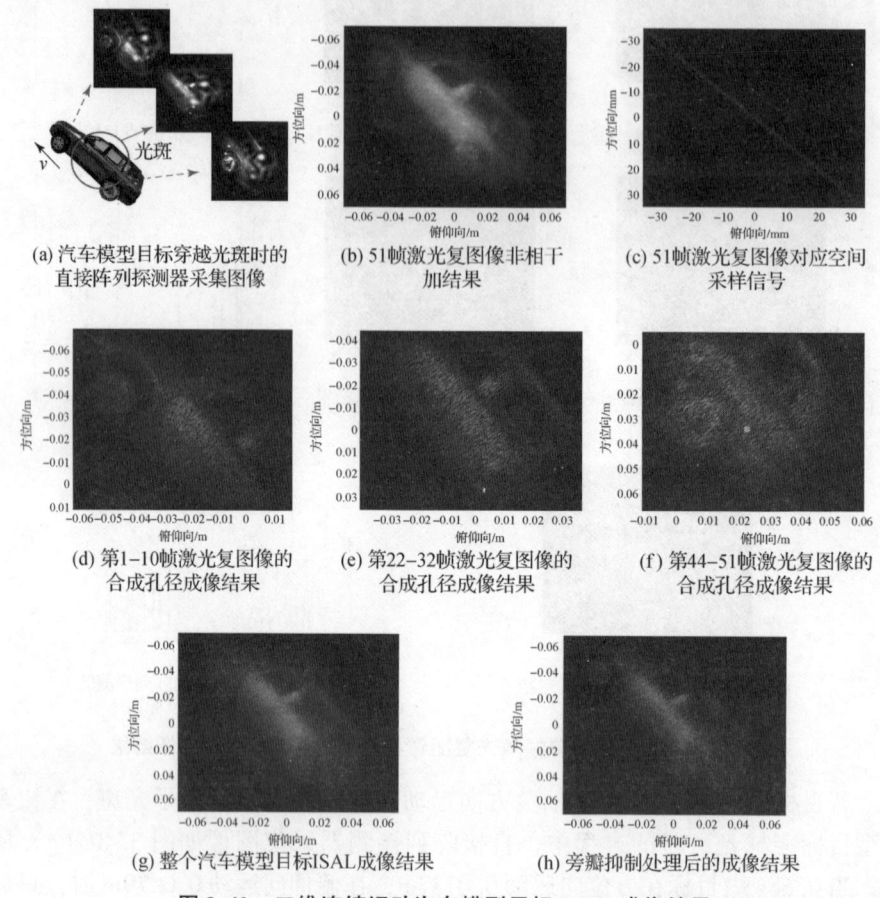

(h) 旁瓣抑制处理后的成像结果

图 3.40　二维连续运动汽车模型目标 ISAL 成像结果

由于实验条件的限制，本节目标二维方向连续运动实验在目标一维方向连续运动实验基础上开展，通过45°转动直接阵列探测器改变目标在图像中的运动方向，而激光本振的相位调制方向不变，因此全息图在行和列方向均进行了低通滤波和间隔1行/列的拆分处理，以构造激光复图像的实部和虚部。由于直接阵列探测器的45°转动不精确，激光本振在直接阵列探测器上的相位调制以及全息图拆分存在一定误差，由此导致目标二维连续运动实验中的阵列探测器 ISAL 成像结果的熵和对比度相比于非相干叠加结果没有明显优化。若目标二维连续运动实验使得目标在45°斜坡上连续运动，其阵列探测器合成孔径成像处理结果应能获得明显的分辨率提高与图像质量提升效果。

3.3 空间域稀疏采样 ISAL 成像

本节阵列探测器包括相干阵列探测器和激光本振直接阵列探测器，二者所采集的图像经处理均可形成激光复图像。

基于阵列探测器的 ISAL 成像在目标运动过程中采集多帧低分辨率复图像，对复图像进行傅里叶变换处理可形成其对应空间采样信号，根据目标运动参数分别计算其空间采样中心，并据此拼接多帧空间采样信号。当目标在 xy 平面上向 x 轴和 y 轴匀速横向运动或转动时，其空间采样中心位于空间采样平面的一条对角线上，这将导致 ISAL 成像形成的大范围空间采样信号稀疏，使得成像结果存在旁瓣较高等问题。

降低 ISAL 成像对应空间采样信号的稀疏率，以及抑制成像结果的旁瓣，本节以相干阵列探测器为例，分别在单次观测和重复观测条件下仿真相干阵列探测器 ISAL 成像旁瓣抑制处理，该处理在激光本振直接阵列探测器 ISAL 成像中同样适用。

3.3.1 基于单次观测的 ISAL 成像

在使用相干阵列探测器对模板进行短时间单次观测的条件下，合成孔径成像结果对应空间采样信号稀疏。本节将压缩感知（Compressed Sensing，CS）算法[51]和复数双重迹（Complex Dual Apodization，CDA）算法[52,53]相结合，可实现对成像结果的旁瓣抑制，其处理流程如下：

（1）对初始合成孔径激光成像结果，首先使用稀疏度为 K_1 的 CS 算法对其每行图像数据进行处理，然后使用稀疏度为 K_2 的 CS 算法对其每列图像数据进行处理；

（2）对初始合成孔径激光成像结果，首先使用稀疏度为 K_3 的 CS 算法对其每列图像数据进行处理，然后使用稀疏度为 K_4 的 CS 算法对其每行图像数据进行处理；

（3）对步骤（1）和（2）处理后的图像使用 CDA 算法，形成低旁瓣图像。

其中，K_1、K_4 和 K_2、K_3 分别为长度等于图像列数和行数的一维矩阵，其数值分别根据初始合成孔径激光成像结果归一化幅度图的 L_1、L_2、L_3 和 L_4 阈值设置计算可得。阈值的设置范围均为 $(0,1)$，以旁瓣抑制处理结果的图像熵最小、对比度最高为目标，通过最优化算法即可获得以上阈值和稀疏度的数值。

在阈值 L_1、L_2、L_3 和 L_4 分别设置为 0.25、0.3、0.25 和 0.4 的条件下，基于单次观测的阵列探测器合成孔径激光成像旁瓣抑制处理结果如图 3.41 所示，该处理将成像结果的图像熵由 10.2953 减小至 8.9714，对比度由 2.8017 提高至 8.2865。

(a) 旁瓣抑制前的图像

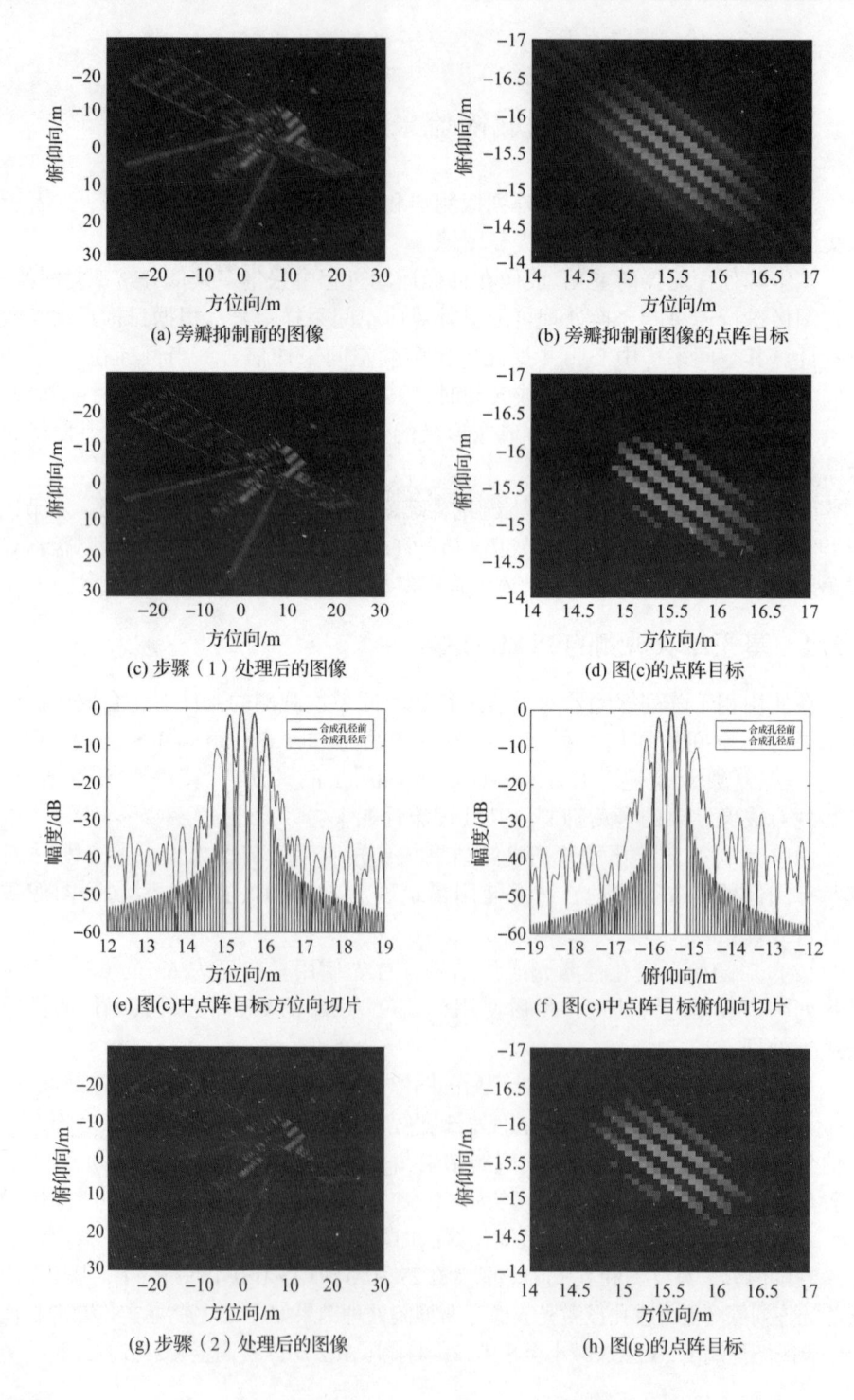

(b) 旁瓣抑制前图像的点阵目标

(c) 步骤（1）处理后的图像

(d) 图(c)的点阵目标

(e) 图(c)中点阵目标方位向切片

(f) 图(c)中点阵目标俯仰向切片

(g) 步骤（2）处理后的图像

(h) 图(g)的点阵目标

(i) 图(g)中点阵目标方位向切片

(j) 图(g)中点阵目标俯仰向切片

(k) 步骤(3)处理后的图像

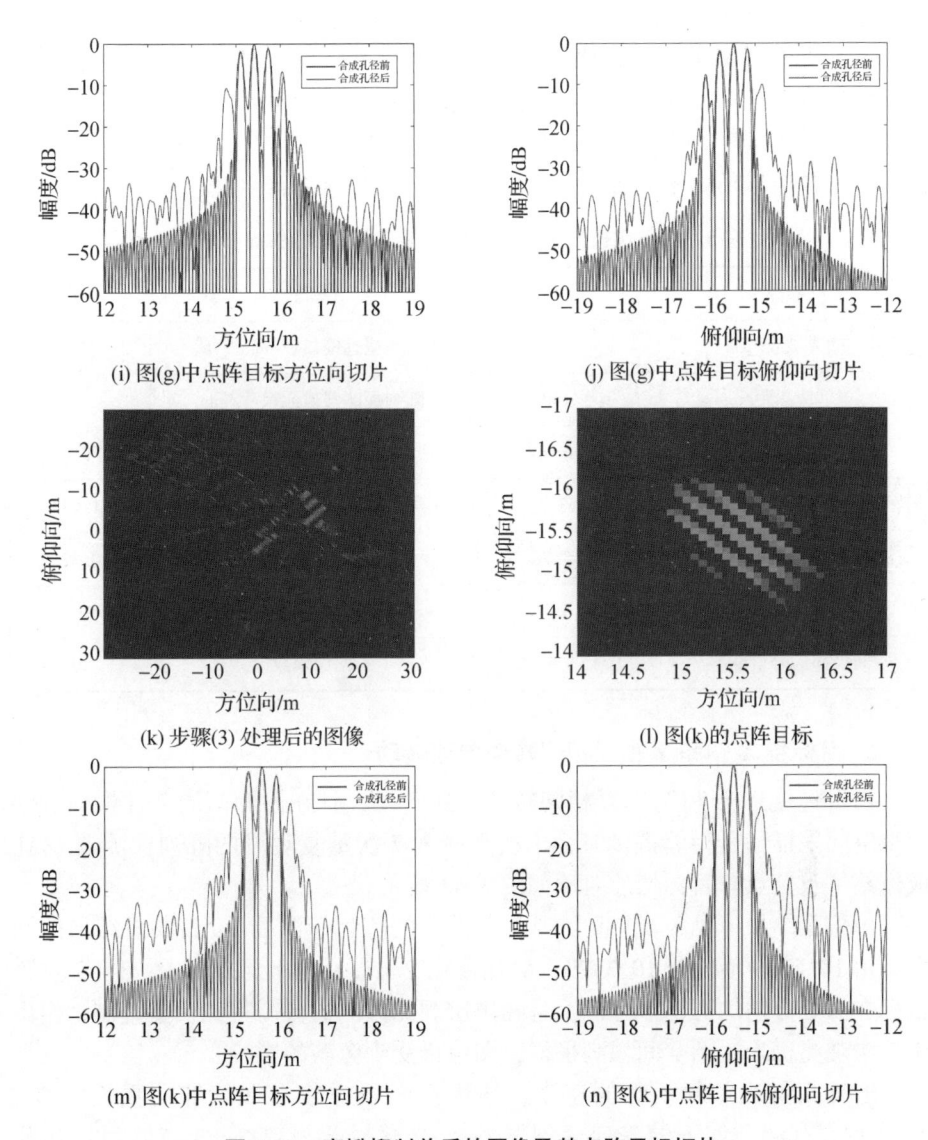

(l) 图(k)的点阵目标

(m) 图(k)中点阵目标方位向切片

(n) 图(k)中点阵目标俯仰向切片

图 3.41 旁瓣抑制前后的图像及其点阵目标切片

3.3.2 基于重复观测的 ISAL 成像

基于重复观测的阵列探测器 ISAL 成像旁瓣抑制通过加长观测时间，利用目标和成像系统的相对运动，减小大范围空间采样信号的稀疏率，由此降低成像结果的旁瓣。

在表 3.3 所列参数的基础上，设置目标为三维卫星目标以及间距 0.3m 的 3×3 点阵目标，并假设目标绕 X 轴（方位向）和 Y 轴（俯仰向）转动，同时目标和成像系统在 Y 轴方向存在周期性低速相对横向运动，以下分别仿真单次观测与 7 次重复观测的合成孔径成像结果，并分析通过长时重复观测方法降低空间采样信号稀疏率对合成孔径成像结果旁瓣的影响。

表 3.3 远场条件下的阵列探测器 ISAL 成像仿真参数

参数	数值	参数	数值
激光波长/μm	1.55	望远镜口径/mm	120
望远镜焦距/mm	150	阵列探测器像元尺寸/mm	8
阵列探测器像元规模	64×64	目标距离/km	20
阵列探测器像元角分辨率/μrad	53.3	阵列探测器单像元对应视场/m	1.07
成像系统衍射极限/μrad	15.76	成像系统衍射极限对应分辨率/m	0.32
目标帧间运动距离/mm	3.7	目标运动总距离/mm	181.3
空间采样信号重叠率/%	75	图像帧数	49

1. 目标绕 X 轴和 Y 轴以相同转速匀速转动

当目标绕 X 轴和 Y 轴以相同转速匀速转动，且在俯仰向周期性横向运动使得空间采样信号相邻拼接时，单次观测和 7 次重复观测的阵列探测器 ISAL 成像结果及其点阵目标切片对比如图 3.42 所示。

由仿真结果可见，7 次重复观测条件下的阵列探测器 ISAL 成像结果的图像熵由 10.5758 降低至 10.3779，对比度由 2.6719 提升至 2.9502，3×3 点阵目标在二维方向均可明显分辨，且在单次观测方向的旁瓣得到明显抑制，但由于 7 次观测仍未达到空间域满采样，图像仍受到旁瓣的影响。

若提高雷达重复观测的速率，使得空间采样信号在俯仰向重叠 75%，25 次重复观测条件下的阵列探测器 ISAL 成像结果及其 3×3 点阵目标切片如图 3.43 所示，此时阵列探测器 ISAL 成像结果的熵由 10.5758 减小至 10.0441，对比度由 2.6719 提高至 3.9518，空间采样信号在俯仰向的重叠使得成像结果的旁瓣进一步得到抑制。在此基础上使用 CS 和 CDA 对成像结果进行处理，可完全去除旁瓣对成像结果的影响，并使得图像熵为 9.5065，对比度为 7.5372。

第 3 章　阵列探测器激光成像

(a) 单次观测条件下的阵列探测器ISAL成像结果

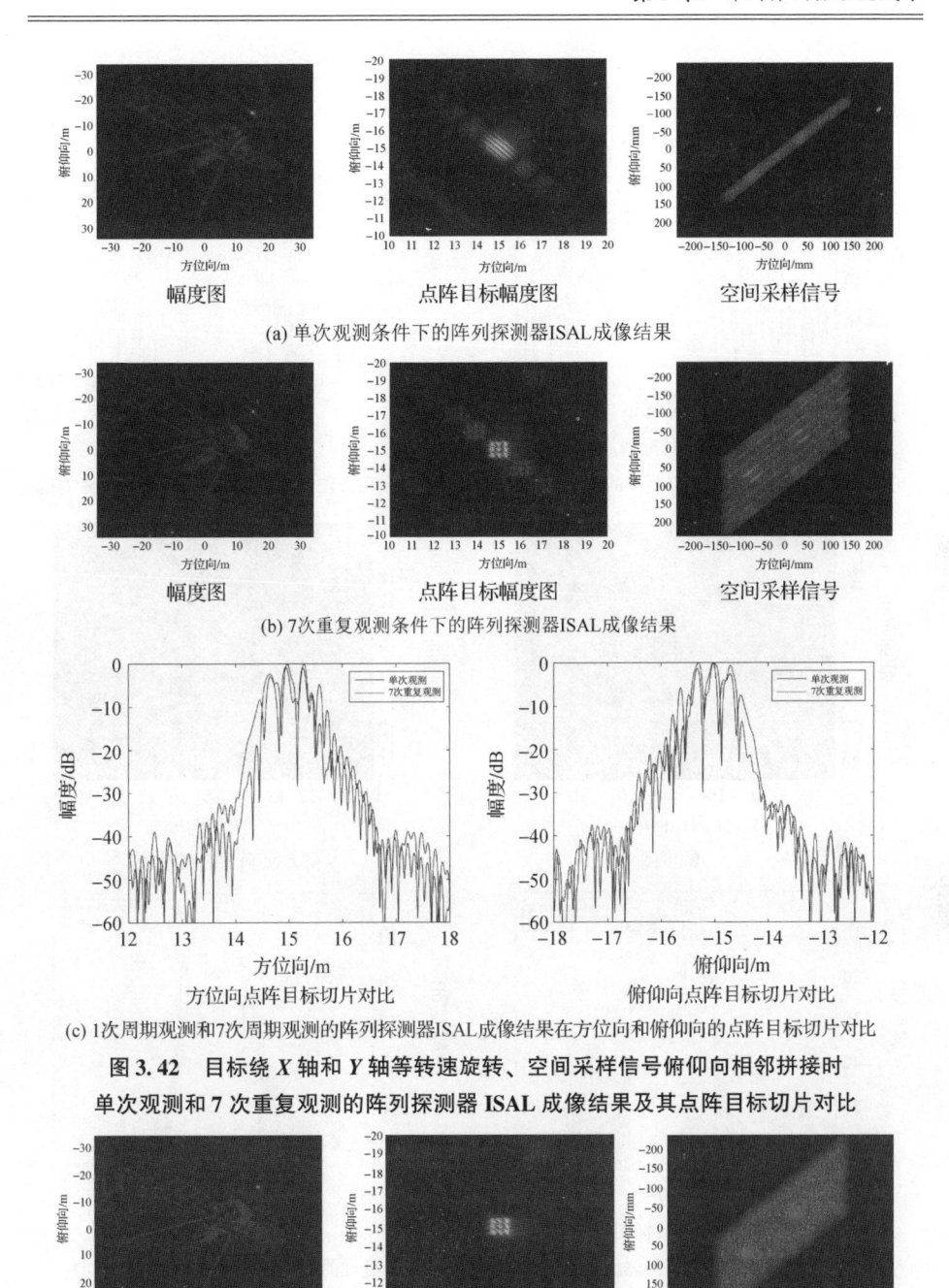

(b) 7次重复观测条件下的阵列探测器ISAL成像结果

方位向点阵目标切片对比　　俯仰向点阵目标切片对比

(c) 1次周期观测和7次周期观测的阵列探测器ISAL成像结果在方位向和俯仰向的点阵目标切片对比

图 3.42　目标绕 X 轴和 Y 轴等转速旋转、空间采样信号俯仰向相邻拼接时单次观测和 7 次重复观测的阵列探测器 ISAL 成像结果及其点阵目标切片对比

(a) 25次重复观测条件下的阵列探测器ISAL成像结果

151

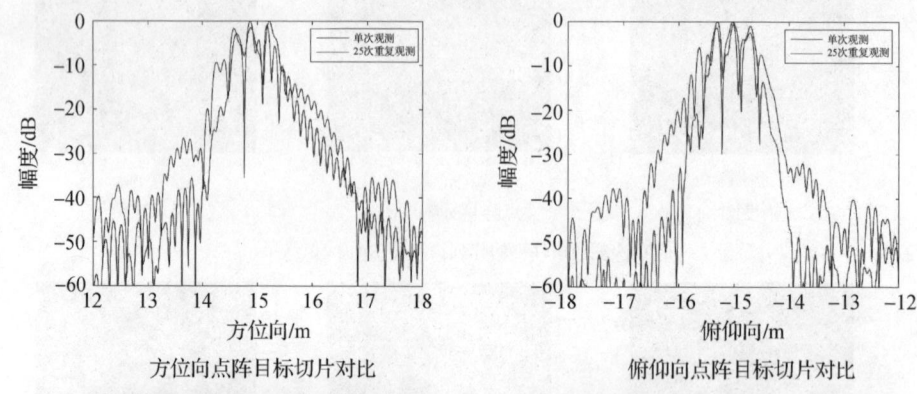

(b) 单次周期观测和25次重复观测的阵列探测器ISAL成像结果在方位向和俯仰向的点阵目标切片对比

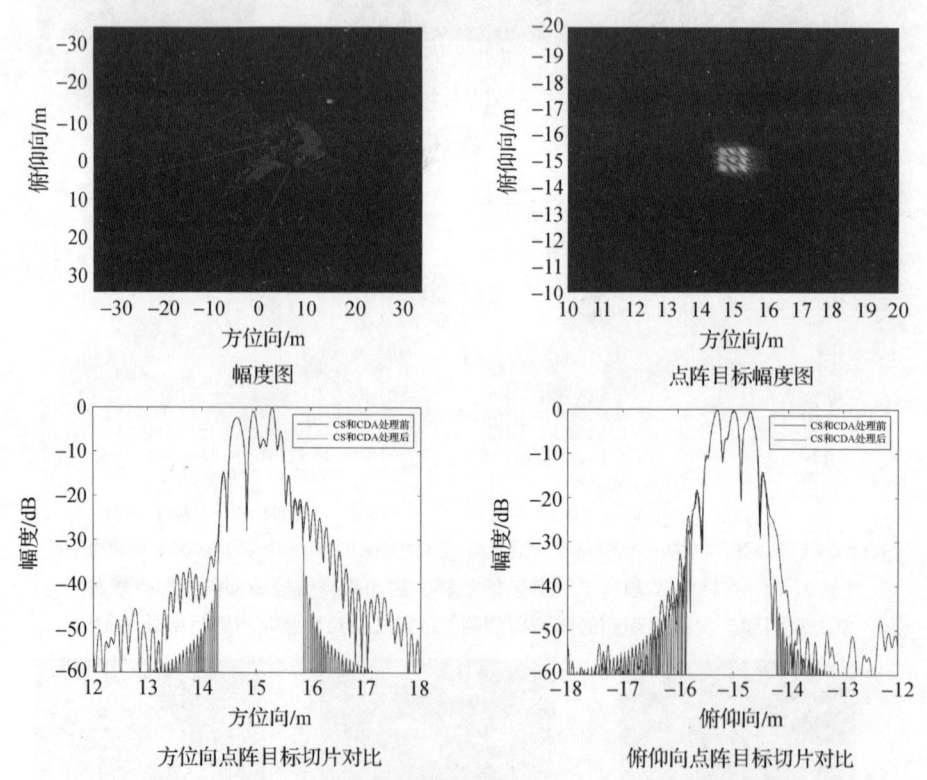

幅度图

点阵目标幅度图

(c) 25次重复观测的阵列探测器ISAL成像结果在CS和CDA处理前后的方位向和俯仰向点阵目标切片对比

图 3.43　目标绕 X 轴和 Y 轴等转速旋转、空间采样信号俯仰向重叠拼接时 25 次重复观测的阵列探测器 ISAL 成像结果及其 CS 和 CDA 处理结果

若目标在俯仰向的周期性横向运动速度较高，使得阵列探测器 ISAL 成像的空间采样信号在俯仰向稀疏拼接，7 次重复观测条件下的阵列探测器 ISAL 成像结果如图 3.44 所示。由合成孔径成像结果的方位向和俯仰向点阵目标切片对比可见，此时通过长时间观测仍可有效减小旁瓣的影响。

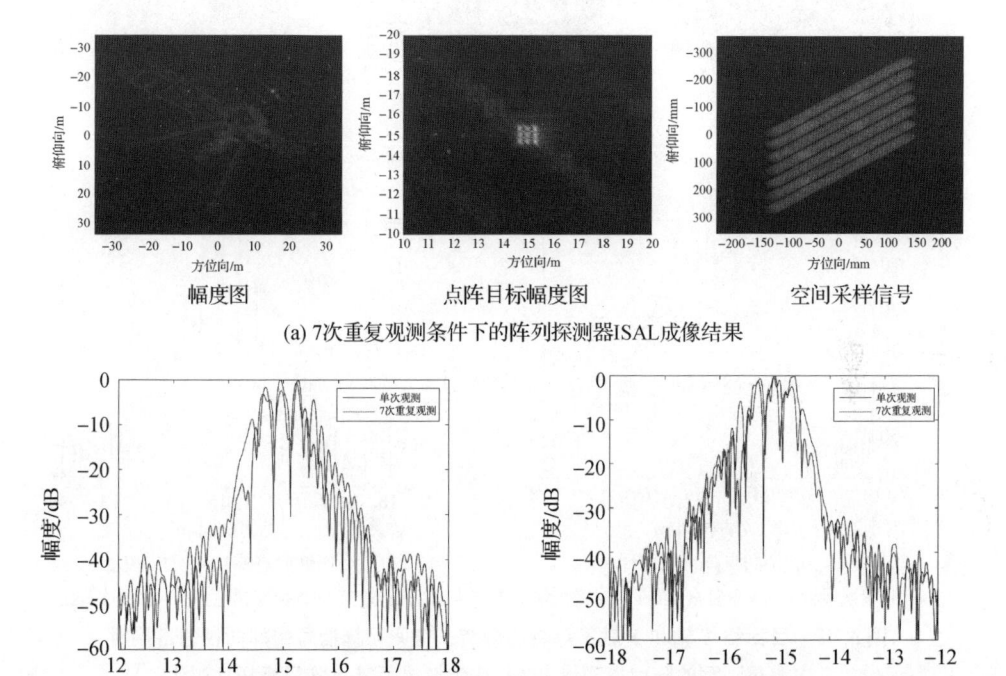

(a) 7次重复观测条件下的阵列探测器ISAL成像结果

方位向点阵目标切片对比　　　　　俯仰向点阵目标切片对比

(b) 单次周期观测和7次重复观测的阵列探测器ISAL成像结果在方位向和俯仰向的点阵目标切片对比

图 3.44　目标绕 X 轴和 Y 轴等转速旋转、空间采样信号俯仰稀疏拼接时 7 次重复观测的阵列探测器 ISAL 成像结果及其点阵目标切片对比

2. 目标绕 X 轴和 Y 轴以不同转速匀速转动

当目标绕 X 轴和 Y 轴以不同转速匀速转动，每个周期内的转速均不同，且在俯仰向周期性横向运动使得空间采样信号相邻拼接时，设 7 次重复观测的空间采样信号偏离对角线方向的角度分别为 0°、3°、-2°、-5°、-1°、4°和 -3°。此时阵列探测器 ISAL 成像结果及其点阵目标切片对比如图 3.45 所示。与单次观测的 ISAL 成像结果相比，7 次重复观测将图像熵由 10.5758 降低至 10.5119，对比度由 2.6719 提升至 2.8087，长时间观测仍对图像旁瓣有抑制作用。

(a) 7次重复观测条件下的阵列探测器ISAL成像结果

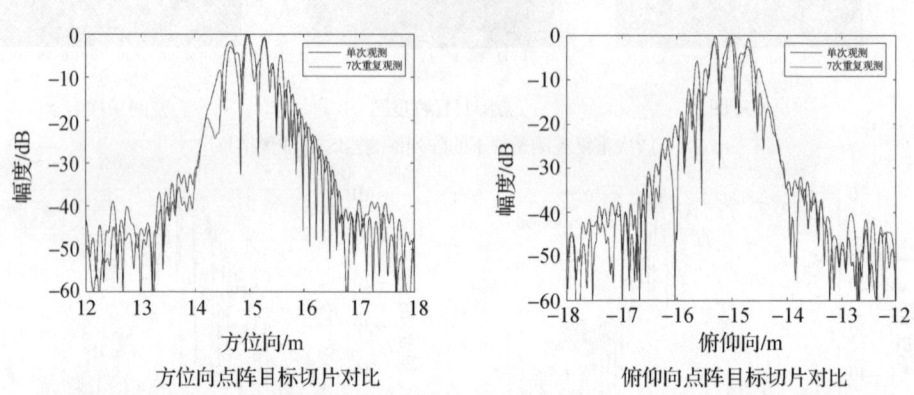

方位向点阵目标切片对比　　　　　　俯仰向点阵目标切片对比
(b) 单次观测和7次重复观测的阵列探测器ISAL成像结果在方位向和俯仰向的点阵目标切片对比

图 3.45　目标绕 X 轴和 Y 轴不等转速旋转、空间采样信号俯仰向相邻拼接时7 次重复观测的阵列探测器 ISAL 成像结果及其点阵目标切片对比

当长时重复观测条件下的阵列探测器 ISAL 成像对应空间采样信号在俯仰向稀疏排布时，其成像结果如图 3.46 所示。由仿真结果可见，当空间采样信号在 Y 轴方向稀疏排布时，基于长时间观测的阵列探测器 ISAL 成像结果的旁瓣仍得到抑制，但图像在俯仰向有一定模糊问题，该问题可通过 PGA 解决。

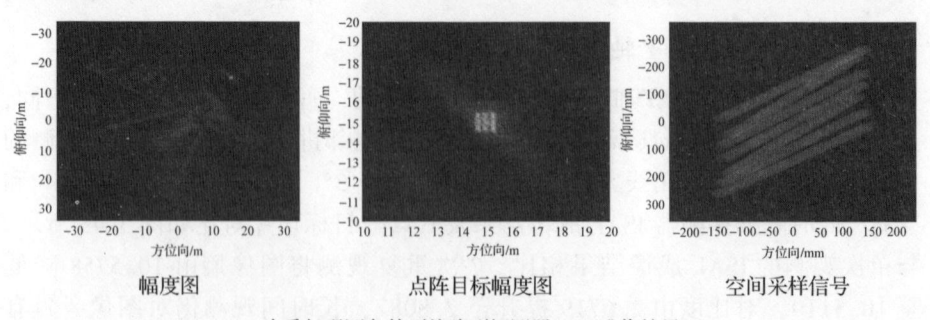

(a) 7次重复观测条件下的阵列探测器ISAL成像结果

(b) 单次观测和7次重复观测的阵列探测器ISAL成像结果在方位向和俯仰向的点阵目标切片对比

(c) 7次重复观测条件下的阵列探测器ISAL成像经PGA处理后的结果

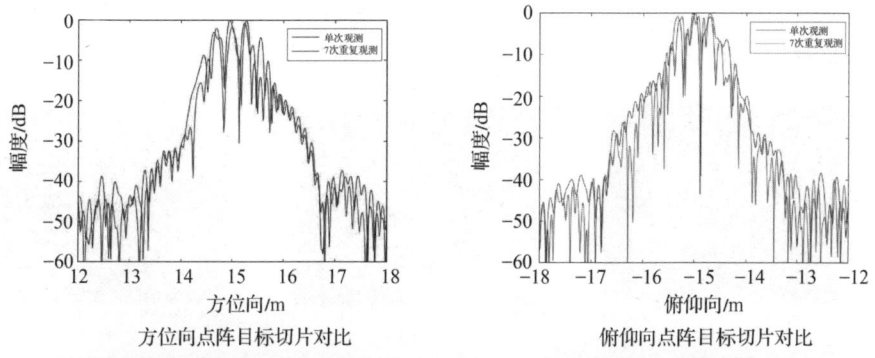

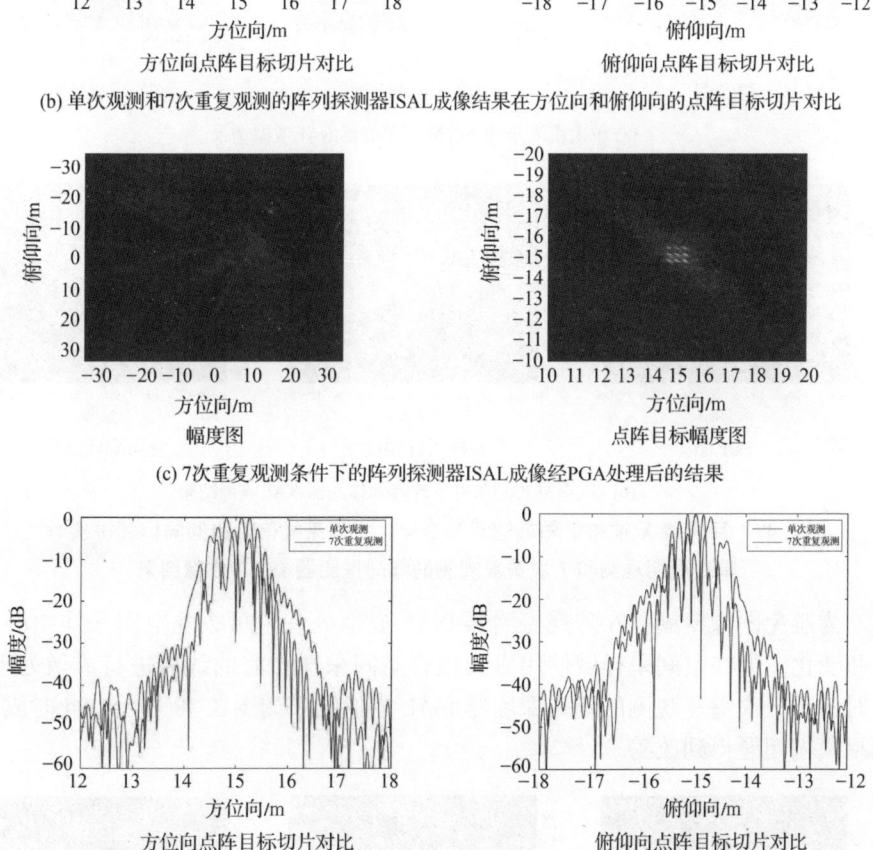

(d) 单次观测和经PGA处理后的7次重复观测的阵列探测器ISAL成像结果在方位向和俯仰向的点阵目标切片对比

图 3.46 目标绕 X 轴和 Y 轴不等速旋转、空间采样信号俯仰向稀疏拼接时 7 次重复观测的阵列探测器 ISAL 成像 PGA 处理结果及其点阵目标切片对比

3. 目标绕 X 轴和 Y 轴以正弦变化转速转动

当目标绕 X 轴和 Y 轴转动的角速度正弦变化时，设成像系统单次观测的时长为 4s，转速变化频率为 0.5Hz，幅度为 0.12μrad/s，基于单次观测和 7 次

重复观测的阵列探测器合成孔径激光成像结果如图 3.47 所示。由仿真结果可见，此时 7 次重复观测条件下的合成孔径激光成像结果模糊。

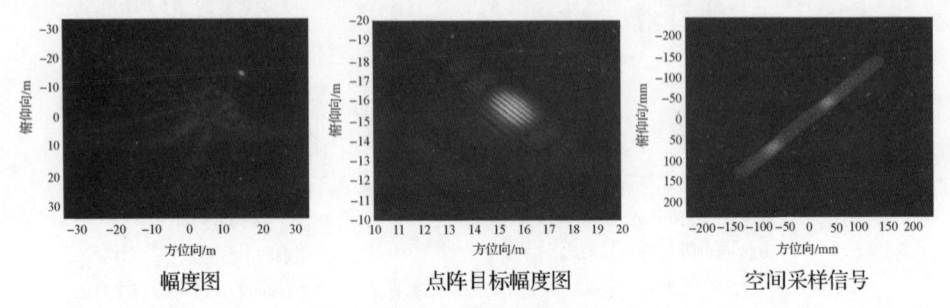

幅度图　　　　　点阵目标幅度图　　　　空间采样信号

(a) 单次观测条件下的阵列探测器ISAL成像结果

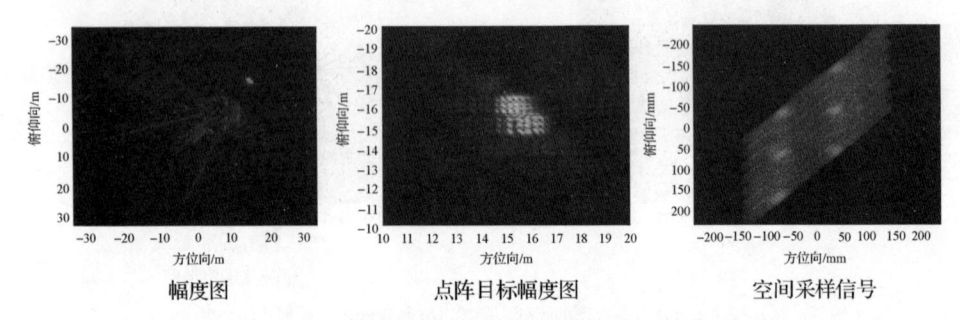

幅度图　　　　　点阵目标幅度图　　　　空间采样信号

(b) 7次重复观测条件下的阵列探测器ISAL成像结果

图 3.47　目标绕 X 轴和 Y 轴转速正弦变化、空间采样信号俯仰向相邻拼接时单次周期观测和 7 次重复观测的阵列探测器 ISAL 成像结果

为避免图像模糊，在阵列探测器 ISAL 成像处理中可去除空间采样中心的正弦变化，即在空间采样域使用直线拟合空间采样中心曲线后进行成像处理，此时基于 7 次重复观测的阵列探测器 ISAL 成像结果如图 3.48 所示，此时成像结果模糊问题得到改善。

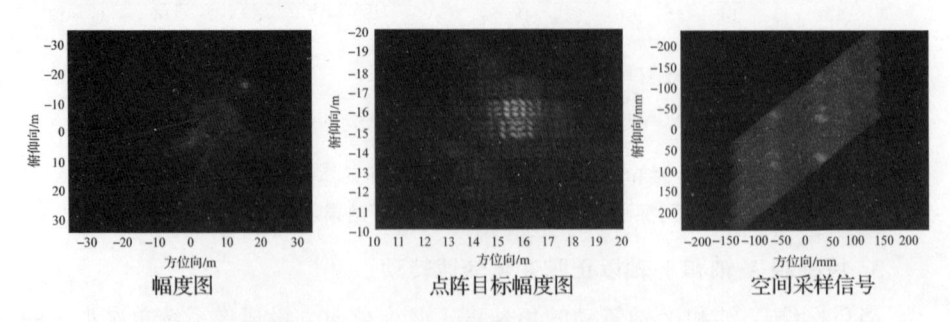

幅度图　　　　　点阵目标幅度图　　　　空间采样信号

(a) 7次重复观测条件下的阵列探测器ISAL成像结果

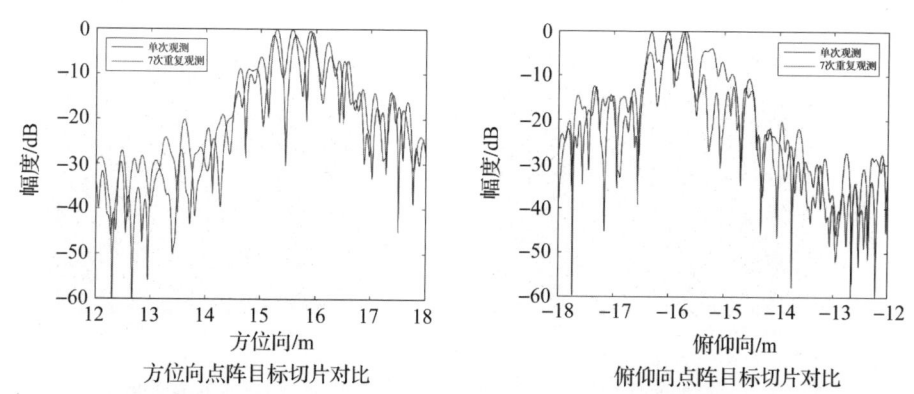

(b) 单次观测和7次重复观测的阵列探测器ISAL成像结果在方位向和俯仰向的点阵目标切片对比

图 3.48　目标绕 X 轴和 Y 轴转速正弦变化、直线拟合空间采样中心变化、空间采样信号俯仰向相邻拼接时 7 次重复观测的阵列探测器 ISAL 成像结果及其点阵目标切片对比

在激光复图像的空间采样中心投影至空间域拟合直线的基础上，进一步降低目标和成像系统在 Y 方向的周期性相对横向平动速度或提高成像系统的重复观测频率，使得相邻 2 次重复观测形成的空间采样信号在 Y 方向的重叠率达到 50%，7 次重复观测条件下的合成孔径激光成像结果如图 3.49 所示。

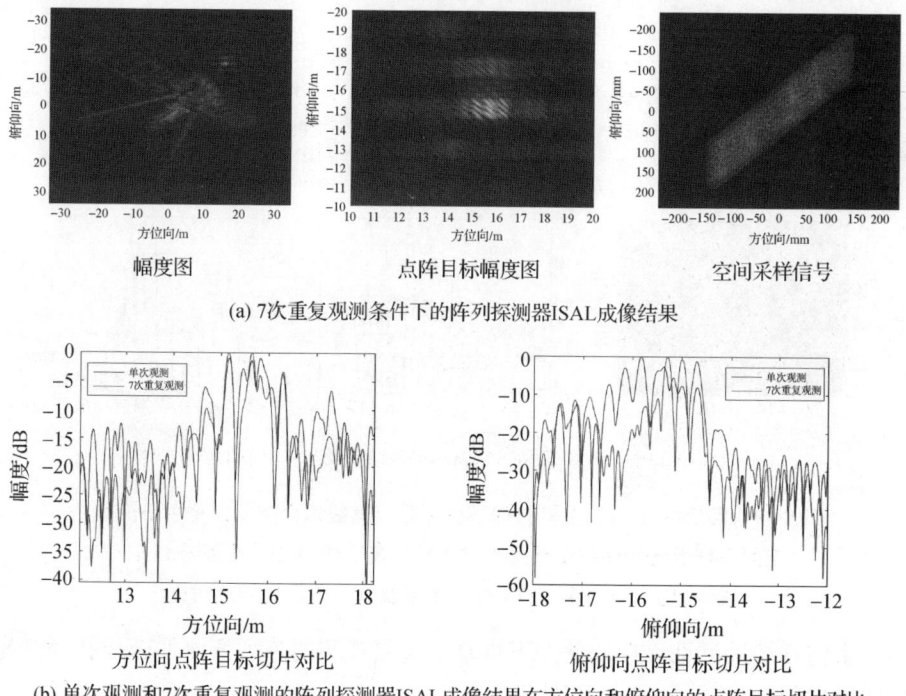

(a) 7次重复观测条件下的阵列探测器ISAL成像结果

(b) 单次观测和7次重复观测的阵列探测器ISAL成像结果在方位向和俯仰向的点阵目标切片对比

(c) 7次重复观测条件下阵列探测器ISAL成像经PGA处理后的结果

(d) 单次周期观测和经PGA处理后的7次重复观测的阵列探测器ISAL成像结果在方位向和俯仰向的点阵目标切片对比

(e) 图(c)中点阵目标的CS和CDA处理结果及其X方向和Y方向切片

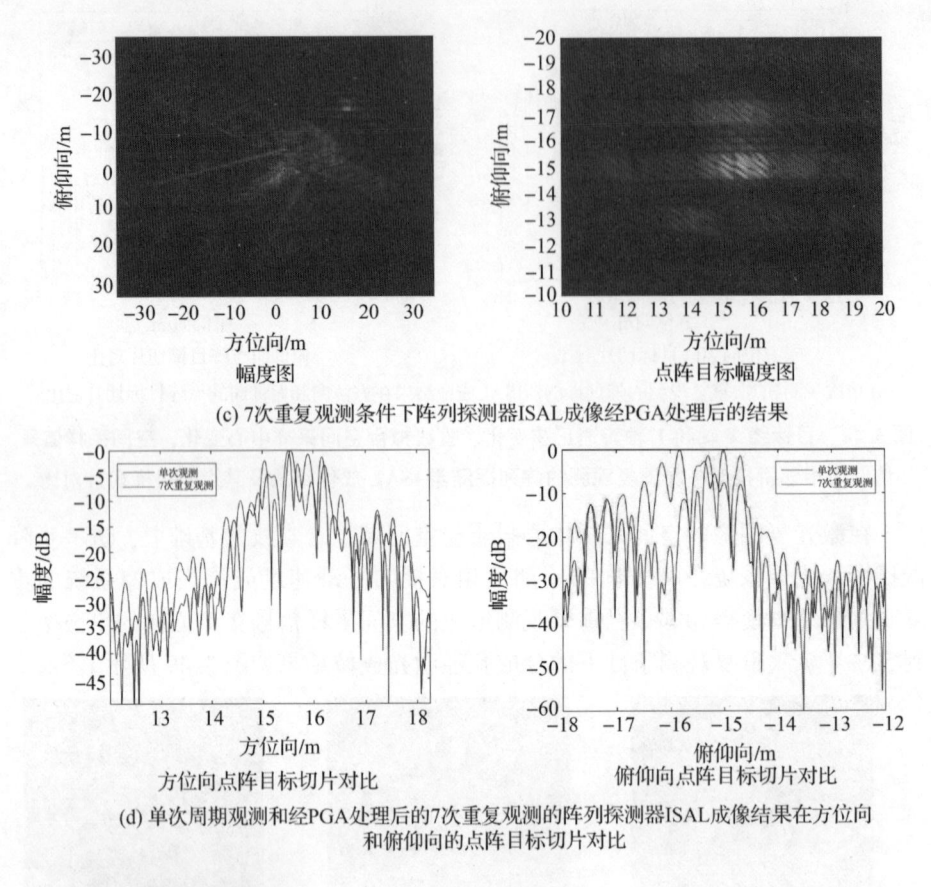

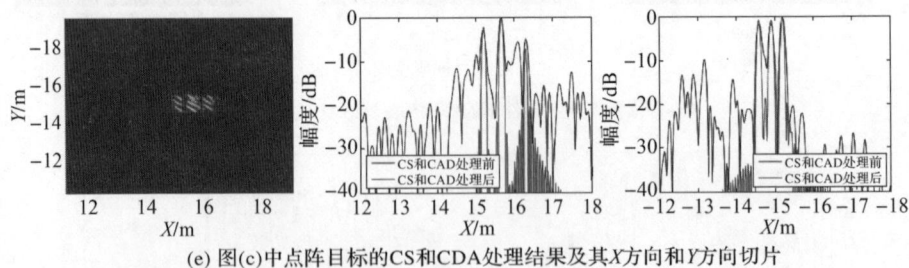

图 3.49　目标绕 X 轴和 Y 轴转速正弦变化、直线拟合空间采样中心变化、空间采样信号俯仰向重叠拼接时 7 次重复观测的阵列探测器 ISAL 成像 PGA、CS 和 CDA 处理结果及其点阵目标切片对比

由仿真结果可见,在此条件下将基于重复观测的阵列探测器合成孔径激光成像处理与 PGA、CS 和 CDA 处理相结合,可实现对目标的高分辨率成像,同

时有效提升了图像质量，使得阵列探测器合成孔径激光成像方法在实际条件下具有应用价值。

3.4　子镜结构激光合成孔径成像和验证实验

3.4.1　子镜结构实验样机

为验证相干探测光学合成孔径成像原理，基于空间光路混频和直接阵列探测器，搭建了实验样机。

该系统采用3个70 mm口径、最大焦距780mm的望远镜拼接而成，子镜间距为300 mm，短波探测器型号选为Bobcat 320 Series，其规模为320×256，像元尺寸20 μm，在150 m处的像元分辨率约为6mm。发射光学系统由一个口径为15mm的扩束光纤准直器和波长为1550nm、功率为30mW的激光器组成。

原理样机的系统框图如图3.50所示，三个接收通道的组成完全一致，由接收子镜、反射镜、消偏振分光棱镜（Non-polarizing Beam Splitters, NPBS）、四分之一波片（Quarter Wave Plate, QWP）、偏振片和阵列探测器构成。放置在阵列探测器前的NPBS用于将激光回波信号与调制后的激光本振信号实现空间光路混频，偏振片与QWP用于保证激光本振的光强和偏振态一致。激光信号源输出两路同源激光信号，一路用于产生激光发射信号，另一路送至反射式SLM以形成用于重构复数图像的正交相位调制激光本振信号。

原理样机的工作流程为：信号发生器输出同步电信号至阵列探测器以保证3个阵列探测器进行同步采样。激光发射信号照射到目标表面并反射回接收子镜，各子镜将激光回波信号聚焦在阵列探测器光敏面。此时，激光回波信号与调制后的激光本振信号经空间光路混频和光电转换，生成的回波图像经采样后输出至计算机模块进行相位误差补偿和合成孔径成像处理。

3.4.2　成像方法和处理结果

本节给出了相干合成孔径成像方法，三子镜采用正三角布局，原理上可将方位向分辨率和俯仰向分辨率均提升一倍。其数据流程的具体步骤如下。

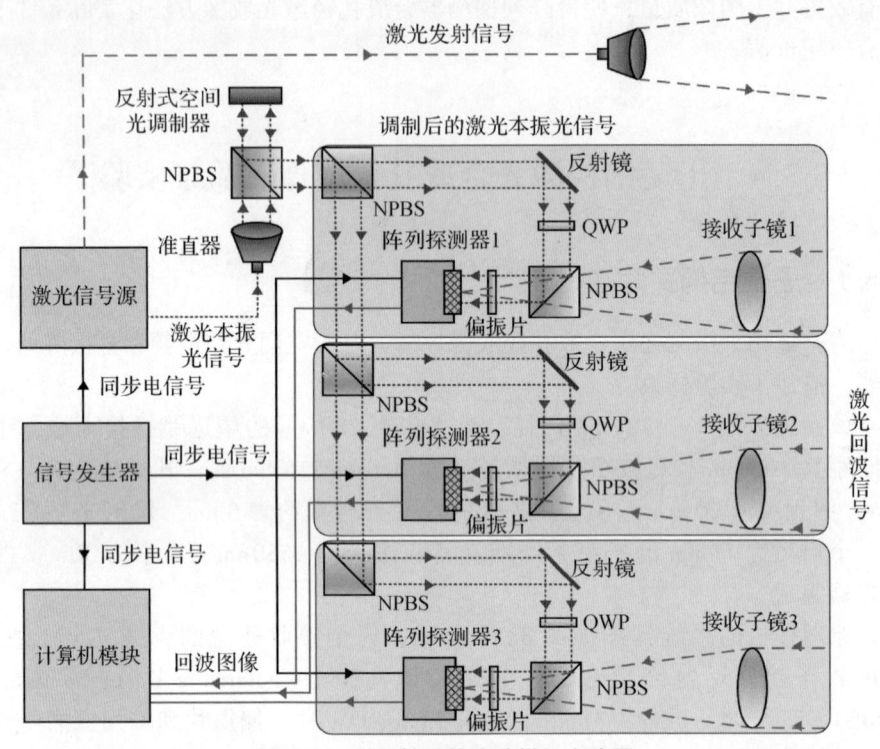

图 3.50　三子镜结构实验样机光路图

（1）基于正交相位调制的激光本振信号和空间光路混频方式，采用 3.2 节中的复数图像形成方法，获取每个子镜对应的重构的回波信号的复数图像。需要特别说明的是，该复数图像形成方法通过对阵列探测器各像元在俯仰向拆分并进行 0°和 90°调制，从而形成 I/Q 两路回波信号，这也同时导致成像结果的俯仰向分辨率比方位向分辨率降低了 4 倍。

（2）对回波信号的复数图像进行插值处理以提升各子镜图像的配准精度，再对插值后的复数图像进行方位向和俯仰向配准（等效完成子镜间的共焦处理），此后进行滤波处理以滤除干扰，得到空间域下的滤波后的复数图像。

（3）对滤波后的复数图像进行傅里叶变换，得到 3 子镜对应的光瞳信号，根据 3 子镜口径的几何关系将 3 子镜的光瞳信号在光瞳域中对应放置，对此时的光瞳信号进行傅里叶逆变换得到复数图像并补偿估计的子镜间相位误差。

（4）对补偿后的复数图像进行傅里叶变换，再将 3 子镜的光瞳信号在光瞳域做相邻拼接（将 3 子镜的光瞳信号平移至相邻位置后做相干累加），再对拼接后的光瞳信号进行傅里叶逆变换即可得到合成孔径后的复数图像。

（5）对各子镜的复数图像进行分区，对各区的信号逐区估计相位误差，再将估计的相位误差补偿进步骤（3）中每个子镜的复数图像中。

（6）重复步骤（4）和步骤（5），直至相位误差估计环节完毕得到相位误差补偿后的合成孔径复数图像。相位误差估计环节完毕的判定标准为：通过相位误差补偿，使多子镜形成的合成孔径复数图像的熵最小、对比度最大，同时使对点目标合成孔径成像的分辨率接近最高。

1. 像面相位误差估计

实验采用的目标如图 3.51 所示，材质为 3M 反光贴纸，模拟靶标中的点目标尺寸为 3mm，小线对尺寸为 6mm，大线对尺寸为 12mm，实验系统在 150m 处对应的像元分辨率约为 6mm。

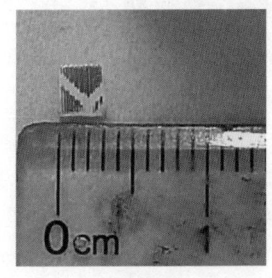

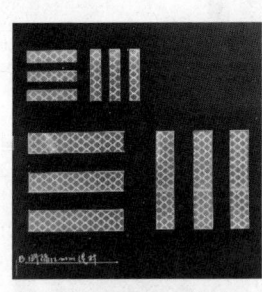

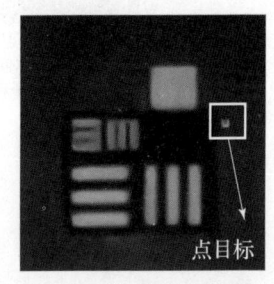

(a) 点目标　　(b) 线对目标　　(c) 135m 处相机拍摄的照片

图 3.51　点/线对目标模拟靶标照片以及 135m 处可见光相机照片

对重构的目标复图像进行插值处理，并进行方位向和俯仰向配准。再将配准后的复图像的频谱进行滤波处理得到空间域下的滤波后的复图像如下图所示。

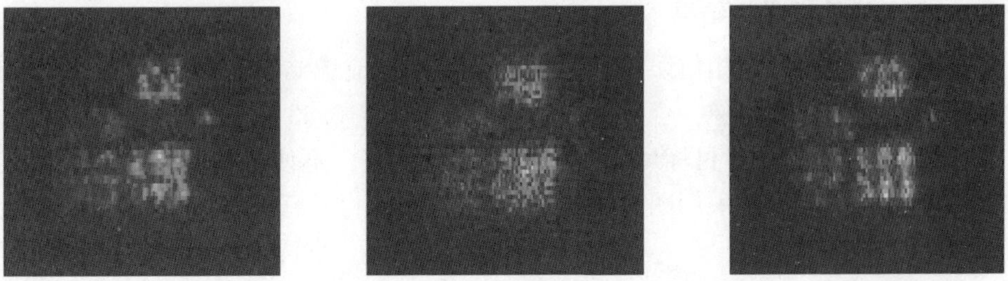

（a）左子镜　　（b）右子镜　　（c）上子镜

图 3.52　三子镜线对目标激光复图像幅度图

此时在 150m 处子镜复图像分辨率约为 6mm（方位）×24mm（俯仰），将每个子镜对应的复图像频谱按照子镜间几何位置的对应关系在光瞳域做相邻拼接实现合成孔径，经合成孔径处理后分辨率应可达到 3mm（方位）×12mm（俯仰）。

基于上述参数和复数图像,对子镜间像面相位误差进行估计,以使得补入该相位误差后合成孔径图像的熵最小且点目标分辨率最高,估计的像面相位误差如图 3.53 所示。可以看出,子镜间像面相位误差较大,需在合成孔径成像前实施像面相位误差补偿。

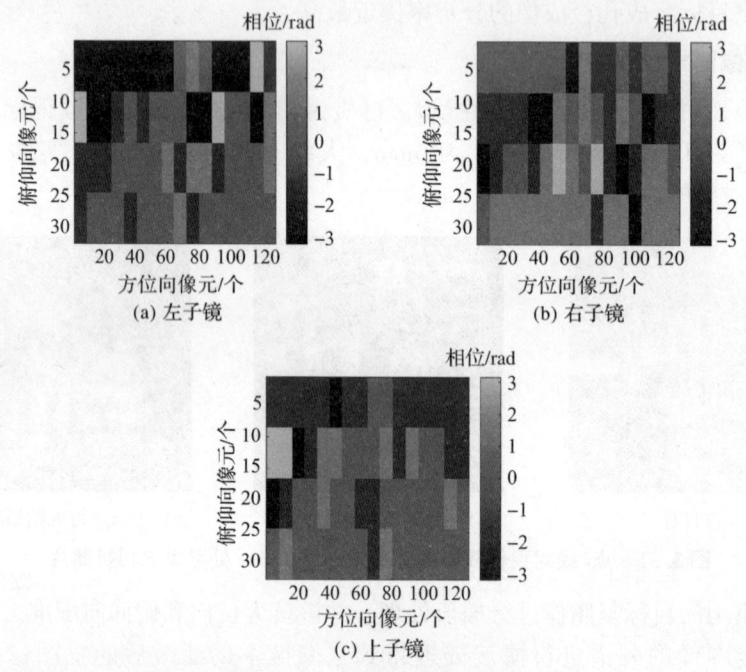

图 3.53 三子镜像面相位误差

2. 合成孔径成像结果

完成子镜间像面相位误差补偿后的合成孔径成像结果如图 3.54 所示,相较于单子镜的复数图像,合成孔径图像的熵下降了 0.43,对比度提高了 0.26。由于图 3.54 中的线对目标尺寸远大于成像分辨率,不便于用其衡量系统的成像分辨率,因此本节采用图 3.54 中的点目标(尺寸小于理论分辨率)来衡量系统的成像分辨率。

图 3.54 中点目标区域对应的三子镜复数图像如图 3.55(a)所示,完成子镜间像面相位误差补偿后的合成孔径成像结果如图 3.55(b)~(d)所示。可以看出,合成孔径处理后点目标的方位向 3dB 宽度约为 3mm,俯仰向 3dB 宽度约为 12mm,与理论分辨率较为接近。上述结果表明,合成孔径成像处理有效降低了复数图像的熵,提高了图像对比度,且合成孔径图像分辨率较单子镜图像提升了约 2 倍。

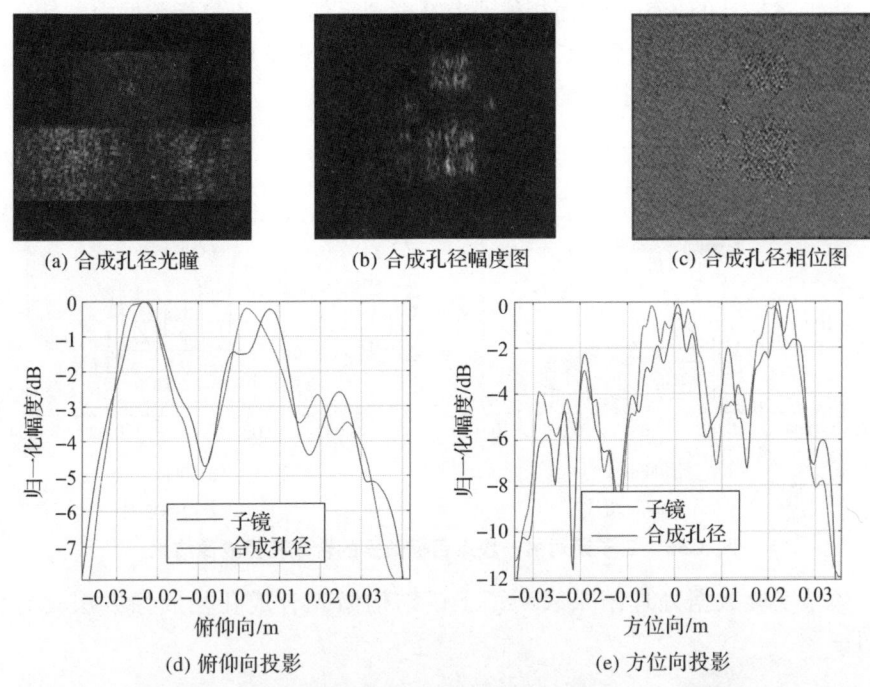

(a) 合成孔径光瞳　　　　　(b) 合成孔径幅度图　　　　　(c) 合成孔径相位图

(d) 俯仰向投影　　　　　　　　　(e) 方位向投影

图 3.54　三子镜对线对目标激光复图像和合成孔径成像结果

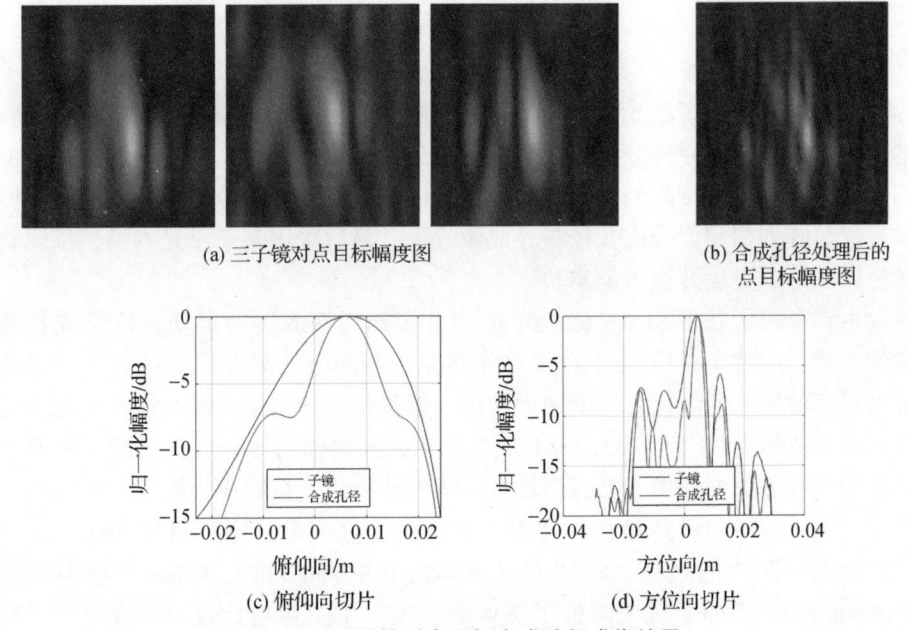

(a) 三子镜对点目标幅度图　　　　　　　　(b) 合成孔径处理后的点目标幅度图

(c) 俯仰向切片　　　　　　　　　(d) 方位向切片

图 3.55　三子镜对点目标合成孔径成像结果

将上述估计的子镜间像面相位误差补偿到另外一块点目标数据中，其合成孔径成像结果如图3.56所示，该成像结果也接近理论成像分辨率，再次验证了像面相位误差估计和补偿的有效性。

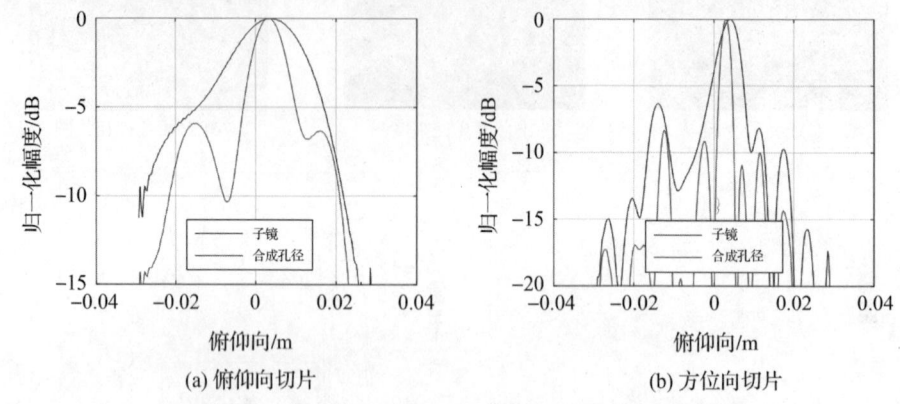

(a) 俯仰向切片

(b) 方位向切片

图3.56　三子镜对另一块点目标数据的合成孔径成像结果

本节实验数据处理结果表明了子镜结构激光合成孔径成像方法具有可行性。

3.5　小结

本章首先分析了激光本振直接阵列探测器与相干阵列探测器的区别，然后基于相移数字全息原理分别提出了基于时分相移数字全息、激光回波信号相位调制和激光本振直接阵列探测器的激光复图像形成方法并分别仿真其复图像形成过程与阵列探测器合成孔径激光成像效果，最后采用基于激光本振相位调制的复图像形成方法开展验证实验。

本章介绍了基于SLM、激光本振和直接阵列探测器的运动目标合成孔径成像系统，阐述了采用SLM和直接阵列探测器的激光复图像形成方法，连续运动目标的激光回波信号强度图像估计，以及基于阵列探测器的运动目标合成孔径激光成像方法。与SAL/ISAL成像相比，阵列探测器合成孔径激光成像方法在俯仰和方位向成像，具有视场大、成像速度快、抗噪声性能好、发射信号窄带、系统简单、设备量少等特点。实验通过对"走-停"目标和连续运动目标激光复图像的处理，将图像分辨率由0.907mm和1.08mm分别提升至0.06mm和0.15mm，同时降低了图像熵、提升了图像对比度，验证了基于激光本振相位调制的复图像形成方法和阵列探测器合成孔径激光成像方法的有效性，表明该方法在远近场运动目标高分辨率成像方面具有应用价值。

阵列探测器合成孔径激光成像的旁瓣抑制方法，包括单次观测条件下使用CS和CDA，以及通过重复观测的方式降低空间采样信号的稀疏率。基于激光本振相干阵列探测器的仿真表明以上旁瓣抑制方法均有效，但是在目标二维方向非匀速运动时，重复观测条件下的阵列探测器合成孔径激光成像需通过PGA等方式进一步聚焦处理。

本章介绍了子镜结构激光合成孔径成像方法并对距离在百米量级的目标开展成像实验，对实际数据进行了子镜像面相位误差估计和补偿，成像处理结果表明了方法的有效性。

后续研究工作考虑在望远镜阵列引入阵列探测器合成孔径激光成像方法，由于望远镜阵列仍属于稀疏阵，拟设置成像系统采用多发多收方式，并通过对望远镜阵列和激光发射装置排布的设计等效形成满阵，使得成像系统可在单次观测条件下实现单子镜成像系统重复观测成像效果，进一步提升图像质量和成像数据率。

参考文献

[1] ROGERS C, PIGGOTT A Y, THOMSON D J, et al. A universal 3D imaging sensor on a silicon photonics platform[J]. Nature, 2021, 590(7845): 256-261.

[2] ALEXANDROV S A, HILLMAN T R, GUTZLER T, et al. Synthetic Aperture Fourier Holographic Optical Microscopy[J]. Physical Review Letters, 2006, 97(16): 168102.

[3] KYLE T G. High resolution laser imaging system[J]. Applied Optics, 1989, 28: 2651-2656.

[4] SCHNARS U, HARTMANN H, JUEPTNER W P. Digital recording and numerical reconstruction of holograms for nondestructive testing[C] // SPIE's 1995 International Symposium on Optical Science, Engineering, and Instrumentation. San Diego, CA, United State: Society of Photo-Optical Instrumentation Engineers (SPIE), 1995.

[5] OSTEN W, SEEBACHER S, JUEPTNER W P O. Application of digital holography for the inspection of microcomponents[C] // Proceedings of SPIE - Microsystems Engineering: Metrology and Inspection. Munich, Germany: Society of Photo-Optical Instrumentation Engineers (SPIE), 2001.

[6] WAGNER C, OSTEN W, SEEBACHER S. Direct shape measurement by digital wavefront reconstruction and multi-wavelength contouring[J]. Optical Engineering, 2000, 39(1): 79-85.

[7] ZHANG T, YAMAGUCHI I. Three-dimensional microscopy with phase-shifting digital holography[J]. Optics Letter, 1998, 23: 1221-1223.

[8] DUBOIS F, JOANNES L, LEGROS J C. Improved three-dimensional imaging with a digital holography microscope with a source of partial spatial coherence[J]. Applied Optics, 1999, 38: 7085-7094.

[9] JAVIDI B, FERRARO P, HONG S H, et al. Three-Dimensional image fusion by use of multiwavelength

digital holography[J]. Optics Letter, 2005, 30: 144-146.

[10] KEBBEL V, ADAMS M, HARTMANN H J, et al. Digital holography as a versatile optical diagnostic method for microgravity experiments[J]. Measurement Science and Technology, 1999, 10(10): 893.

[11] DUBOIS F, JOANNES L, DUPONT O, et al. An integrated optical set-up for fluid-physics experiments under microgravity conditions[J]. Measurement Science and Technology, 1999, 10(10): 934.

[12] JAVIDI B, NOMURA T. Securing information by use of digital holography[J]. Optics Letter, 2000, 25: 28-30.

[13] TAJAHUERCE E, JAVIDI B. Encrypting three-dimensional information with digital holography[J]. Applied Optics, 2000, 39: 6595-6601.

[14] MARQUET P, RAPPAZ B, MAGISTRETTI P, et al. Digital holographic microscopy: a noninvasive contrast imaging technique allowing quantitative visualization of living cells with subwavelength axial accuracy[J]. Optics Letter, 2005, 30: 468-470.

[15] BELASHOV A V, ZHIKHOREVA A A, BELYAEVA T N, et al. In vitro monitoring of photoinduced necrosis in HeLa cells using digital holographic microscopy and machine learning[J]. Journal of the Optical Society of America A. 2020, 37: 346-352.

[16] O'CONNOR T, ANAND A, ANDEMARIAM B, et al. Deep learning-based cell identification and disease diagnosis using spatio-temporal cellular dynamics in compact digital holographic microscopy[J]. Biomedical Optics Express, 2020, 11:4491-4508.

[17] 张文辉,曹良才,金国藩.大视场高分辨率数字全息成像技术综述[J].红外与激光工程, 2019, 48(06): 104-120.

[18] GAO P, YUAN C J. Resolution enhancement of digital holographic microscopy via synthetic aperture: a review[J]. Light: Advanced Manufacturing, 2022, 3(1): 105-120.

[19] SCHWARZ C J, KUZNETSOVA Y, BRUECK S R J. Imaging interferometric microscopy[J]. Optics Letter, 2003, 28: 1424-1426.

[20] NEUMANN A, KUZNETSOVA Y, BRUECK S R J. Optical resolution below λ/4 using synthetic aperture microscopy and evanescent-wave illumination[J]. Optics Express, 2008, 16: 20477-20483.

[21] MICO V, ZALEVSKY Z, FERREIRA C, et al. Superresolution digital holographic microscopy for three-dimensional samples[J]. Optics Express, 2008, 16: 19260-19270.

[22] HILLMAN T R, GUTZLER T, ALEXANDROV S A, et al. High-resolution, wide-field object reconstruction with synthetic aperture Fourier holographic optical microscopy[J]. Optics Express, 2009, 17: 7873-7892.

[23] BUHL J, BABOVSKY H, KIESSLING A, et al. Digital synthesis of multiple off-axis holograms with overlapping Fourier spectra[J]. Optics communications, 2010, 283(19): 3631-3638.

[24] GUTZLER T, HILLMAN T R, ALEXANDROV S A, et al. Coherent aperture-synthesis, wide-field, high-resolution holographic microscopy of biological tissue[J]. Optics Letter, 2010, 35, 1136-1138.

[25] GRANERO L, FERREIRA C, ZALEVSKY Z, et al. Single-exposure super-resolved interferometric microscopy by RGB multiplexing in lensless configuration[J]. Optics and Lasers in Engineering, 2016, 82: 104-112.

[26] PICAZO-BUENO J A, ZALEVSKY Z, GARCIA J, et al. Superresolved spatially multiplexed interferometric microscopy[J]. Optics Letter, 2017, 42: 927-930.

[27] MICO V, GRANERO L, ZALEVSKY Z, et al. Superresolved phase – shifting Gabor holography by CCD shift[J]. Journal of Optics A: Pure and Applied Optics, 2009, 11(12): 125408.

[28] DI J L, ZHAO J L, JIANG H Z, et al. High resolution digital holographic microscopy with a wide field of view based on a synthetic aperture technique and use of linear CCD scanning[J]. Applied Optics, 2008, 47:5654 – 5659.

[29] MICO V, FERREIRA C, GARCIA J. Surpassing digital holography limits by lensless object scanning holography[J]. Optics Express, 2012, 20: 9382 – 9395.

[30] BIANCO V, PATURZO M, FERRARO P. Spatio – temporal scanning modality for synthesizing interferograms and digital holograms[J]. Optics Express, 2014, 22: 22328 – 22339.

[31] ONGIE G, JALAL A, METALER C A, et al. Deep Learning Techniques for Inverse Problems in Imaging [J]. IEEE Journal on Selected Areas in Information Theory, 2020, 1(1): 39 – 56.

[32] RIVENSON Y, GOROCS Z, GUNAYDIN H, et al. Deep learning microscopy[J]. Optica, 2017, 4: 1437 – 1443.

[33] NEHME E, WEISS L E, MICHAELI T, et al. Deep – STORM: Super – Resolution single – molecule microscopy by deep learning[J]. Optica, 2018, 5: 458 – 464.

[34] LIU T, DE HAAN K, RIVENSON Y, et al. Deep learning – based super – resolution in coherent imaging systems[J]. Scientifics Reports, 2019, 9: 3926.

[35] BYEON H, GO T, LEE S J. Deep learning – based digital in – line holographic microscopy for high resolution with extended field of view[J]. Optics & Laser Technology, 2019, 113: 77 – 86.

[36] FENG P, WEN X, LU R. Long – Working – Distance synthetic aperture Fresnel off – axis digital holography[J]. Optics Express, 2009, 17: 5473 – 5480.

[37] PELAGOTTI A, PATURZO M, LOCATELLI M, et al. An automatic method for assembling a large synthetic aperture digital hologram[J]. Optics Express, 2012, 20: 4830 – 4839.

[38] THURMAN S T, BRATCHER A. Multiplexed synthetic – aperture digital holography[J]. Applied Optics, 2015, 54: 559 – 568.

[39] 李琦, 丁胜晖, 李运达, 等. 太赫兹数字全息成像的研究进展[J]. 激光与光电子学进展, 2012, 49 (05): 46 – 53.

[40] 马利红, 王辉, 金洪震, 等. 数字全息显微定量相位成像的实验研究[J]. 中国激光, 2012, 39 (03): 215 – 221.

[41] 张美玲, 郜鹏, 温凯, 等. 同步相移数字全息综述(特邀)[J]. 光子学报, 2021, 50(07): 9 – 31.

[42] NOVAK M, MILLERD J, BROCK N, et al. Analysis of a micropolarizer array – based simultaneous phase – shifting interferometer[J]. Applied Optics, 2005, 44: 6861 – 6868.

[43] AWATSUJI Y, TAHARA T, KANEKO A, et al. Parallel two – step phase – shifting digital holography [J]. Applied Optics, 2008, 47: D183 – D189.

[44] HAIST T, OSTEN W. Holography using pixelated spatial light modulators—Part 2: applications[J]. Journal of Micro/Nanolithography, MEMS, and MOEMS. 2015. 14(4): 041311.

[45] LIN M, NITTA K, MATOBA O, et al. Parallel phase – shifting digital holography using LCOS – SLM [C]//Proceedings of SPIE – 2013 International Conference on Optical Instruments and Technology: Optical Systems and Modern Optoelectronic Instruments. Beijing, China: Society of Photo – Optical Instrumentation Engineers (SPIE), 2013.

[46] LIN M, NITTA K, MATOBA O, et al. Parallel phase – shifting digital holography with adaptive function using phase – mode spatial light modulator[J]. Applied Optics, 2012, 51: 2633 – 2637.

[47] YANG T D, KIM H, LEE K J, et al. Single – Shot and phase – shifting digital holographic microscopy using a 2 – D grating[J]. Optics Express, 2016, 24: 9480 – 9488.

[48] CUI A J, LI D J, WU J, et al. Complex image reconstruction and synthetic aperture laser imaging for moving targets based on direct – detection detector array[J]. Optics Express, 2024, 32: 12569 – 12586.

[49] LIU J, POON T. Two – Step – Only quadrature phase – shifting digital holography[J]. Optics Letter, 2009, 34: 250 – 252.

[50] LI X, LIU G S, NI J L. Autofocusing of ISAR image based on entropy minimization[J]. IEEE Transactions on Aerospace and Electronic Systems, 1999, 35: 1240 – 1252.

[51] DONOHO D L. Compressed sensing[J]. IEEE Transactions on information theory, 2006, 52(4): 1289 – 1306.

[52] STANKWITZ H C, DALLAIRE R J, FIENUP J R. Nonlinear apodization for sidelobe control in SAR imagery[J]. IEEE Transactions on Aerospace and Electronic Systems, 1995, 31(1): 267 – 279.

[53] VU V T, PETTERSSON M I. Sidelobe control for bistatic SAR imaging[J]. IEEE Geoscience and Remote Sensing Letters, 2021, 19: 1 – 5.

第 4 章

相干探测红外成像

4.1 引言

星载大口径红外光学望远镜对于天文观测和深空探测具有重要意义。在现有研制能力下,一方面制造大口径望远镜难度较高,另一方面其卫星平台的工程实现也较为困难,迫切需要研究新的解决方案。

目前基于光学合成孔径的大口径望远镜主要分为拼接成像和干涉成像两大类,拼接式望远镜本质是通过多个小口径望远镜拼接获得大口径对应的成像分辨率,干涉式望远镜则是通过对两个或多个小口径望远镜信号的干涉处理(互相关)实现与基线长度对应口径的成像分辨率,两者成像分辨率的实现方式虽有一定区别,但其应用效果基本相同,目前都得到发展和应用。

关于拼接成像,其典型代表为天基詹姆斯韦伯太空望远镜(James Webb Space Telescope,JWST)、高轨光学合成孔径监视成像卫星(High Orbit Optical Aperture Synthesis Instrument for Surveillance,HOASIS)[1-2]和凯克望远镜(Keck)。关于干涉成像,国际上现运行的地基 VLT 望远镜和 Keck 望远镜都具有长基线干涉成像的功能;美国航天局 NASA 设计论证了两套太空干涉测量仪任务(Space Interferometer Mission,SIM)和行星探测干涉仪(Terrestrial Planet Finder Interferometer,TPF-I)天基干涉望远镜系统;欧洲航天局 ESA 也曾提出了天基达尔文阵列望远镜(Darwin)[1]。近年来我国的大口径天文望远镜技术也得到了快速的发展,文献[3]介绍了"中国哈勃"空间站载 2m 口径天文望远镜,文献[4]对 10m 口径在轨组装空间望远镜的设计方案也进行了介绍。

干涉成像方式又可分为有限数量长基线干涉和综合孔径干涉方式,两种方式都已广泛应用于微波波段射电天文成像,2000 年加州大学伯克利分校基于激光本振相干探测的长基线干涉,开展了地基望远镜恒星角直径测量[5],相关工作持续发展到三站望远镜[6],在此基础上,基于直接阵列探测器,赫歇尔空间天文台提出的天基载荷已于2009年5月发射[7]。与此同时，NASA提出的多个天基激光本振红外干涉仪概念[8]与ESA提出的达尔文阵列望远镜[9]也是干涉式望远镜的典型代表。文献［10］提出了红外光谱干涉成像方法，并且对其在平流层艇上的天文应用前景进行了展望。

根据相干探测红外干涉成像原理，通过不同空间位置的较小口径，组合形成一个大的光学口径，可类似微波和毫米波频段综合孔径射电望远镜[11-13]，以红外综合孔径望远镜形式实现红外频段高分辨率成像探测，这种成像方式可定义为光学综合孔径干涉成像，其可以有效减少目前红外成像系统的体积重量和复杂度。在文献［14］的基础上，本章介绍了多通道综合孔径红外成像系统，并针对实际红外宽谱段辐射源进行了成像探测实验。

传统光学合成孔径望远镜都是通过机械结构等硬件先对接收的信号进行光学合成孔径成像[15]，再实施光电探测和模数转换器（Analog-to-digital Converter，ADC）采样，对光路微调机构等硬件精度要求较高，而本章相干探测红外合成孔径成像方法则是通过采用相干探测，先对多个子镜所接收的低分辨率且具有相位信息的复图像信号实施采样，然后再在计算机里相干合成高分辨率图像，可使硬件精度要求大幅降低。

稀疏孔径光学成像系统是对其等效单个大孔径成像系统孔径的部分填充，所以系统的点扩散函数将会有相当程度的扩展，与等效的整体孔径成像系统光学传递函数相比较，系统对中低空间频率成分的响应将降低，对调制传递函数（Modulation Transfer Function，MTF）造成影响，且所接收的图像副瓣较高并可能出现栅瓣，必须对成像结果进行重构处理才能获得清晰的图像。

在稀疏度不高或填充因子较高情况下，稀疏副瓣抑制核心从阵列布局方面考虑，组镜在空间上随机布局，减少周期对称性布局；从图像处理方面考虑，采用图像反卷积滤波处理[16-17]或基于压缩感知（Compressed Sensing，CS）的图像副瓣抑制方法[18]，本章基于相干探测复图像有可能获得更好的处理效果；在稀疏度高或填充因子较低情况下，引入相干探测后，稀疏副瓣抑制核心即可在数字域从阵列尺寸向望远镜多子镜光瞳拼接尺寸转变，在适当减少分辨率的提升幅度情况下减少图像副瓣影响。

4.2 红外综合孔径成像

4.2.1 红外综合孔径成像原理和方法

借鉴相干激光雷达[19-20]和射电望远镜探测方式[5]，本节利用光纤耦合器

第4章 相干探测红外成像

实现激光本振信号与红外信号的相加,并形成新的红外干涉成像光纤结构[10]。借助于激光本振和相干探测器,两个接收通道红外信号相位可实现正确传递,而且在电子学实施的窄带滤波还有利于红外信号的干涉成像,其系统结构和干涉型射电望远镜相同。与文献[5]的工作不同在于,文献[10]采用了光纤结构,其干涉成像在 ADC 采样后用信号处理方法在计算机中完成。与此同时,引入激光本振信号后,还可以去除宽带红外信号的频谱混叠,并有助于提高红外探测灵敏度[21]。

本节红外射电综合孔径成像原理类似于综合孔径微波辐射计[11-12],其原理是利用稀疏阵列和相关接收,将阵列的单元成对组成许多具有不同基线的二元干涉仪,测量空间频率域(UV 域[22])的可视度函数采样,即对任意两个相干接收机所接收的激光本振信号混频的宽带红外随机噪声信号进行复信号相关,再进一步经过反演得到所测量信号源的亮温图像。红外射电综合孔径成像示意图如图 4.1 所示。

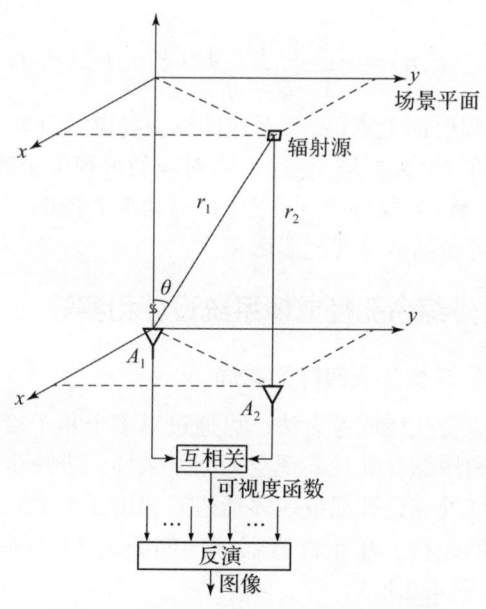

图 4.1 红外射电综合孔径成像示意图

根据参考文献[11],在远场条件下,可视度函数 $V(\Delta r)$ 为

$$V(\Delta r) = \frac{1}{2}E[S_{r1}(t) \cdot S_{r2}^*(t)] = \iint_{d\sigma} \frac{\cos\theta}{r^2\lambda^2} P(x,y,z) \tilde{r}\left(\frac{\Delta r}{c}\right) \exp(jk_0\Delta r) dS$$

(4.1)

$$\Delta r = -[(x_2 - x_1)\xi + (y_2 - y_1)\eta], \xi = x/r, \eta = y/r \quad (4.2)$$

式中 $S_{r1}(t)$ 和 $S_{r2}(t)$——图 4.1 中任意两个子镜接收的电压信号（V）；

A_1 和 A_2——任意两个子镜接收单元；

σ——任意一点辐射源；

θ——点辐射源与 z 轴的夹角（rad）；

r——点辐射源到坐标轴原点的距离（m）；

Δr——任意两接收单元 r_1 和 r_2 与点辐射源的距离差（m）；

λ——接收中心波长（m）；

$P(x,y,z)$——辐射面上的坐标点 (x,y,z) 的接收功率（W）；

$\tilde{r}(\Delta r/c)$——系统参数，其经过理论计算可近似为一个常数；

k_0——$2\pi/\lambda (\mathrm{m}^{-1})$；

S——所检测的整个温度分布曲面。

当系统参数固定时，可得可视度函数与信号源亮温图像关系如下：

$$V(u,v) = \iint_{\xi^2+\eta^2 \leqslant 1} T_{12}(\xi,\eta) \exp[-\mathrm{j}2\pi(u\xi+v\eta)] \mathrm{d}\xi \mathrm{d}\eta \tag{4.3}$$

$$T_{12}(\xi,\eta) = \frac{T(\xi,\eta)}{\sqrt{1-\xi^2-\eta^2}} P_1(\xi,\eta) P_2^*(\xi,\eta) \tag{4.4}$$

式中 $T(\xi,\eta)$——辐射面上点 (x,y) 对应的反演亮温值（K）；

$V(u,v)$——在 UV 采样域上点 (u,v) 对应的可视度函数值；

$P_i(\xi,\eta)$——第 i 号接收单元在点 (x,y) 功率方向图，对可视度函数值进行逆傅里叶变换即可得到信号源亮温图像。

4.2.2 五通道红外综合孔径成像系统设计和实验

1. 红外综合孔径成像多通道阵列布局

采用红外射电综合孔径成像方法，可通过对多个相干接收通道所得的信号进行相关处理，再利用综合孔径实现空间频率采样，进一步反演所测量信号源的亮温图像，本节红外综合孔径成像多通道阵列由 5 个 12mm 口径的准直器组成，其设计为十字形结构，单个准直器间的间距为 13.5mm，主要结构框图、UV 域与实验布局如图 4.2 所示。

由互相关函数性质与其 UV 域分布可得，此阵列综合孔径成像处理仅需要 6 个可视度函数值，即可以进行通道 1 与通道 0、通道 1 与通道 2、通道 1 与通道 4、通道 1 与通道 3、通道 3 与通道 2、通道 3 与通道 4 的互相关，得到可视度函数值采样。

2. 红外综合孔径成像系统与对应参数

本节成像系统框图如图 4.3 所示：

(a) 结构框图

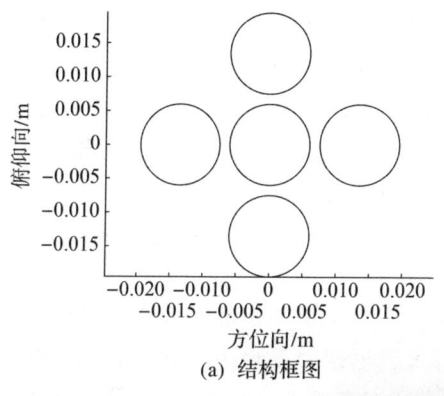

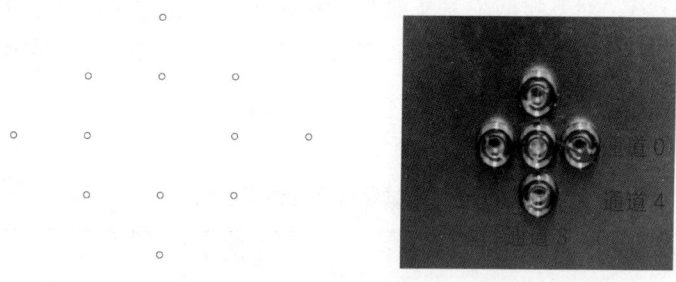

(b) UV域布局

(c) 实验布局

图 4.2　实验框图和布局

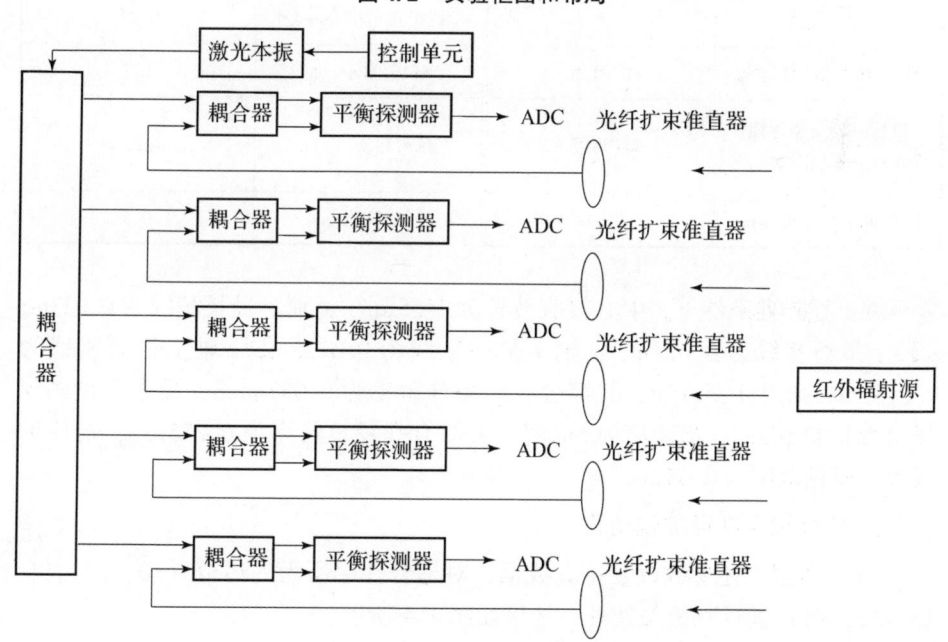

图 4.3　多通道综合孔径红外成像系统框图

173

成像系统主要由接收镜组、激光本振信号产生单元与红外信号接收单元以及采集数字单元组成。其中，接收镜组包括5个扩束后的光纤准直器，红外信号接收单元由5通道激光本振平衡探测器组成，信号产生和采集数字单元形式为移动服务器，主要用于系统定时同步脉冲、窄脉冲调制电信号和基准频率电信号的产生，以及5通道回波信号的采集，同时用作激光本振的控制上位机。其电子学放大器带宽为5GHz，ADC采样速率为4GHz，重复频率为100kHz，采样区间为1.9μs。

本文综合孔径红外成像实验，选用短波红外宽谱段信号作为红外信号辐射源，并由1个扩束的光纤准直器辐射到自由空间，利用5个扩束后的光纤准直器在5m（近场）对其接收，基于激光本振种子源，通过采集数字单元在激光本振波长1550nm上采集红外信号，然后再在计算机上对5个接收通道信号进行综合孔径红外成像处理。

试验阵列与仿真参数如表4.1所列。

表4.1 试验阵列与仿真参数

主要指标	值	主要指标	值
接收中心波长/μm	1.55	仿真像元规模	320×320
接收通道数	5	视场角范围/mrad	0.23
望远镜阵列等效口径/m	0.0135	视场范围/mm	1.2
目标阵列与望远镜阵列之间的距离/m	5（近场）	信号带宽/GHz	2
仿真单个像元角/μrad	0.718	子码宽度/ns	0.5

在上述阵列条件下，中心接收波长为1.55μm，x轴上最长基线为0.027m，y轴上最长基线为0.027m；x轴上最短基线为0.0135m，y轴上最短基线为0.0135m；则由计算可知，其综合孔径角分辨率为0.057mrad，最大不模糊视场角为0.115mrad，当距离为5m时，其综合孔径分辨率为0.285mm，对应的最大不模糊范围为0.57mm。

3. 红外综合孔径成像仿真

（1）根据上述参数设置仿真数据，对综合孔径所需的通道（10，12，14，13，32，34）进行互相关处理，结果如图4.4所示。

第 4 章 相干探测红外成像

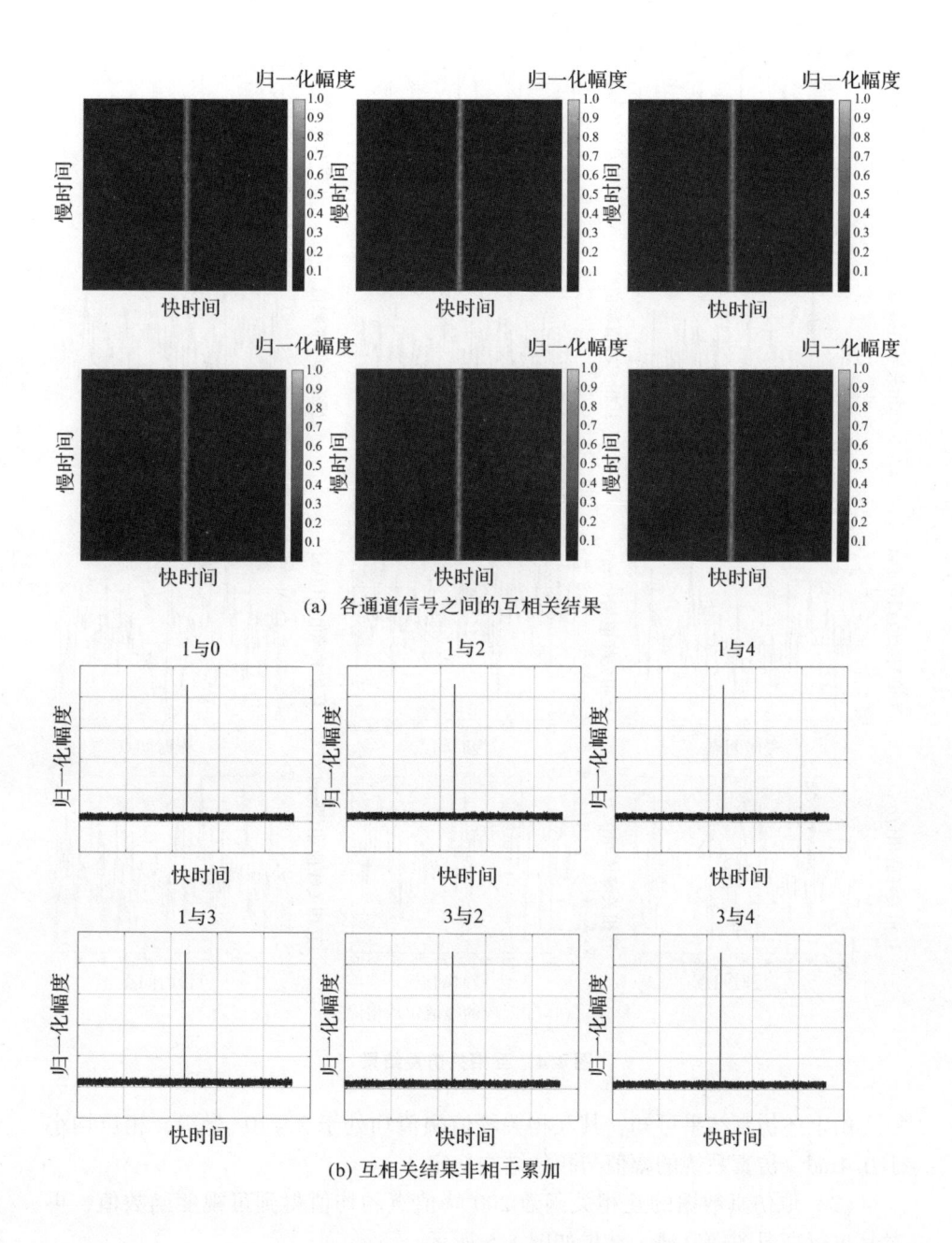

(a) 各通道信号之间的互相关结果

(b) 互相关结果非相干累加

(c) (a)对应的峰值切片幅值

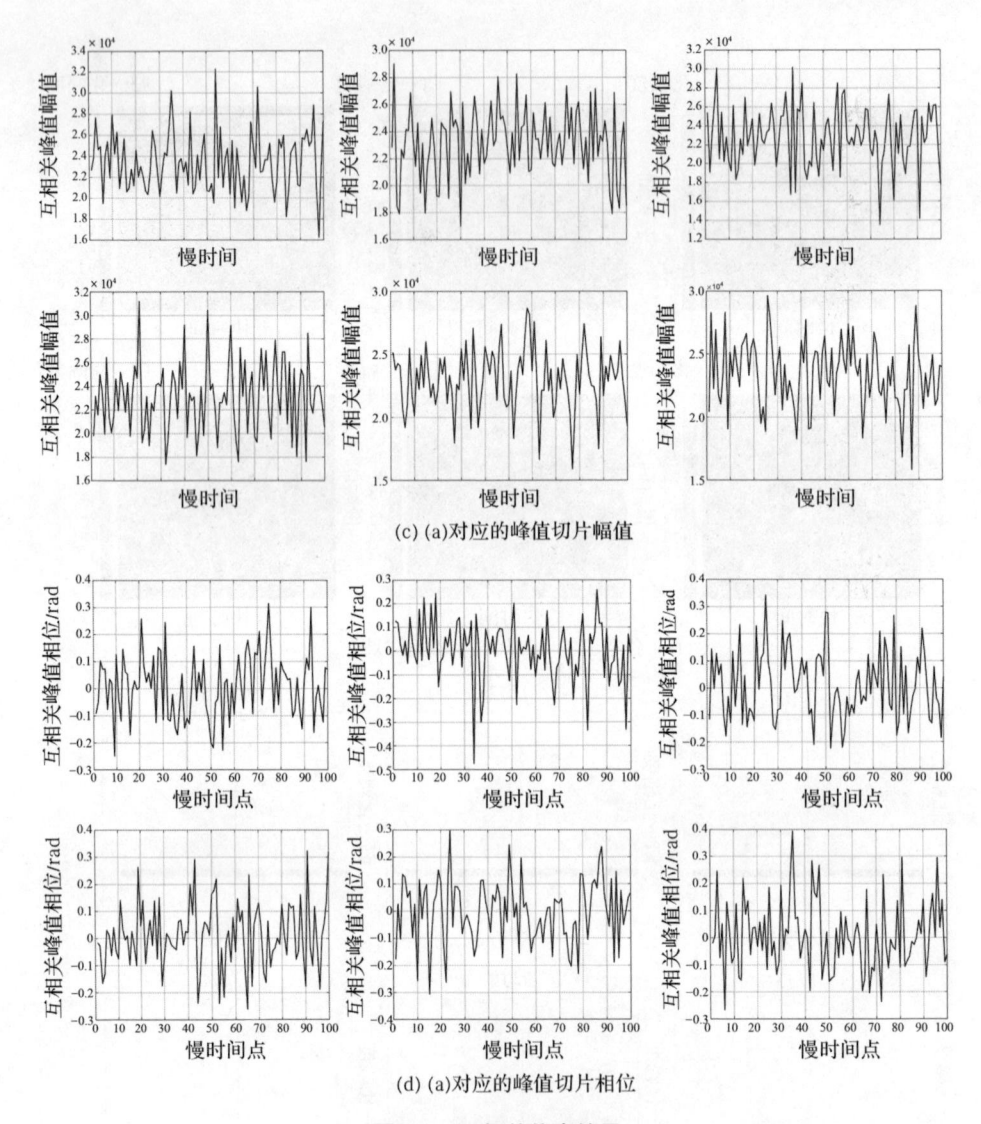

(d) (a)对应的峰值切片相位

图 4.4　互相关仿真结果

由上述仿真结果可知，其互相关峰值幅值均处于 2×10^4 量级，相位均小于 0.4rad，仿真系统的幅值与相位结构稳定。

（2）取仿真数据的互相关函数 200 峰值点的均值得到可视度函数值，再对其进行亮温图像反演，结果如图 4.5 所示。

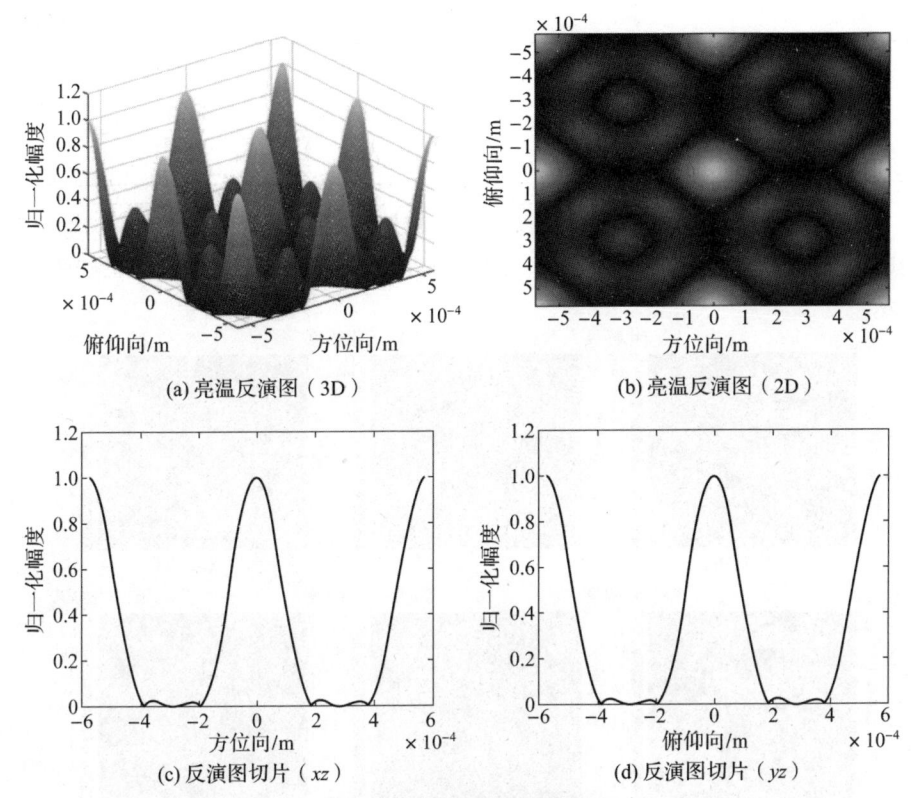

(a) 亮温反演图（3D）

(b) 亮温反演图（2D）

(c) 反演图切片（xz）

(d) 反演图切片（yz）

图 4.5　亮温反演仿真结果

由上述仿真结果可知，其综合孔径分辨率约为 0.29mm，与理论计算值对应。

4. 红外综合孔径成像实验与数据处理

考虑到实验系统带来的延时等系统误差，在进行互相关干涉与综合孔径成像之前需要对各个通道进行快时间配准。与传统光学系统不同，本书所述的激光本振相干探测综合孔径红外成像系统在计算机上进行各接收通道配准。此外，通道间进行互相关之后，其幅值与相位也需进行校正，各通道的配准参数与幅相校正参数如表 4.2 所列。

表 4.2　配准参数与互相关函数幅相校正参数

通道号	快时间延时校正点数	幅度校正系数	相位校正参数/rad
0	59	1	0.44
1	0	1	0
2	2	0.2	0

续表

通道号	快时间延时校正点数	幅度校正系数	相位校正参数/rad
3	3	0.4	0
4	0	1	0

(1) 对预处理且滤波后的回波数据（红外信号与背景噪声信号），综合孔径所需通道（10，12，14，13，32，34）进行配准与互相关处理，结果如图4.6所示。

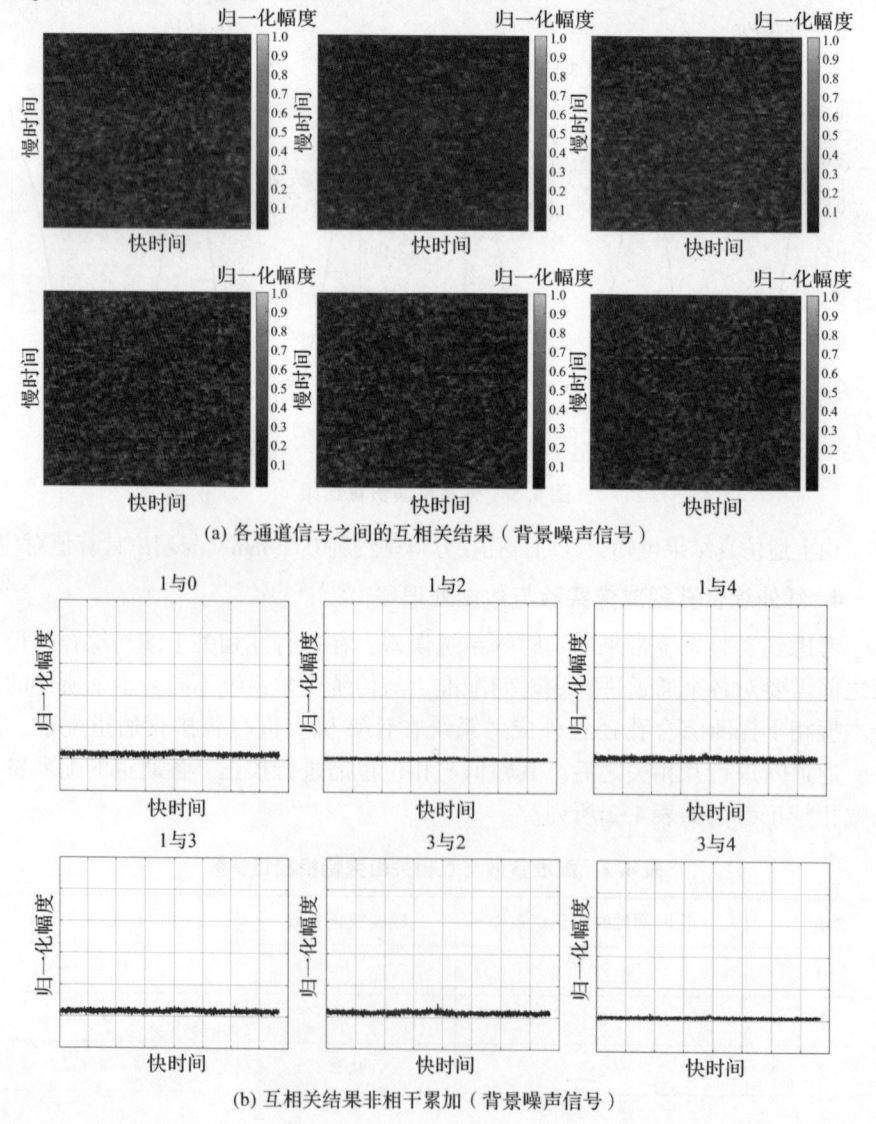

(a) 各通道信号之间的互相关结果（背景噪声信号）

(b) 互相关结果非相干累加（背景噪声信号）

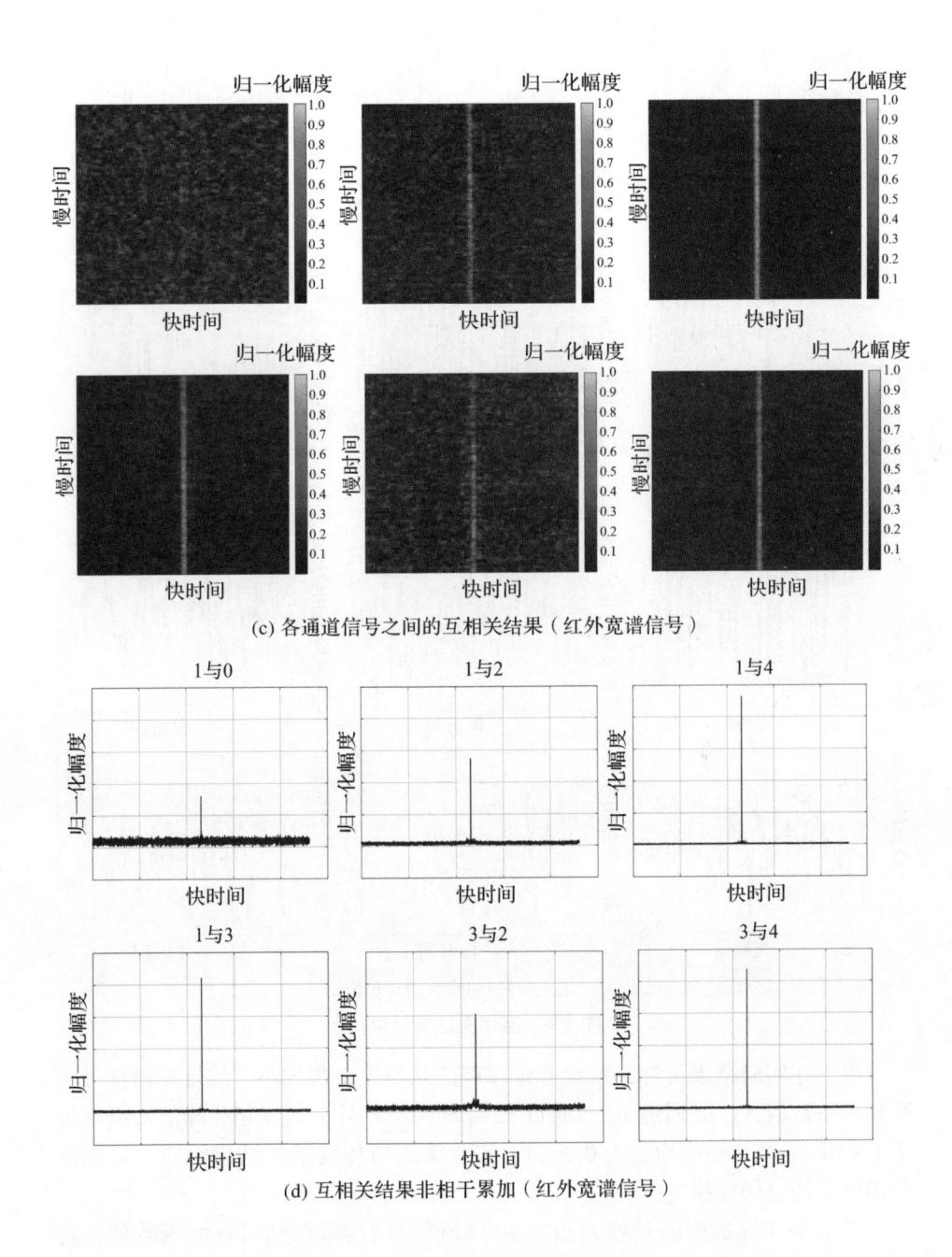

(c) 各通道信号之间的互相关结果（红外宽谱信号）

(d) 互相关结果非相干累加（红外宽谱信号）

(e)(c)对应的峰值切片幅值

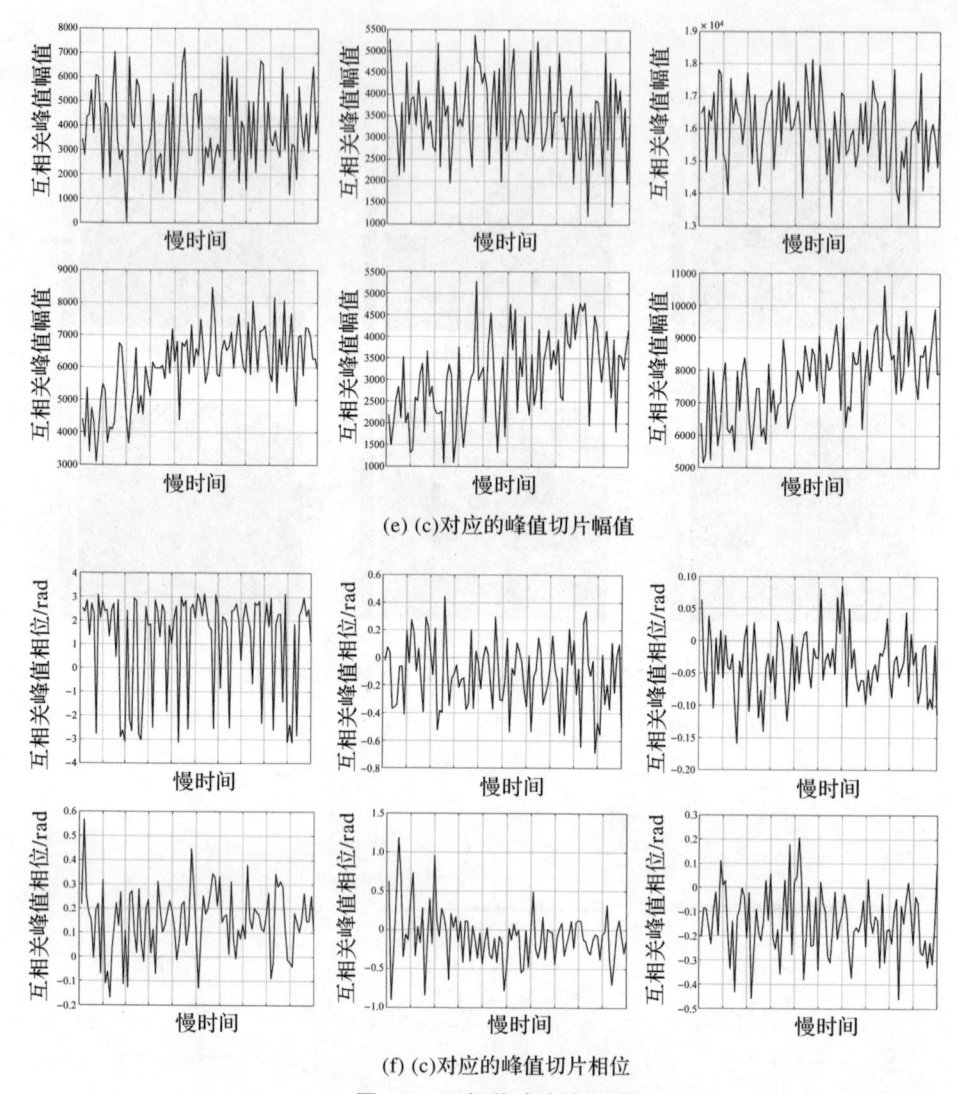

(f)(c)对应的峰值切片相位

图 4.6 互相关试验结果

由上述实验结果可知,系统背景噪声的互相关系数较小,红外宽谱信号的互相关系数较大。除通道 10 与通道 32 互相关结果外,其互相关峰值幅值均处于 1×10^4 量级,相位均小于 0.5rad,实验系统与仿真系统结果对应,其幅值与相位结构也同样稳定。

(2) 取实际数据的互相关函数 200 峰值点的均值得到可视度函数值,再对其进行亮温图像反演,结果如图 4.7 所示。

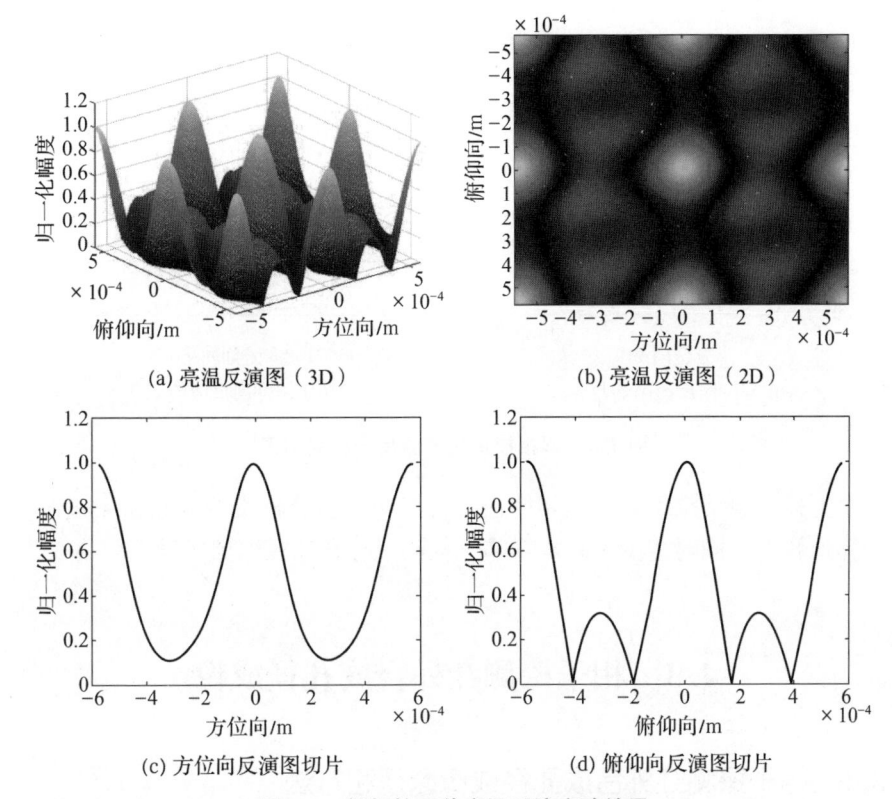

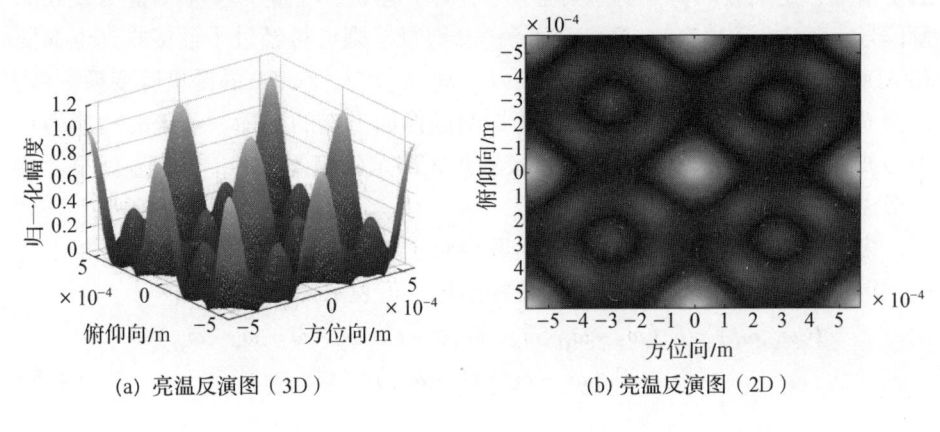

(a) 亮温反演图（3D）　　　　　　(b) 亮温反演图（2D）

(c) 方位向反演切片　　　　　　(d) 俯仰向反演切片

图 4.7　幅相校正前亮温反演实验结果

由上述仿真结果可知，在进行幅值与相位的调整前，其综合孔径分辨率约为 0.37mm。

（3）取实际数据的互相关函数 200 峰值点的均值得到可视度函数值，并对均值进行幅值与相位校正后，再进行亮温图像反演，结果如图 4.8 所示。

(a) 亮温反演图（3D）　　　　　　(b) 亮温反演图（2D）

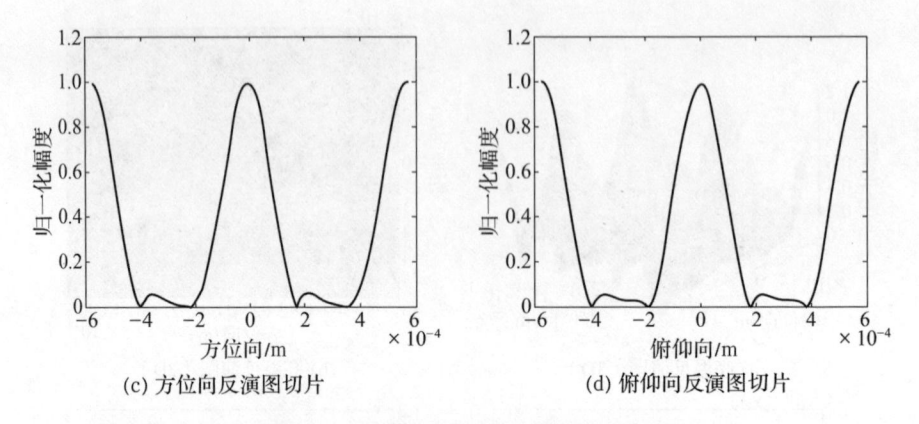

(c) 方位向反演图切片   (d) 俯仰向反演图切片

图 4.8　幅相校正后亮温反演实验结果

由上述实验结果可知，幅相校正后其综合孔径分辨率约为 0.30mm，与理论计算值相近，同时减少了副瓣影响，提高了综合孔径图像质量。

4.3　相干探测红外合成孔径成像

4.3.1　相干探测红外合成孔径成像原理和方法

参考文献 [23] 中以 10m 合成孔径望远镜为例，介绍了相干探测红外合成孔径成像原理，其原理如图 4.9 所示。

假定基于波长步进激光本振光谱细分后等效中心波长为 λ_i，$i=1,2,\cdots,M$，i 为波长步进次数，M 为波长步进总数。可令 $f_n(x,y)$ 为子镜在光瞳面接收的复信号，定义 $f_0(x,y)$ 为望远镜阵列平面中心 o 点对应的参考子镜所接收的复信号，其中 $n=1,2,\cdots,N$，N 为子镜总数量。则可得经过子镜接收光电探测和 ADC 采样后的复图像 $F_n(\omega_x,\omega_y)$，$F_n(\omega_x,\omega_y)$ 为 $f_n(x,y)$ 的傅里叶变换，(x,y) 为光瞳面上点的坐标，(ω_x,ω_y) 为探测成像面上点的坐标。子镜的功能为在中心波长对光瞳信号补偿由子镜口径和焦距决定的相差之后，再实施傅里叶变换形成复图像。

多个子镜的复图像 $F_n(\omega_x,\omega_y)$ 需相对于 M_0 经过平移后才能进行相干合成，得到以 M_0 为中心的光学合成孔径图像，可表示为

$$I(\omega_x,\omega_y) = F_1(\omega_x-\omega_{x1},\omega_y-\omega_{y1}) + F_2(\omega_x-\omega_{x2},\omega_y-\omega_{y2}) + \cdots + F_N(\omega_x-\omega_{xN},\omega_y-\omega_{yN}) \tag{4.5}$$

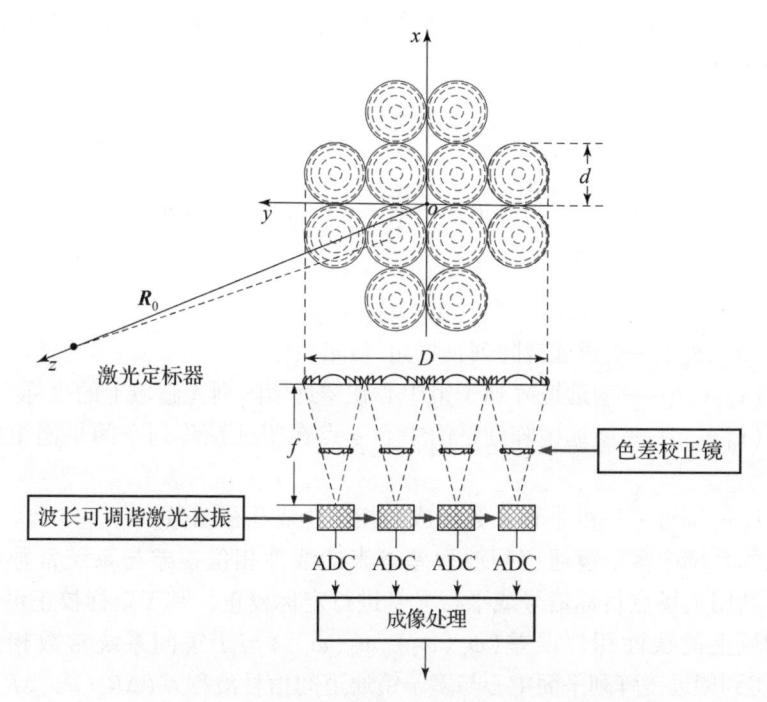

图 4.9　10m 阵列相干探测红外合成孔径成像原理图

$$\omega_x = \left(-\sin\left(\operatorname{atan}\left(\frac{a_x \cdot N_{\text{size\_}x}}{2F}\right)\right) \cdot R_0, \sin\left(\operatorname{atan}\left(\frac{a_x \cdot N_{\text{size\_}x}}{2F}\right)\right) \cdot R_0 \right) \quad (4.6)$$

$$\omega_y = \left(-\sin\left(\operatorname{atan}\left(\frac{a_y \cdot N_{\text{size\_}y}}{2F}\right)\right) \cdot R_0, \sin\left(\operatorname{atan}\left(\frac{a_y \cdot N_{\text{size\_}y}}{2F}\right)\right) \cdot R_0 \right) \quad (4.7)$$

式中　$\omega_{x1}, \omega_{x2}, \cdots, \omega_{xN}$ 和 $\omega_{y1}, \omega_{y2}, \cdots, \omega_{yN}$ ——平移系数。

对于实际光学系统，复图像视场(ω_x, ω_y)计算由像元尺寸(ω_x, ω_y)，像元数($N_{\text{size\_}x}, N_{\text{size\_}y}$)和焦距 F 得到。

当激光定标器与望远镜阵列平面中心 o 点的距离 $R_0 \gg 2D^2/\lambda_i$（λ_i 为每个步进等效中心波长），即满足远场条件时，$\omega_{xn} = \omega_{yn} = 0$；当 $R_0 < 2D^2/\lambda_i$，即激光定标器相对于望远镜阵列处于近场，若相对于子镜处于远场时，可参照微波雷达阵列天线方向图[24]确定平移系数。

根据望远镜阵列的几何关系，$f_n(x,y)$ 与 $f_0(x,y)$ 的关系可表示为

$$f_n(x,y) = f_0(x,y) \cdot \exp(\mathrm{j}(\omega_{xn}x + \omega_{yn}y)) \quad (4.8)$$

$$x = \left(-\frac{D_x}{2}, \frac{D_x}{2} \right) \quad (4.9)$$

$$y = \left(-\frac{D_y}{2}, \frac{D_y}{2} \right) \quad (4.10)$$

对于实际光学系统，(x,y)值即为单子镜光瞳域上位置坐标，(D_x,D_y)为子镜口径。其平移系数[24]为

$$\omega_{xn} = \frac{2\pi R_0}{\lambda_i}\sin\theta_{xn} = \frac{2\pi R_0}{\lambda_i}\sin\left(\mathrm{atan}\left(\frac{\Delta x_n}{R_0}\right) + \theta_{x0}\right) \tag{4.11}$$

$$\omega_{yn} = \frac{2\pi R_0}{\lambda_i}\sin\theta_{yn} = \frac{2\pi R_0}{\lambda_i}\sin\left(\mathrm{atan}\left(\frac{\Delta y_n}{R_0}\right) + \theta_{y0}\right) \tag{4.12}$$

$$\Delta x_n = x_n - x_0 \tag{4.13}$$

$$\Delta y_n = y_n - y_0 \tag{4.14}$$

式中 $(\theta_{x0},\theta_{y0})$——望远镜阵列视场角（rad）；

(x_n,y_n)——望远镜阵列子镜中心在望远镜阵列光瞳域上的坐标（m）；

(x_0,y_0)——望远镜阵列平面中心o点在望远镜阵列空间平面上的坐标（m）；

$I(\omega_x,\omega_y)$——由平移系数形成的相干合成孔径图像。

实际系统中多子镜通道间波程差带来的线性相位误差与系统常数相位误差，可利用远场点目标信号或平行光管进行定标校正，基于定标校正可以估计复图像域上的线性相位误差($\phi_n(\omega_x),\phi_n(\omega_y)$)与子镜间系统常数相位误差$\Delta\phi_n$，得到望远镜阵列平面中心与多子镜通道间信号波程差($\Delta R_n(x),\Delta R_n(y)$)，式（4.8）可改写为

$$f_n(x,y) = f_0(x,y) \cdot \exp(\mathrm{j}(\omega_{xn}(x - \Delta R_n(x)) + \omega_{yn}(y - \Delta R_n(y)))) \cdot \exp(-\mathrm{j}\Delta\phi_n) \tag{4.15}$$

$$(\Delta R_n(x),\Delta R_n(y)) = \frac{(\phi_n(\omega_x),\phi_n(\omega_y)) \cdot \lambda_i}{2\pi \cdot \sin(\Delta\theta_n)} \tag{4.16}$$

式中 $(\Delta R_n(x),\Delta R_n(y))$——定标校正估计得到的波程差（m），可由定标校正估计得到的相位误差($\phi_n(\omega_x),\phi_n(\omega_y)$)和子镜对应的视场角$\Delta\theta_n$计算得到。

实际成像信号处理过程中，选定参考子镜低分辨率复图像作为参考图像，对快时间域上同一中心波长的子镜低分辨率复图像进行互相关处理，再对同一中心波长的低分辨率复图像进行相干合成，可获得更高信噪比的高分辨率复图像，在此基础上，对不同中心波长的高分辨率复图像信号进行非相干积累亦可提高信噪比。

4.3.2 稀疏阵列红外合成孔径成像处理

这里以10m阵列稀疏孔径望远镜为例进行说明。

1. 10m阵列稀疏孔径布局

10m稀疏望远镜阵列系统主要由12个2m口径组镜组成，1个2m组镜由

12个0.5m口径组成，10m阵列系统布设结构与2m组镜系统布设结构如图4.10所示，相对于口径10m望远镜，其填充因子为36%。

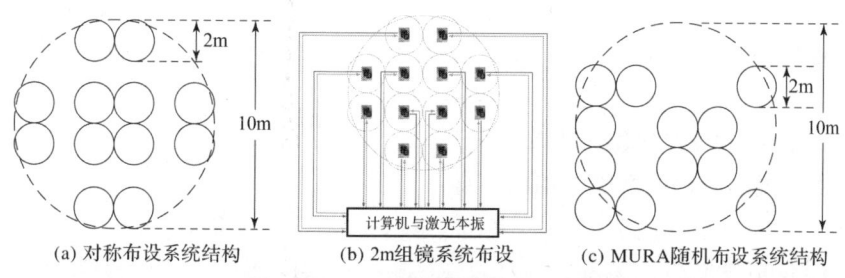

(a) 对称布设系统结构　　(b) 2m组镜系统布设　　(c) MURA随机布设系统结构

图4.10　10m望远镜阵列主要结构

2. 压缩感知图像重构

本节所用到的压缩感知理论的基本原理如图4.11所示，利用图像信号的稀疏性，将原信号进行稀疏采样获得稀疏信号，然后构造观测矩阵，使稀疏信号在压缩的过程中保留原信号的主要信息，形成观测信号，最后选用合适的算法重构原信号。

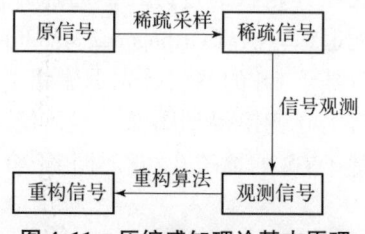

图4.11　压缩感知理论基本原理

压缩感知理论主要包括信号的稀疏表示、观测矩阵的选取、重构算法的设计3个重要部分，压缩感知理论矩阵示意[25]如图4.12所示。

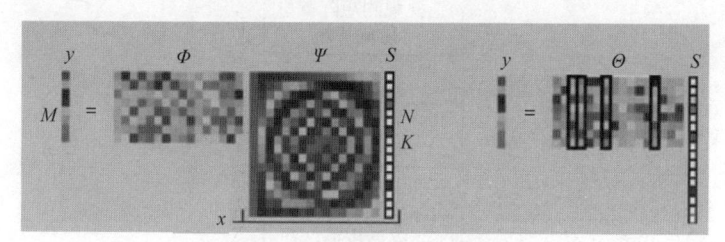

图4.12　压缩感知理论矩阵示意图

（1）信号稀疏表示。

设采样信号 x 为 N 维，稀疏基 $\boldsymbol{\Psi} \in \mathbb{R}^{N \times N}$ 是正交矩阵，则信号 x 的稀疏变换可以表示为

$$x = \Psi s \tag{4.17}$$

其中，s 的非零元素数量为 K（$K \ll N$）。

（2）观测选取。

选择观测矩阵 $\Phi \in \mathbb{R}^{M \times N}$，对采样信号 x 进行低维观测，得到观测值 y，即

$$y = \Phi x = \Phi \Psi s = As \tag{4.18}$$

式中 A——$M \times N$ 阶感知矩阵。

A 满足约束等距性质（RIP），即

$$(1 - \delta_K) \| s \|_2^2 \leq \| As \|_2^2 \leq (1 + \delta_K) \| s \|_2^2, 0 < \delta_K < 1 \tag{4.19}$$

（3）信号重构。

通过求解最小 l_0 范数优化问题，从观测值 y 中重建原信号，即

$$\hat{s} = \arg \min \| s \|_0 \quad \text{s.t.} \quad y = As \tag{4.20}$$

其中，s 的 l_0 范数为

$$\| s \|_0 = \sum_{i=1}^{N} | s_i |^0 \tag{4.21}$$

对 l_0 范数优化问题的求解方式有使用贪婪迭代的方式求解、凸优化求解方式、平滑函数逼近方式和 l_p 范数逼近方式，选用贪婪累算法进行信号重构，常用贪婪算法为正交匹配追踪算法（Orthogonal Matching Pursuit，OMP）。

在重建图像时，本节基于 CS 的方法首先重建相干合成后的高分辨率复图像的光瞳函数，再通过傅里叶变换得到图像。本节使用 OMP 贪婪算法进行高分辨率复图像的求解。基于 CS 的稀疏孔径红外相干合成复图像重构处理流程如图 4.13 所示。

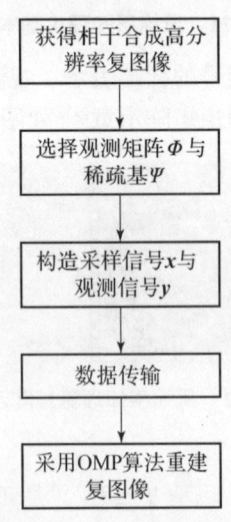

图 4.13 基于 CS 的稀疏孔径红外相干合成复图像重构处理流程

3. 基于压缩感知的副瓣抑制成像仿真

对 4.4 节中的 10m 稀疏阵列进行 CS 重构副瓣抑制成像仿真，如表 4.3 所列。

（1）仿真参数

望远镜阵列仿真参数如表 4.3 所列。

表 4.3　10m 稀疏阵列副瓣抑制成像仿真参数

主要指标	值	主要指标	值
接收中心波长/μm	1.55	地面成像分辨率/m	1.92（合成后为 0.096）
子镜口径/m	0.5	信号带宽/GHz	6
子镜焦距/m	2.5	子码宽度/ns	13.33
子镜个数	144	码长	64
探测器像元尺寸/μm	8	信号时宽/ns	0.83
望远镜阵列等效口径/m	10	信号采样率/GHz	12
像元角分辨率/μrad	3.2（合成后为 0.16）	信号采样点数	128
稀疏度	0.64	像元规模	256×256
目标阵列与望远镜阵列之间距离/km	10000（相对于子镜口径为远场）	视场范围/mrad	0.082（0.0047°）

（2）对点阵目标的仿真结果。

在上述条件下，当点目标之间的间隔为 1 个阵列合成孔径角分辨率时，对 3×3 点阵目标进行 10m 稀疏阵列（填充因子 0.36）相干成像与 CS 重构副瓣抑制（满阵采样）仿真，对称布设结果如图 4.14 所示。

组镜 MURA 码随机布设结果如图 4.15 所示。

由上述结果可知，压缩感知重构方法能够对稀疏孔径红外合成复图像的副瓣进行有效的抑制。

（3）对卫星目标的仿真结果。

在上述条件下，对 100m×100m 卫星目标进行相干成像与 CS 重构副瓣抑制（满阵采样），对称布设结果如图 4.16 所示。

组镜 MURA 码随机布设结果如图 4.17 所示。

相干探测光学成像技术

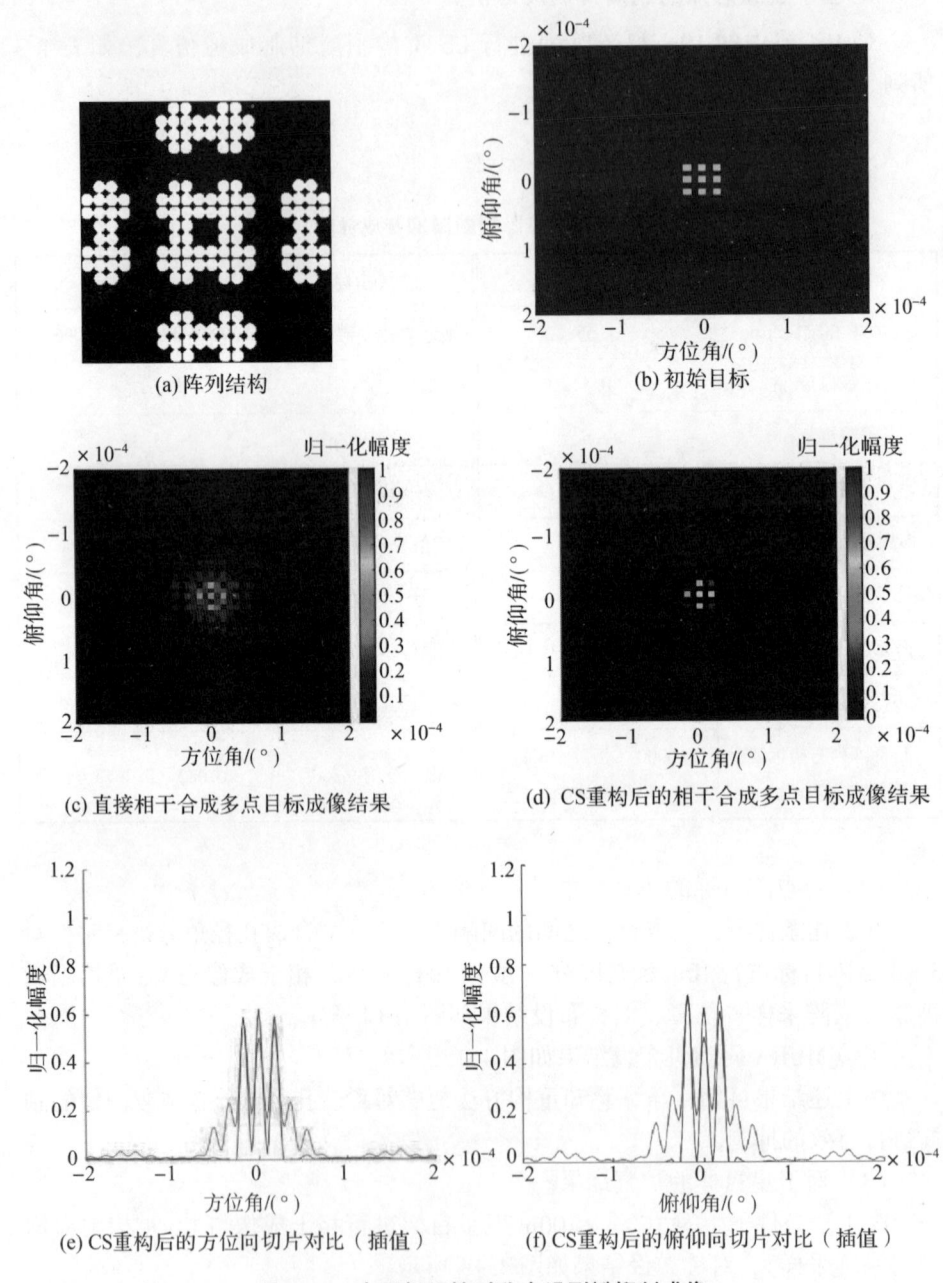

(a) 阵列结构

(b) 初始目标

(c) 直接相干合成多点目标成像结果

(d) CS重构后的相干合成多点目标成像结果

(e) CS重构后的方位向切片对比（插值）

(f) CS重构后的俯仰向切片对比（插值）

图4.14　点目标组镜对称布设副瓣抑制成像

(a) 阵列结构

(b) 初始目标

(c) 直接相干合成多点目标成像结果

(d) CS重构后的相干合成多点目标成像结果

(e) CS重构后的方位向切片对比（插值）

(f) CS重构后的俯仰向切片对比（插值）

图 4.15　点目标组镜 MURA 码随机布设副瓣抑制成像

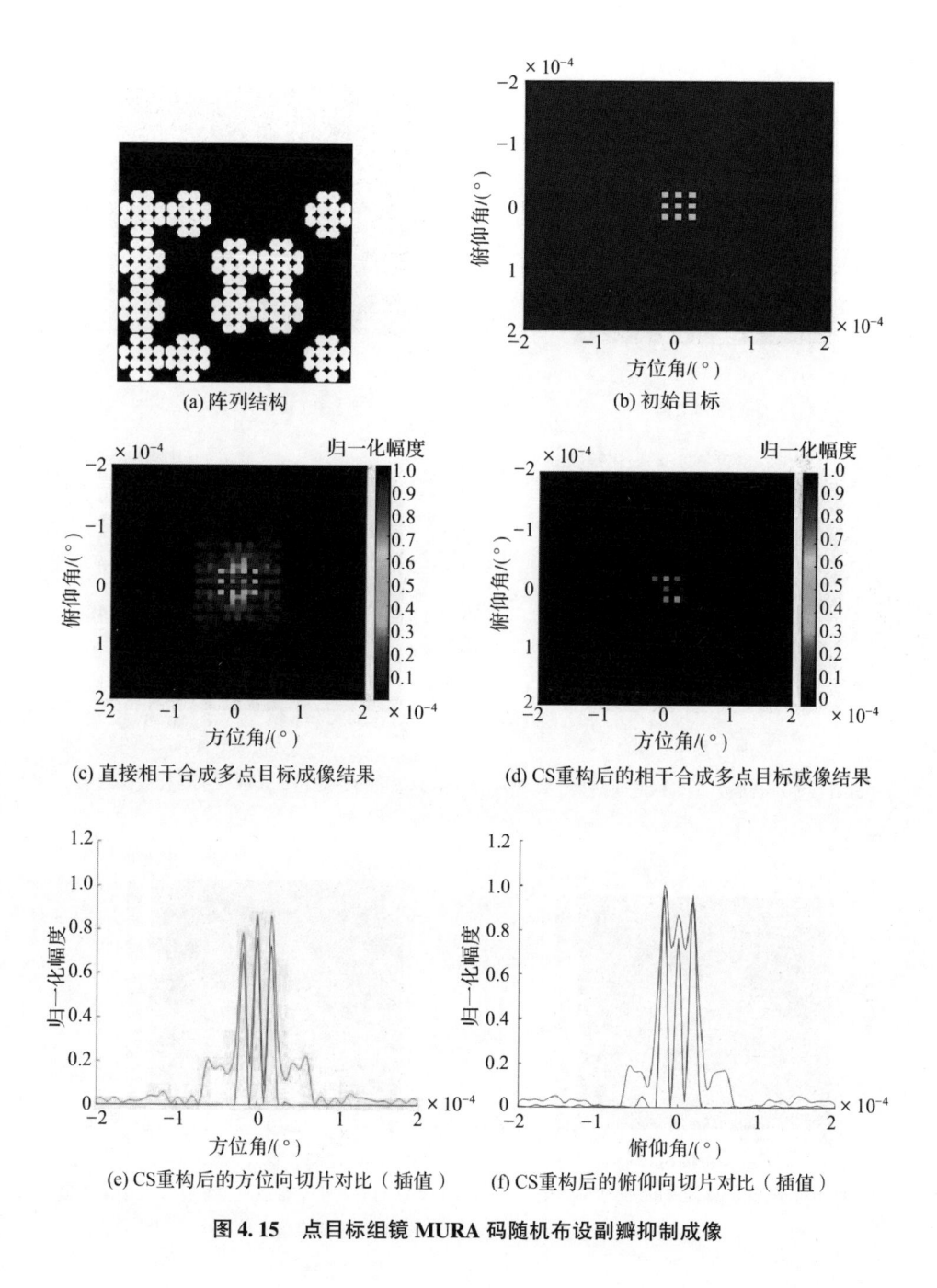

相干探测光学成像技术

(a) 阵列结构

(b) 初始目标

(c) 直接相干合成卫星目标成像结果

(d) CS重构后的相干合成卫星目标成像结果

(e) 直接相干合成卫星目标成像结果插值

(f) CS重构后的相干合成卫星目标成像结果插值

图 4.16 卫星目标对称布设副瓣抑制成像

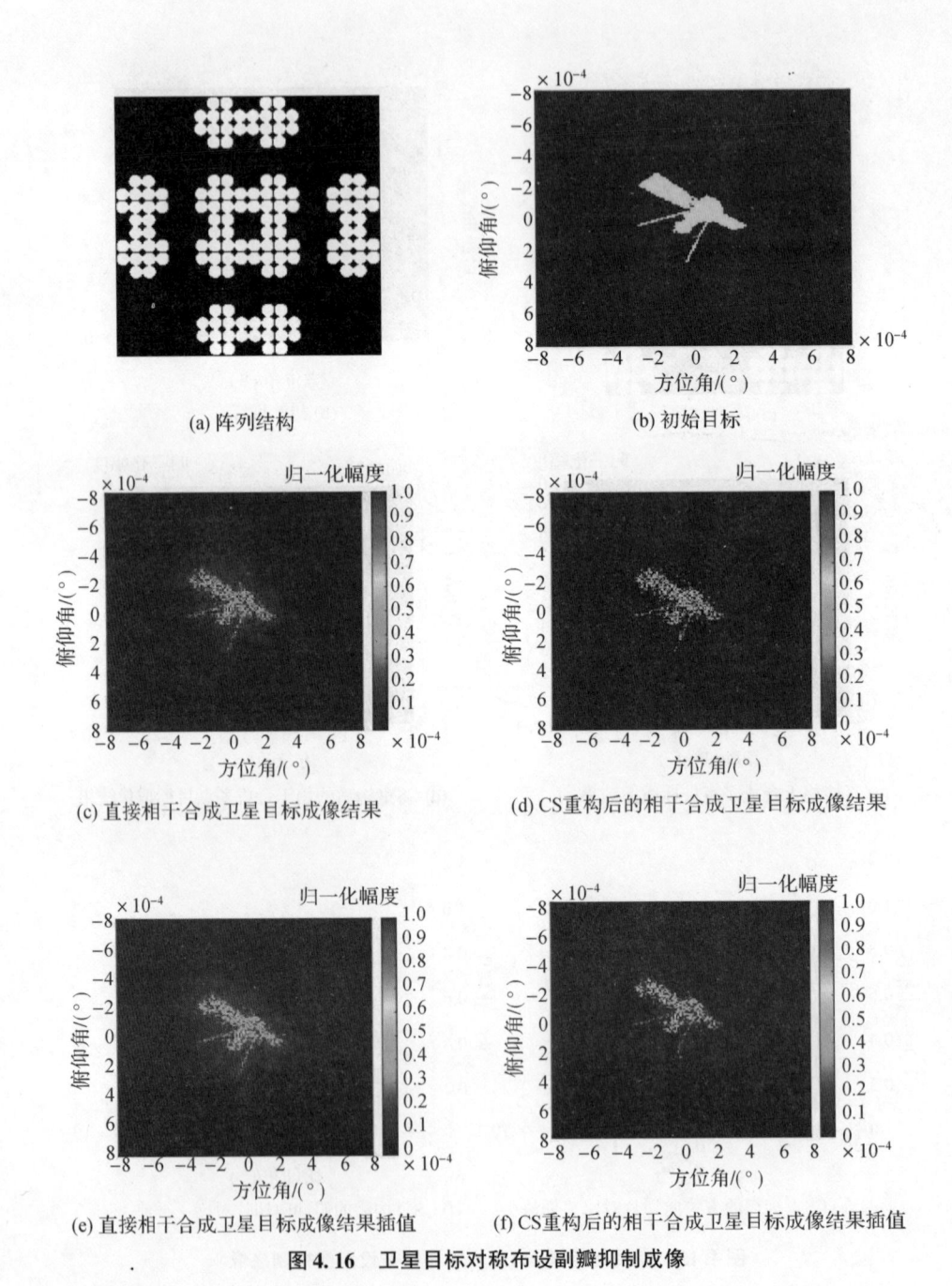

第 4 章 相干探测红外成像

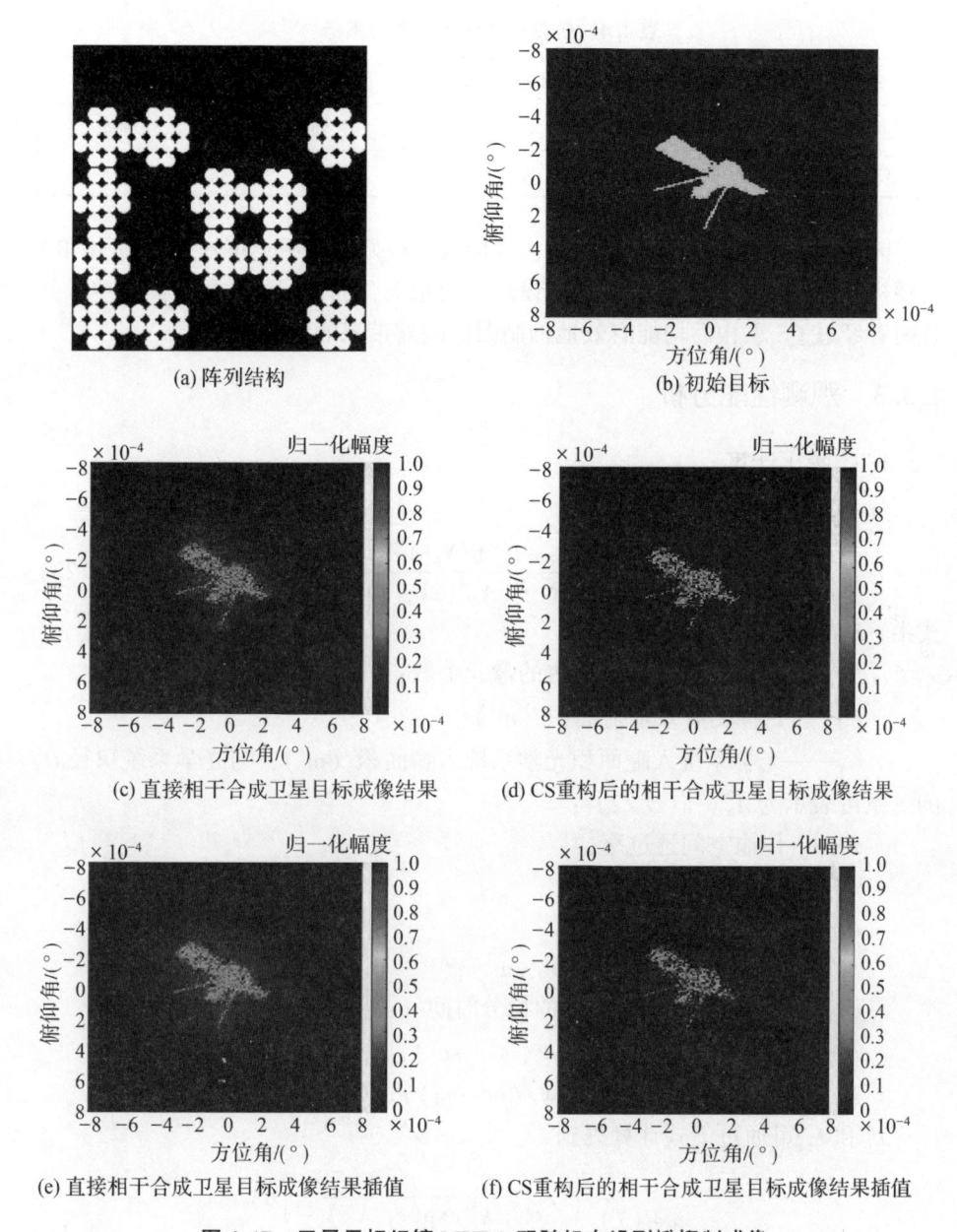

(a) 阵列结构

(b) 初始目标

(c) 直接相干合成卫星目标成像结果

(d) CS重构后的相干合成卫星目标成像结果

(e) 直接相干合成卫星目标成像结果插值

(f) CS重构后的相干合成卫星目标成像结果插值

图 4.17 卫星目标组镜 MURA 码随机布设副瓣抑制成像

为进一步验证此方法的有效性,如表 4.4 所列,用图像熵和对比度来定量比较成像效果。

表 4.4　仿真成像结果的评价指标

参数	图 4.16（c）	图 4.16（d）	图 4.17（c）	图 4.17（d）
熵	8.0208	6.4272	7.9848	6.3946
对比度	2.0458	9.5401	2.1106	9.6661

因为图像熵越小，对比度越大，成像效果越好。则由上可知，组镜 MURA 码随机布设阵列相对于对称阵列布设阵列的相干合成复图像质量要高一些，并且两者经过 CS 重构后均能有效地抑制图像副瓣带来的影响。

4.3.3　观测性能分析

1. 信噪比计算

红外探测信噪比可描述如下：

$$\mathrm{SNR} = \frac{\delta |(L_\mathrm{t} - L_\mathrm{bg})/N_\mathrm{t}| A_\mathrm{t} A_0 \tau_\mathrm{a} \eta_0 D^*}{R^2 \cdot (A_\mathrm{d}/(2t_\mathrm{int2}))^{1/2}} \quad (4.22)$$

式中　δ——信号提取因子；

　　　N_t——目标在焦平面上所占的像元个数；

　　　A_t——目标的有效辐射面积（m²）；

　　　A_0——光学系统入瞳面积光学系统入瞳面积（m²），与光学系统口径 D_0 的关系可表示为 $A_0 = \pi(D_0/2)^2$；

　　　τ_a——传输空间透过率；

　　　η_0——光学系统透过率；

　　　R——探测距离（m）；

　　　A_d——探测器单个像元面积（m²）；

　　　t_int2——实际工作中探测器的积分时间（s）；

　　　L_t——目标的辐射亮度（W/(m²·sr)）；

　　　L_bg——背景的辐射亮度（W/(m²·sr)）。

L_t 和 L_bg 可通过下式计算得到

$$L = \frac{\varepsilon M(T)}{\pi} = \frac{\varepsilon \int_{\lambda_1}^{\lambda_2} \frac{c_1}{\lambda^5} \frac{1}{\exp(c_2/\lambda T) - 1} \mathrm{d}\lambda}{\pi} \quad (4.23)$$

式中　$M(T)$——黑体红外辐出度（W）；

　　　c_1——第一辐射常数；

　　　c_2——第二辐射常数；

T——目标或背景的温度（K）；

ε——目标或背景的发射率。

为便于计算，一般通过下式并结合查找黑体相对辐出度表来计算此积分。

$$M(T) = [F(\lambda_2 T) - F(\lambda_1 T)]\sigma T^4 \tag{4.24}$$

式中　σ——斯蒂芬常数；

$F(\lambda T)$——黑体相对辐出度函数。

光电探测器的比探测率 D^* 可由下式计算：

$$D^* = \frac{4K \cdot F^2 \cdot T_B^2 \cdot \lambda_P}{c_2 \cdot \eta_{0t} \cdot \text{NETD} \cdot (2t_{\text{int1}} \cdot A_d)^{1/2} M(T_B)} \tag{4.25}$$

式中　K——峰值探测率到有效探测率的转换系数；

F——光学系统 F 数；

λ_P——峰值波长（m）；

NETD——噪声等效温差（K），对于制冷型探测器，其值较低，从而可得到较大的比探测率值；

η_{0t}——测试时的光学系统透过率；

t_{int1}——测试时的光学系统积分时间；

$M(T_B)$——背景辐出度（W）。

将红外探测系统用于对地观测时，光学系统俯仰向和方位向的角分辨率可分别描述为

$$\begin{cases} \rho_a = \arctan(a/f) \approx a/f \\ \rho_b = \arctan(b/f) \approx b/f \end{cases}, (a, b \ll f) \tag{4.26}$$

式中　a 和 b——两个方向上的像元尺寸（m）；

f——光学系统的焦距（m），其可表示为光学系统口径 D_0 和 F 数的乘积 $f = D_0 F$。

以焦距与口径的比值替换光学系统 F 数，可得 D^* 与光学系统角分辨率的关系如下

$$D^* = \frac{K \cdot T_B^2 \cdot \lambda_P \cdot \pi \cdot A_d^{1/2}}{c_2 \cdot \eta_{0t} \cdot \text{NETD} \cdot A_0 \cdot (2t_{\text{int1}})^{1/2} \cdot \rho_a \cdot \rho_r \cdot M(T_B)} \tag{4.27}$$

从该式可以看出，相机 NETD 越小，像元尺寸越小，焦距越长，角分辨率越高，每个像元接收的来自单位立体角内的背景辐出度越小，D^* 越大。

2. 0.5m 口径子镜探测性能分析

（1）红外系统参数。

当本节红外探测系统用于对空间卫星目标观测时，波段可选为中波红外，

假设背景为深空,相应地设置传输空间透过率 $\tau_a = 1$,目标有效辐射面积为 $2m \times 2m$。对其探测信噪比进行分析,参数如表4.5所列。

表4.5 红外系统参数

参数	数值	参数	数值
信号提取因子 δ	0.707	光学系统口径 D_0/mm	500
传输空间透过率 τ_a	1	光学系统入瞳面积 A_0/m^2	$\pi(0.5/2)^2$
光学系统透过率 η_0	0.7	光学系统焦距/mm	750(F数为1.5)
探测器单个像元面积 A_d/cm^2	$(12 \times 10^{-6})^2 \times 10^4$	目标有效辐射面积 A_t/cm^2	4×10^4
背景发射率 ε	0.1	目标发射率 ε	0.9
实际工作积分时间 t_{int2}/s	10×10^{-3}	背景表面温度/K	3
目标表面温度	300K/220K	探测距离 R/km	150/60
第一辐射常数 $c_1/(W\mu m^4 m^2)$	3.74×10^8	第二辐射常数 $c_2/(\mu m \cdot K)$	1.4388×10^4

(2) 红外探测器选择与成像分辨率分析。

本节红外探测系统以中波红外探测器为例进行分析,其像元规模为 1280×1024,探测器光谱范围为 $3.7 \sim 4.8 \mu m$,像元尺寸为 $12 \mu m$,帧频优于50Hz,比探测率 D^* 为 $1.45 \times 10^{12} cm \cdot Hz^{1/2} \cdot W^{-1}$,噪声等效温差在20mK量级。利用衍射薄膜镜,经色差校正后接收红外中心波长为 $4.65 \mu m$,光谱范围为 $4.55 \sim 4.75 \mu m$,光谱宽度为 $0.2 \mu m$。

当红外探测系统口径为500mm,F数为1.5,焦距为750mm时,像元角分辨率为 $16 \mu rad$(衍射极限角分辨率 $9.3 \mu rad$)。此时30km处空间分辨率为0.48m,60km处空间分辨率为0.96m,120km处空间分辨率约1.92m,1个 $2m \times 2m$ 的空间目标在 $60 \sim 120km$ 占了4个像元($N_t = 4$),在120km及以外占了1个像元($N_t = 1$)。瞬时视场大于 $1.17°$,在30km处对应的观测幅宽优于614m。

(3) 信噪比分析。

根据上述参数进行红外探测系统信噪比计算,结果如下。

红外探测系统选用中波红外探测器,卫星目标温度为300K(27℃),探测距离 R 为150km(目标在焦平面上所占像元数 N_t 为1)时,衍射光学中波红外探测系统 SNR 为3342。

当卫星目标温度为220K（-53℃），探测距离 R 为60km（目标在焦平面上所占像元数 N_t 为4）时，衍射光学中波红外探测系统 SNR 为5224。

由上述分析可知，本节口径500mm衍射光学系统中波红外探测系统可满足空间目标实施成像探测需求。

3. 10m 等效口径望远镜探测性能分析

当红外探测系统为144个0.5m口径子镜形成的10m等效口径望远镜时，在卫星目标温度为300K（27℃），探测距离 R 为150km（目标在焦平面上所占像元数 N_t 为1），144个子镜接收的条件下，10m等效口径望远镜的 SNR 约为 4.8×10^5，那么当10m等效口径望远镜的 SNR 约为12时，其探测距离 R 约为30000km；

在上述条件下，当考虑到相干探测体制对光学系统灵敏度的增益100倍（20dB）时，10m等效口径望远镜的 SNR 约为 4.8×10^7，那么当10m等效口径望远镜的 SNR 约为12时，其探测距离 R 可达到 3×10^5 km，相干合成后的系统角分辨率 $0.8\mu rad$，在 3×10^5 km 处的空间分辨率为240m。

极限星等经验公式为：$M = 6.9 + 5\lg D$，式中 D 用cm为单位，那么根据参考文献 [26]，0.22m口径望远镜在积分时间0.5s，探测距离 3×10^5 km 的条件下 SNR 为6.6（对应目标星等为16.3星等），即本节10m等效口径望远镜星等肯定优于16.3（SNR 为12），在原本10ms基础上再加长积分时间，即可能将其星等提高到22星等。

假定该望远镜系统布设在地月转移轨道上，上述指标应可满足深空探测中的探月工程需求。上述对卫星和空间目标的分析方法可同样应用于天文观测。

4.3.4 三孔径红外合成孔径成像系统设计和仿真

1. 系统方案与数据处理流程

为验证相干探测光学合成孔径成像原理，基于波长可调谐激光本振、空间光路混频和直接阵列探测器，搭建了原理验证实验系统，其系统布局以及观测几何关系如图4.18所示。

图4.18中，l 为子镜间的实际基线长度，其余参数定义参考4.3.1节。系统参数如下：

- 子镜形式：反射式
- 子镜数量：3（三角布局）
- 子镜间距：300mm
- 子镜光学口径：70mm

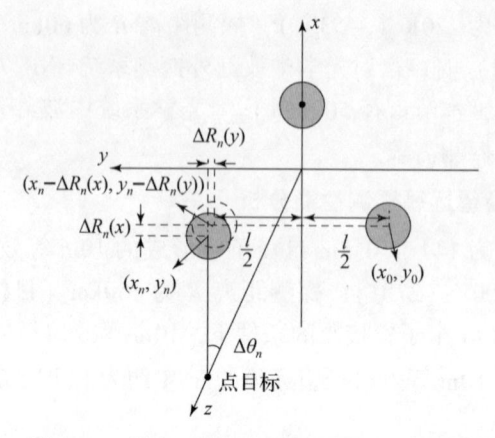

图4.18　稀疏三孔径布局及观测几何关系示意图

- 子镜有效口径：约50mm
- 距离150m处子镜焦距：约500mm
- 距离150m处子镜分辨率：约6mm
- 探测器型号：Bobcat 320 Series（短波红外）
- 探测器像元尺寸：20μm
- 探测器像元规模：320（方位）×256（俯仰）
- 探测器光谱范围：0.9～1.7μm
- 探测器最大帧频：100Hz
- 探测器积分时间：500μs～10ms
- 波长可调谐激光本振中心波长：1.55μm
- 波长可调谐激光本振波长调谐范围：72nm（最大）
- 距离150m处子镜复图像分辨率：6mm（方位）×24mm（俯仰）
- 距离150m处合成孔径分辨率：3mm（方位）×12mm（俯仰）

利用消偏振分光棱镜（Non-Polarizing Cube Beamsplitters，NPBS）引入波长可调谐激光本振信号实现空间光路混频（实验系统偏振均为线偏振），并通过空间光调制器实现子镜复图像生成。实验系统的光路图与实验样机如图4.19和图4.20所示。

三孔径原理验证实验系统的数据处理流程如图4.21所示。

基于单元探测器的红外干涉成像已经过实验验证，是基于阵列探测器的红外合成孔径成像的基础。引入激光本振相干探测体制后，在原理上可形成带有激光载波相位信息的光场复图像，该复图像本质是宽带红外信号经激光本振混频后形成的红外基带信号图像，通过在电子学采集到的红外基带信号与已知数字域激光载波信号联合，可完整表征光学波段的红外信号。

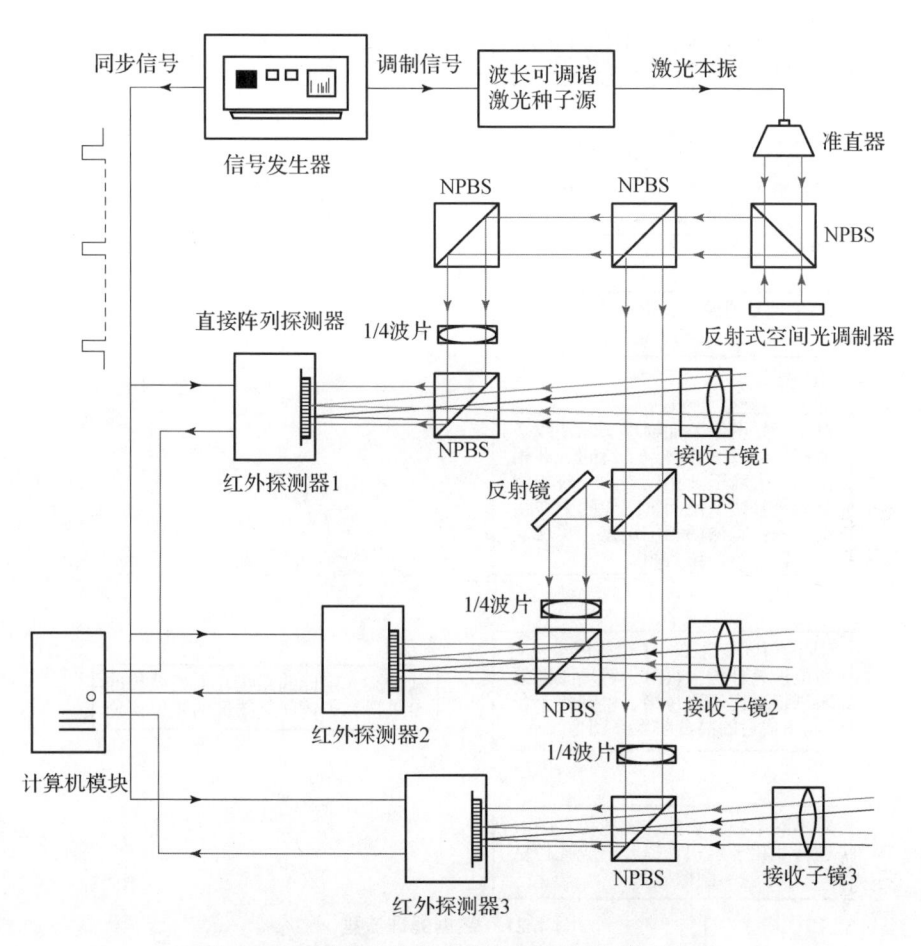

图 4.19　三孔径红外合成孔径成像实验样机光路图

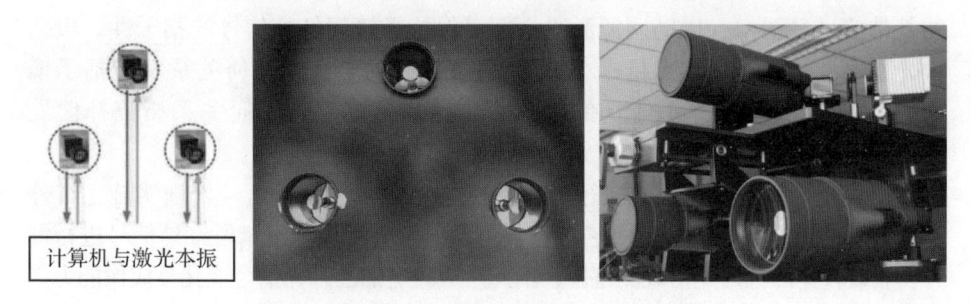

图 4.20　三孔径红外合成孔径成像实验样机照片

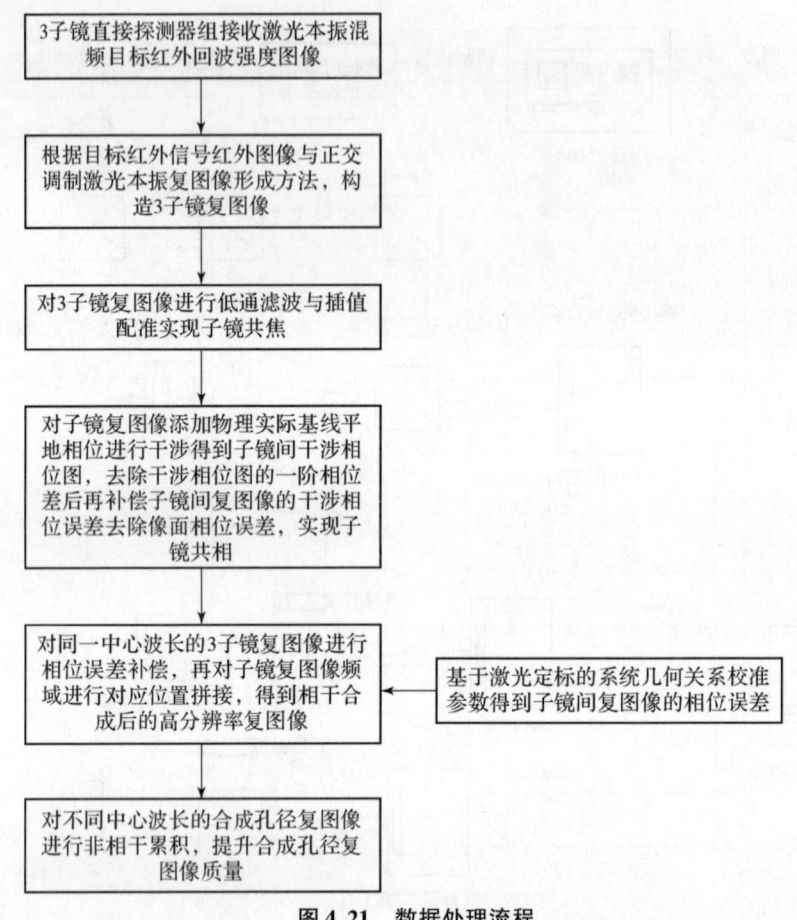

```
┌─────────────────────────┐
│ 3子镜直接探测器组接收激光本振混 │
│ 频目标红外回波强度图像       │
└─────────────┬───────────┘
              ↓
┌─────────────────────────┐
│ 根据目标红外信号红外图像与正交 │
│ 调制激光本振复图像形成方法，构 │
│ 造3子镜复图像              │
└─────────────┬───────────┘
              ↓
┌─────────────────────────┐
│ 对3子镜复图像进行低通滤波与插值 │
│ 配准实现子镜共焦            │
└─────────────┬───────────┘
              ↓
┌─────────────────────────┐
│ 对子镜复图像添加物理实际基线平 │
│ 地相位进行干涉得到子镜间干涉相 │
│ 位图，去除干涉相位图的一阶相位 │
│ 差后再补偿子镜间复图像的干涉相 │
│ 位误差去除像面相位误差，实现子 │
│ 镜共相                     │
└─────────────┬───────────┘
              ↓
┌─────────────────────────┐     ┌──────────────────┐
│ 对同一中心波长的3子镜复图像进行 │     │ 基于激光定标的系统几何关系校准 │
│ 相位误差补偿，再对子镜复图像频 │ ←── │ 参数得到子镜间复图像的相位误差 │
│ 域进行对应位置拼接，得到相干合 │     └──────────────────┘
│ 成后的高分辨率复图像         │
└─────────────┬───────────┘
              ↓
┌─────────────────────────┐
│ 对不同中心波长的合成孔径复图像 │
│ 进行非相干累积，提升合成孔径复 │
│ 图像质量                   │
└─────────────────────────┘
```

图 4.21 数据处理流程

这种方式用于多子镜红外合成孔径成像时，在不同子镜探测器上获得的红外基带信号复图像，借助同源激光本振可保持子镜间红外信号的相干性。根据激光本振波长和经远场点目标/平行光管校准后的子镜间几何关系（包括子镜间的空间位置和基线长度），在数字域进行口径拼接和几何关系相位补偿处理，即可等效扩大口径形成高分辨率复图像。

由于相干探测红外合成孔径成像是在电子学通过数字信号处理实施，红外信号的瞬时带宽较窄，为此可通过波长可调谐激光本振与宽谱段红外信号进行混频，获取较宽的红外光谱观测范围，由此形成较宽的红外光谱合成孔径成像能力。

2. 相干阵列探测器合成孔径成像仿真分析

（1）仿真参数。

本项目仿真采用瞬时宽带随机二相编码信号来模拟宽带红外信号，望远镜阵列仿真参数如表 4.6 所列。

表 4.6　望远镜阵列仿真参数

主要指标	值	主要指标	值
接收中心波长/μm	1.55	子码宽度/μs	5
子镜口径/mm	70	码长	100
子镜焦距/mm	780	信号时宽/μs	500
子镜间距/m	0.3	信号采样率/MHz	4
探测器像元尺寸/μm	20	信号采样点数	2000
目标阵列与望远镜阵列之间的距离/m	600/150	仿真像元规模	512×512
瞬时信号带宽/MHz	0.2	视场范围/mrad	13（0.75°）

（2）对点目标仿真结果。

当目标阵列与望远镜阵列之间距离为 600m 时，对信号快时间域互相关处理取峰值，再进行合成孔径成像，点目标仿真结果如图 4.22 所示。

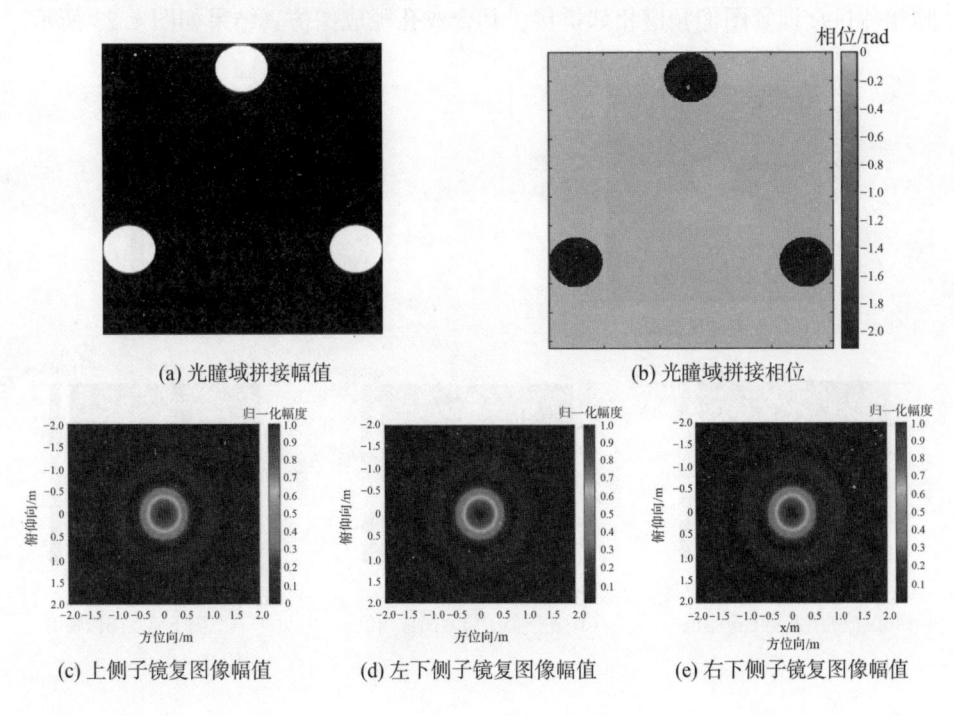

(a) 光瞳域拼接幅值

(b) 光瞳域拼接相位

(c) 上侧子镜复图像幅值

(d) 左下侧子镜复图像幅值

(e) 右下侧子镜复图像幅值

(f) 上侧子镜复图像相位　　(g) 左下侧子镜复图像相位　　(h) 右下侧子镜复图像相位

(i) 合成孔径复图像幅值　　(j) 合成孔径复图像相位　　(k) 合成孔径复图像切片对比

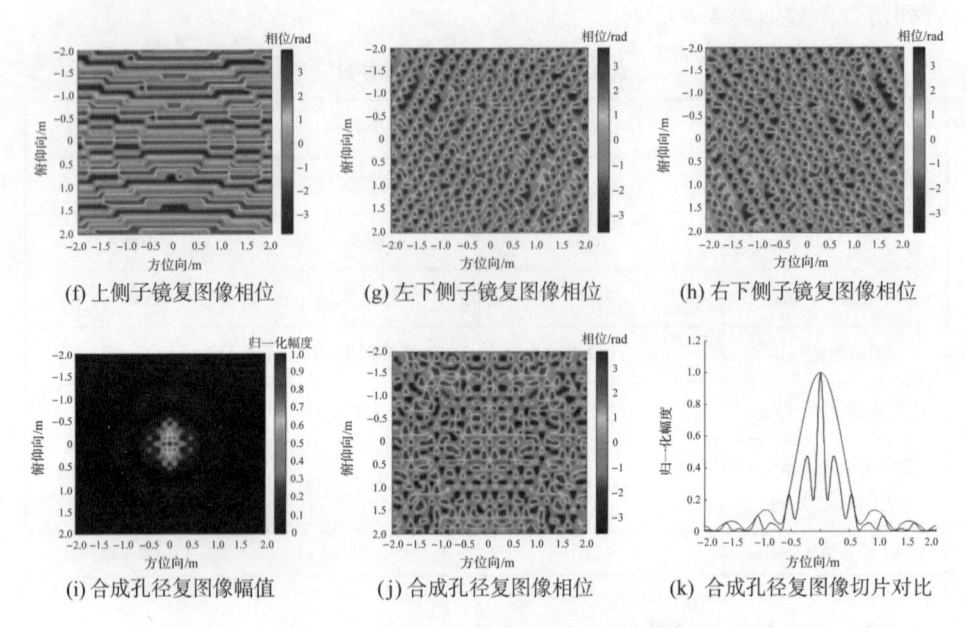

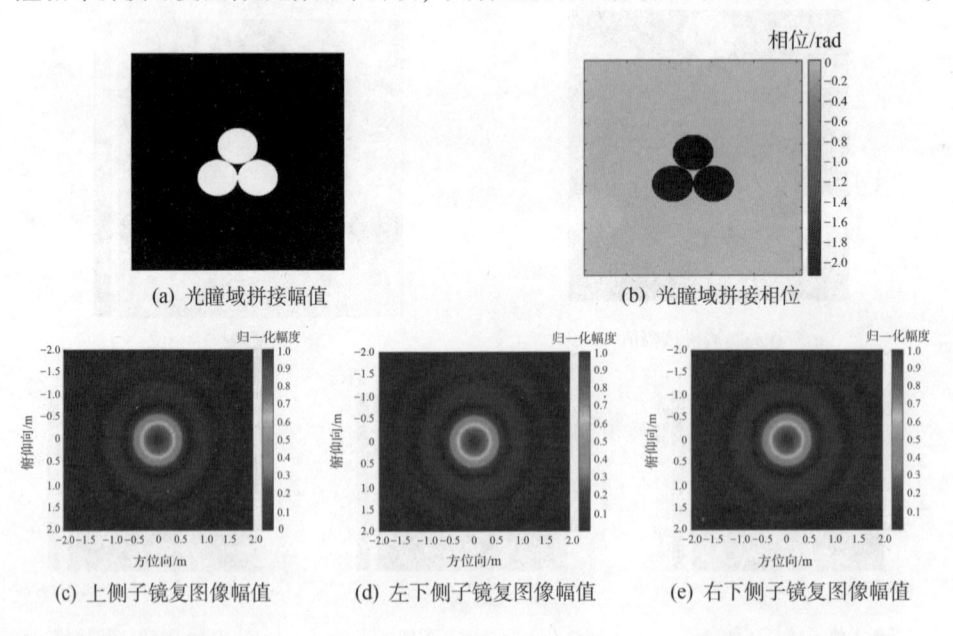

图 4.22　互相关处理峰值合成孔径成像

通过对子镜像面添加 300mm 基线对应的平地相位，实现对点目标子镜光瞳相邻拼接即复图像频谱相邻拼接，其合成孔径成像仿真结果如图 4.23 所示。

(a) 光瞳域拼接幅值　　(b) 光瞳域拼接相位

(c) 上侧子镜复图像幅值　　(d) 左下侧子镜复图像幅值　　(e) 右下侧子镜复图像幅值

(f) 上侧子镜复图像相位　　(g) 左下侧子镜复图像相位　　(h) 右下侧子镜复图像相位

(i) 合成孔径复图像幅值　　(j) 合成孔径复图像相位　　(k) 合成孔径复图像切片对比

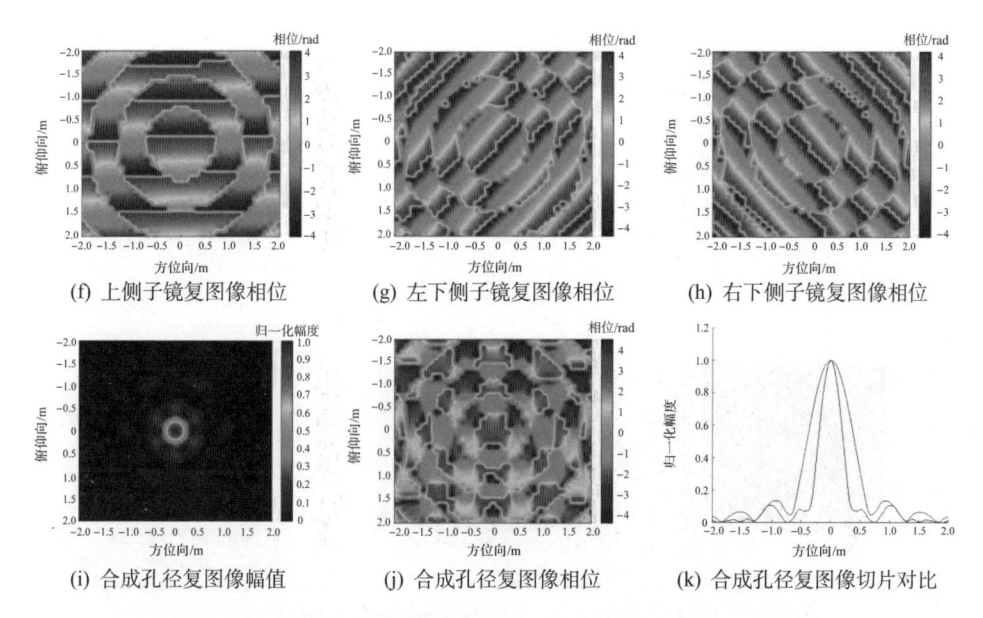

图 4.23　点目标光瞳相邻拼接后互相关处理峰值合成孔径成像

对左侧子镜复图像添加 90°固定相位，右侧子镜复图像添加 180°固定相位，基于盖师贝格·撒克斯通（Gerchberg–Saxton，GS）方法进行相位估计补偿的仿真结果如图 4.24 所示。

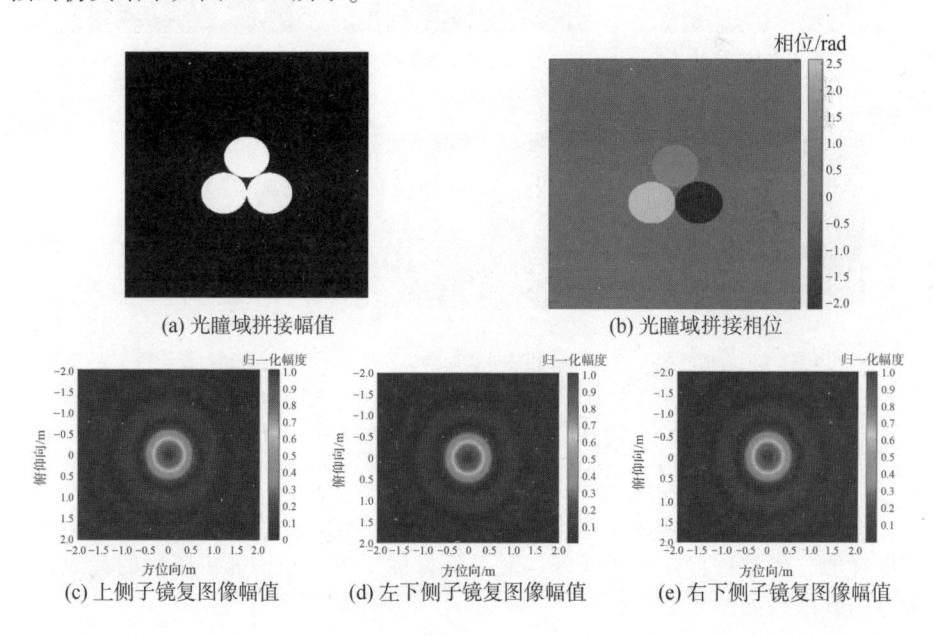

(a) 光瞳域拼接幅值　　(b) 光瞳域拼接相位

(c) 上侧子镜复图像幅值　　(d) 左下侧子镜复图像幅值　　(e) 右下侧子镜复图像幅值

(f) 上侧子镜复图像相位

(g) 左下侧子镜复图像相位（添加90°相位差）

(h) 右下侧子镜复图像相位（添加180°相位差）

(i) 合成孔径复图像幅值

(j) 合成孔径复图像相位

(k) 合成孔径复图像切片对比

(l) 原始光瞳域拼接相位

(m) GS算法估计光瞳域相位

(n) 光瞳域补偿GS估计相位后结果

(o) 相位补偿后合成孔径复图像幅值

(p) 相位补偿后合成孔径复图像相位

(q) 相位补偿后合成孔径复图像切片对比

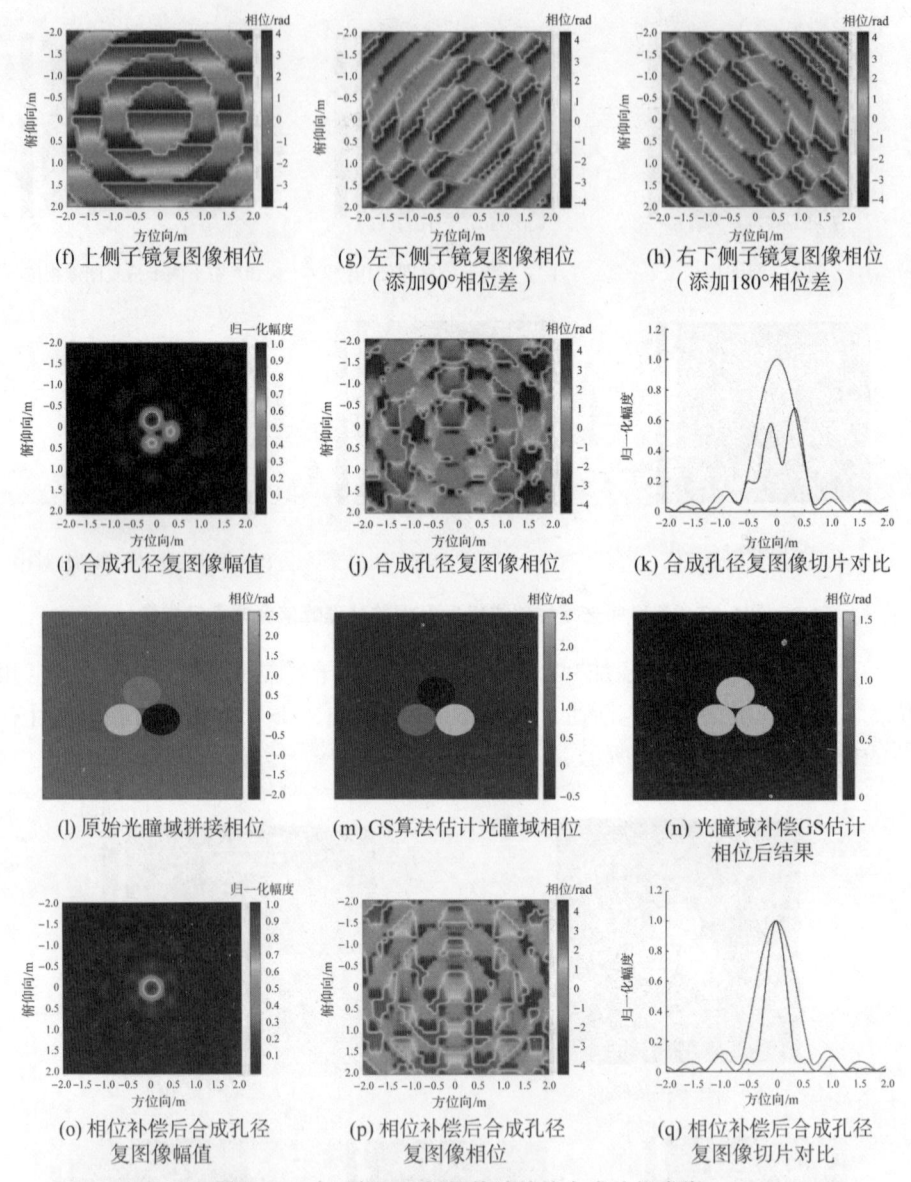

图 4.24　点目标 GS 相位估计补偿合成孔径成像

（3）对点阵目标仿真结果。

当目标阵列与望远镜阵列之间距离为 600m 时，对信号快时间域互相关处理取峰值，再进行合成孔径成像，对点阵目标子镜光瞳相邻拼接后的合成孔径成像仿真结果如图 4.25 所示。

(a) 上侧子镜复图像幅值　(b) 左下侧子镜复图像幅值　(c) 右下侧子镜复图像幅值

(d) 上侧子镜复图像相位　(e) 左下侧子镜复图像相位　(f) 右下侧子镜复图像相位

(g) 合成孔径复图像幅值　(h) 合成孔径复图像相位　(i) 合成孔径复图像切片对比

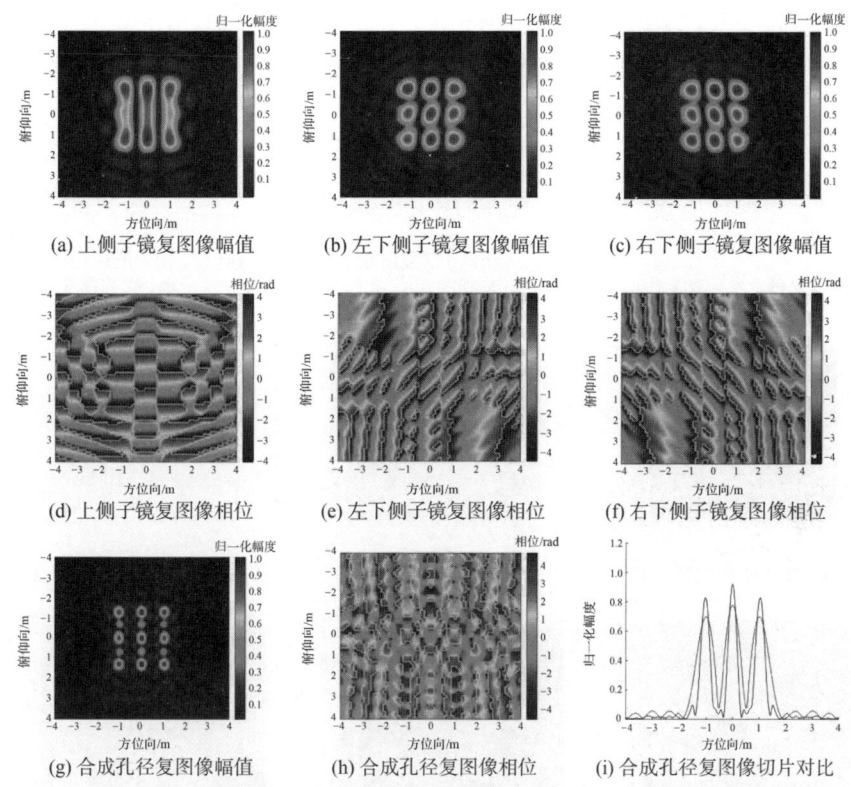

图 4.25　点阵目标光瞳相邻拼接后互相关处理峰值合成孔径成像

对左侧子镜复图像添加 90° 固定相位，右侧子镜复图像添加 180° 固定相位，基于 GS 方法进行相位估计补偿的仿真结果如图 4.26 所示。

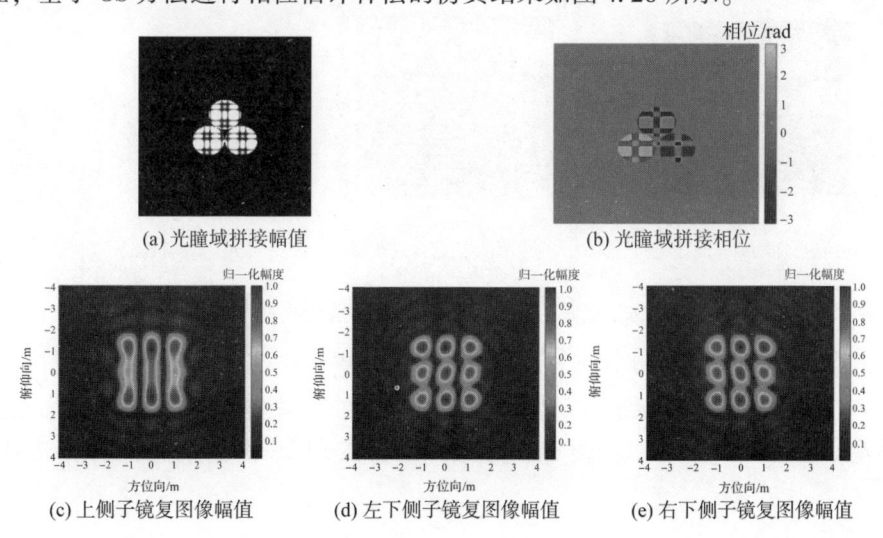

(a) 光瞳域拼接幅值　　　　　　　　　　(b) 光瞳域拼接相位

(c) 上侧子镜复图像幅值　(d) 左下侧子镜复图像幅值　(e) 右下侧子镜复图像幅值

(f) 上侧子镜复图像相位

(g) 左下侧子镜复图像相位（添加90°相位差）

(h) 右下侧子镜复图像相位（添加180°相位差）

(i) 合成孔径复图像幅值

(j) 合成孔径复图像相位

(k) 合成孔径复图像切片对比

(l) 原始光瞳域拼接相位

(m) GS算法估计光瞳域相位

(n) 光瞳域补偿GS估计相位后结果

(o) 相位补偿后合成孔径复图像幅值

(p) 相位补偿后合成孔径复图像相位

(q) 相位补偿后合成孔径复图像切片对比

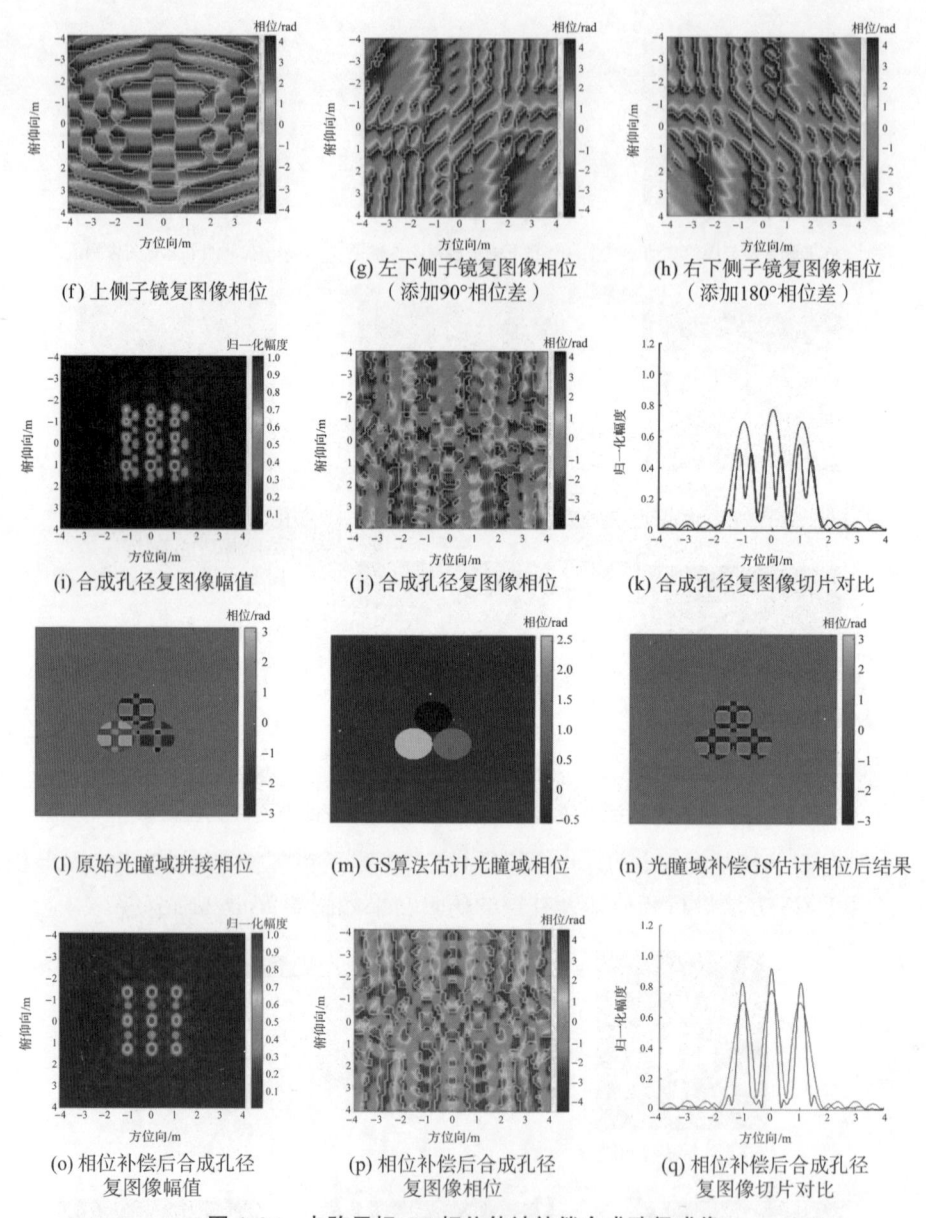

图 4.26　点阵目标 GS 相位估计补偿合成孔径成像

(4) 像面相位误差条件下点阵目标仿真结果。

当目标阵列与望远镜阵列之间距离为 150m 时，在复图像像面上添加相位误差，如图 4.27 所示。为便于子镜复图像配准，子镜采用倾斜交汇安装方式。

(a) 上子镜与左子镜相位误差示意

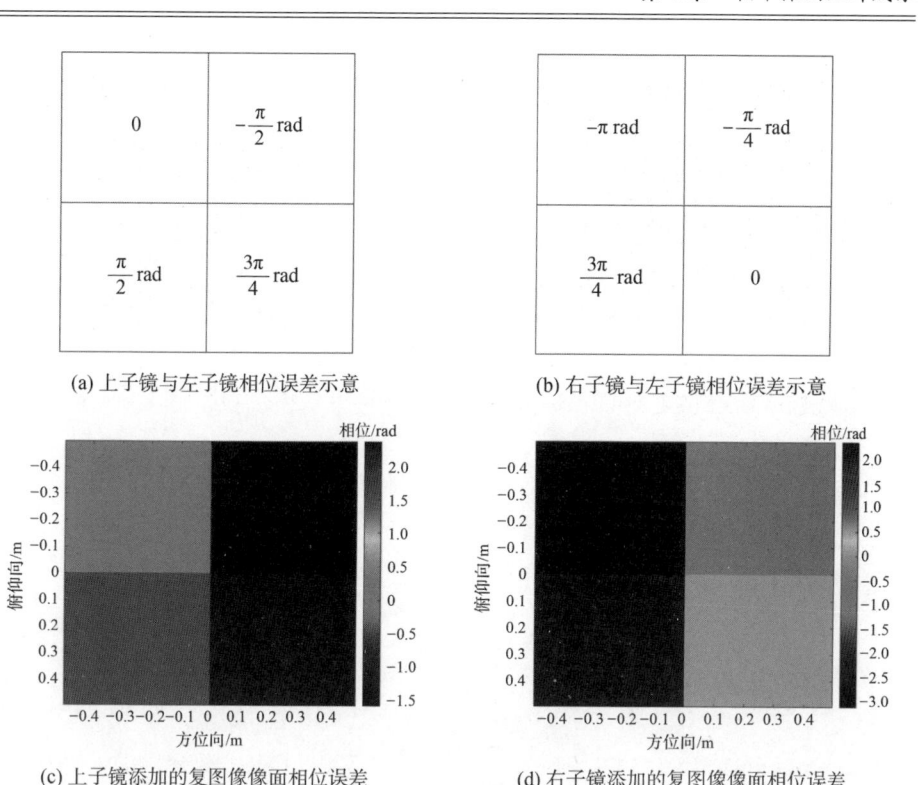

(b) 右子镜与左子镜相位误差示意

(c) 上子镜添加的复图像像面相位误差

(d) 右子镜添加的复图像像面相位误差

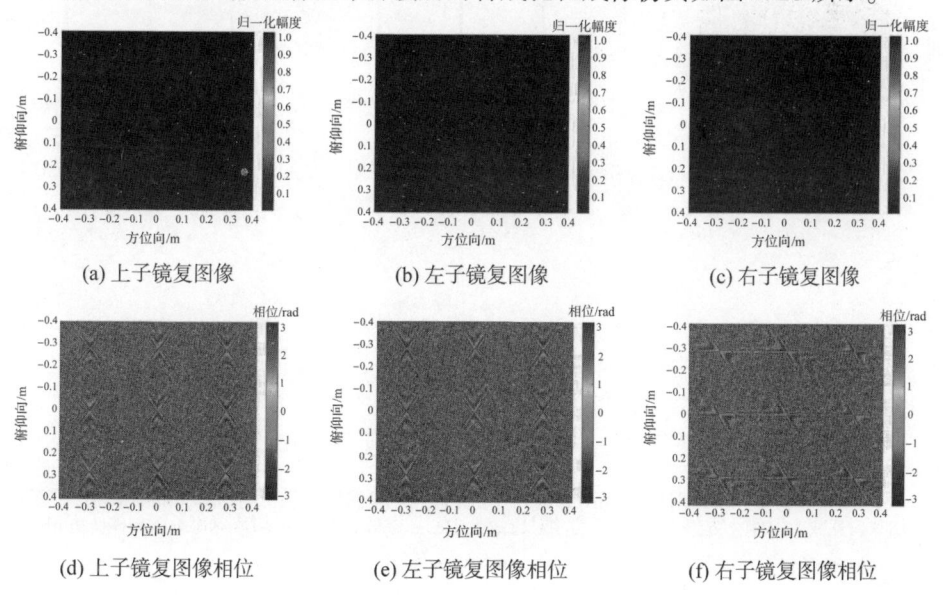

图 4.27 像面相位误差

点阵目标复图像频谱相邻拼接后的合成孔径成像仿真如图 4.28 所示。

(a) 上子镜复图像

(b) 左子镜复图像

(c) 右子镜复图像

(d) 上子镜复图像相位

(e) 左子镜复图像相位

(f) 右子镜复图像相位

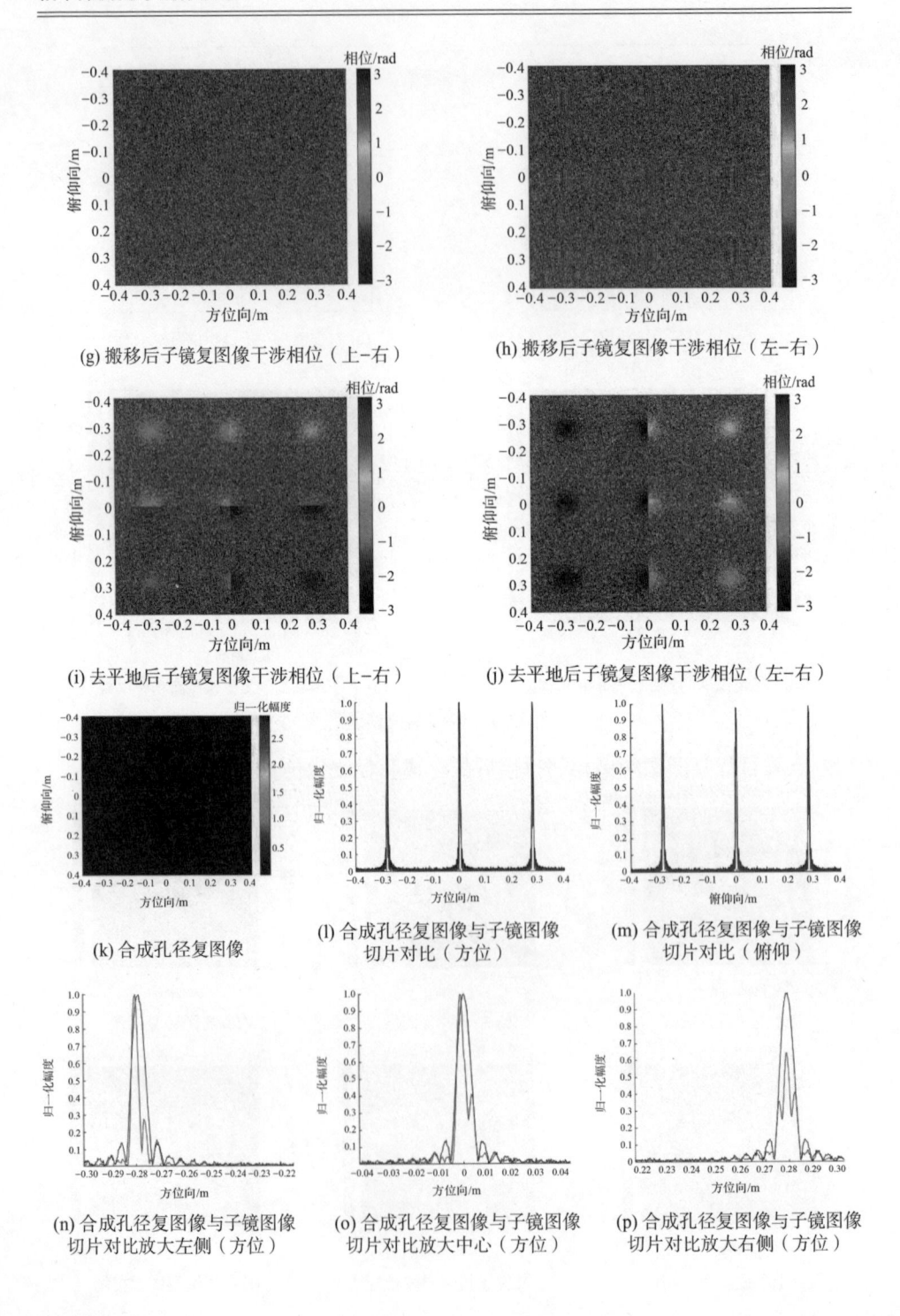

(g) 搬移后子镜复图像干涉相位（上-右）

(h) 搬移后子镜复图像干涉相位（左-右）

(i) 去平地后子镜复图像干涉相位（上-右）

(j) 去平地后子镜复图像干涉相位（左-右）

(k) 合成孔径复图像

(l) 合成孔径复图像与子镜图像切片对比（方位）

(m) 合成孔径复图像与子镜图像切片对比（俯仰）

(n) 合成孔径复图像与子镜图像切片对比放大左侧（方位）

(o) 合成孔径复图像与子镜图像切片对比放大中心（方位）

(p) 合成孔径复图像与子镜图像切片对比放大右侧（方位）

(q) 合成孔径复图像与子镜图像切片对比放大左侧（俯仰）
(r) 合成孔径复图像与子镜图像切片对比放大中心（俯仰）
(s) 合成孔径复图像与子镜图像切片对比放大右侧（俯仰）

(t) 合成孔径复图像光瞳
(u) 合成孔径复图像光瞳相位

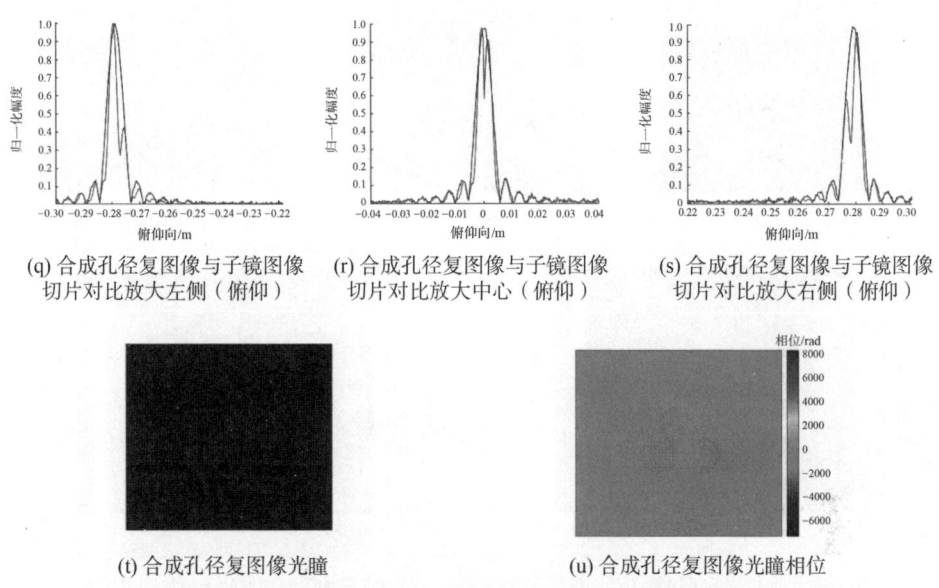

图 4.28 像面相位误差相邻拼接后合成孔径成像结果

对子镜复图像进行干涉并去除干涉相位图的一阶项，再补偿子镜间的干涉相位误差，仿真结果如图 4.29 所示。

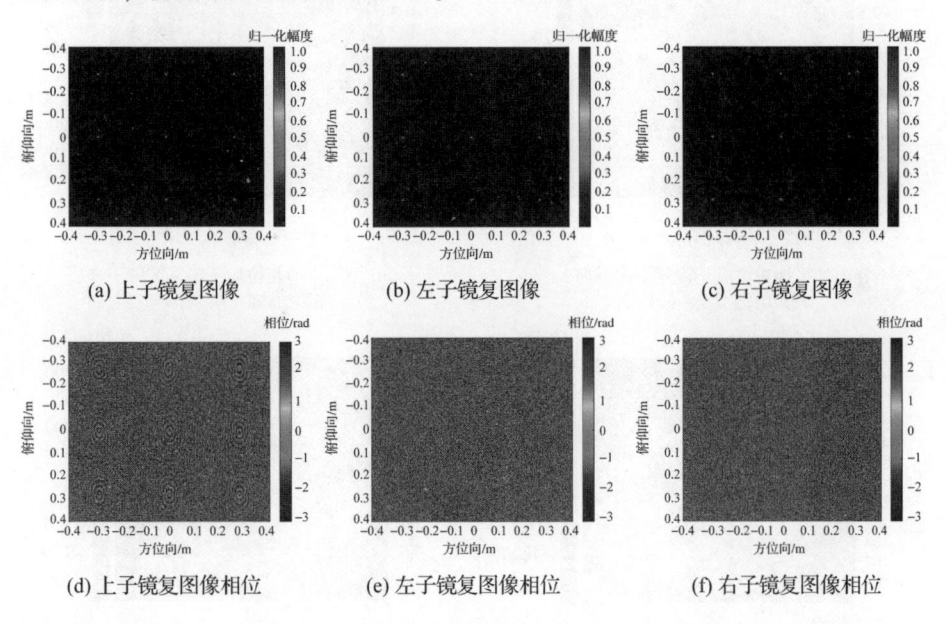

(a) 上子镜复图像
(b) 左子镜复图像
(c) 右子镜复图像

(d) 上子镜复图像相位
(e) 左子镜复图像相位
(f) 右子镜复图像相位

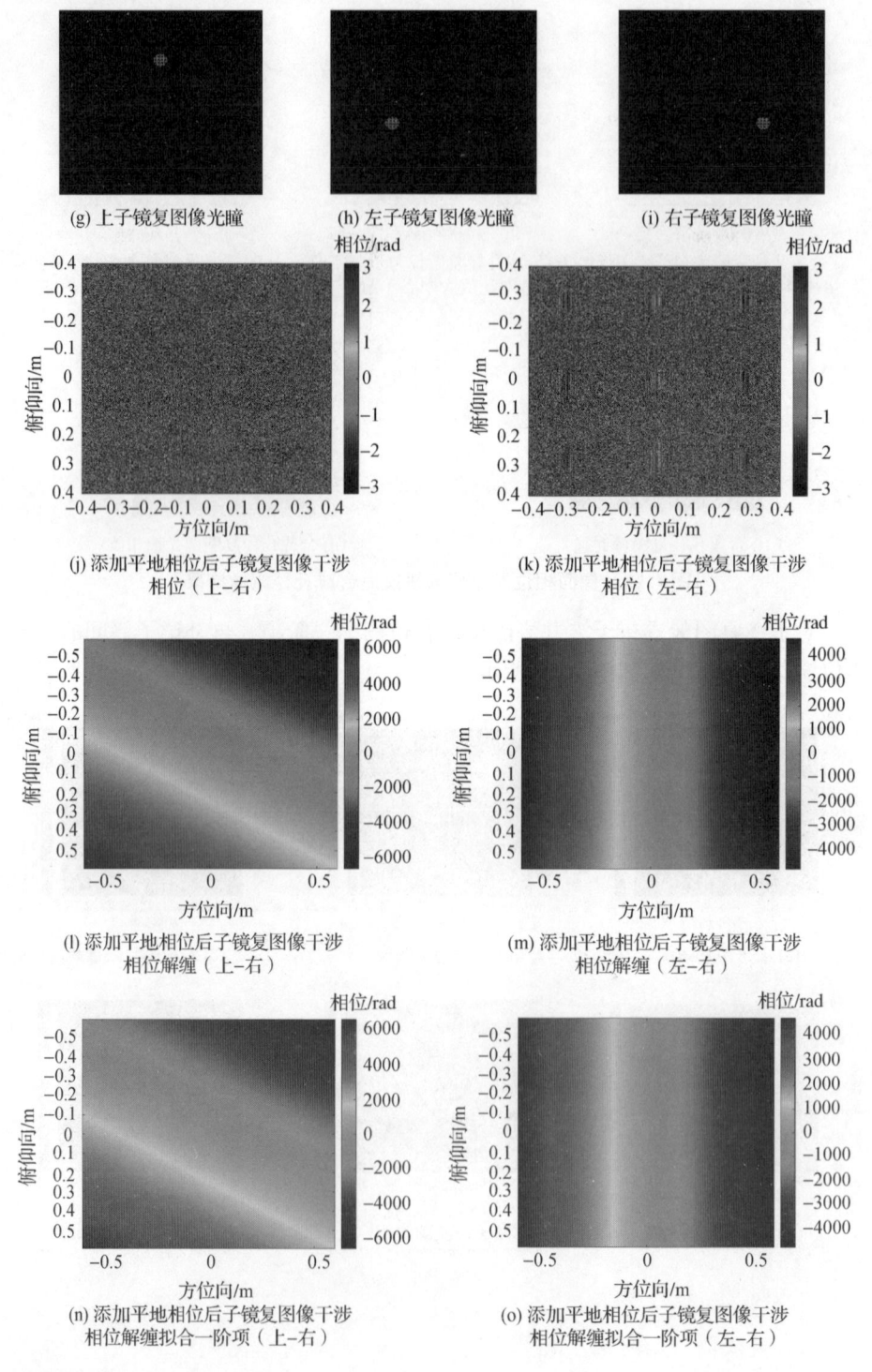

(g) 上子镜复图像光瞳　　(h) 左子镜复图像光瞳　　(i) 右子镜复图像光瞳

(j) 添加平地相位后子镜复图像干涉相位（上-右）

(k) 添加平地相位后子镜复图像干涉相位（左-右）

(l) 添加平地相位后子镜复图像干涉相位解缠（上-右）

(m) 添加平地相位后子镜复图像干涉相位解缠（左-右）

(n) 添加平地相位后子镜复图像干涉相位解缠拟合一阶项（上-右）

(o) 添加平地相位后子镜复图像干涉相位解缠拟合一阶项（左-右）

第 4 章 相干探测红外成像

(p) 去除一阶项的复图像干涉相位（上-右）　　(q) 去除一阶项的复图像干涉相位（左-右）

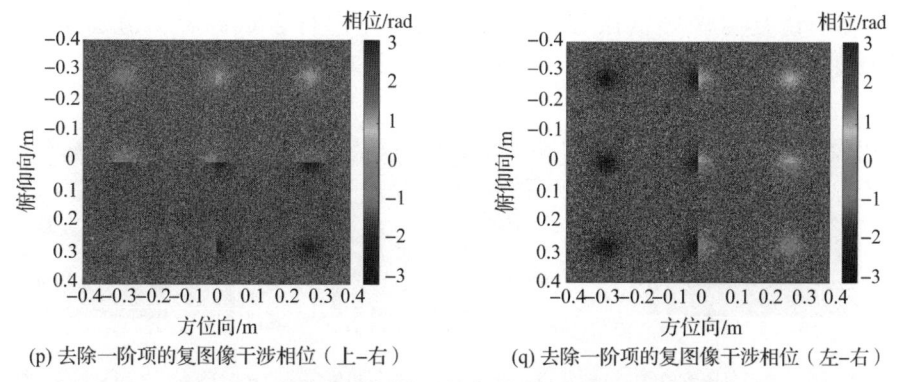

图 4.29　添加平地相位后并去除干涉相位一阶项结果

对去除一阶项的复图像干涉相位进行回转中值滤波再补偿至对应复图像相位，仿真结果如图 4.30 所示。

(a) 去除一阶项的复图像干涉相位
回转中值滤波（上-右）

(b) 去除一阶项的复图像干涉相位
回转中值滤波（左-右）

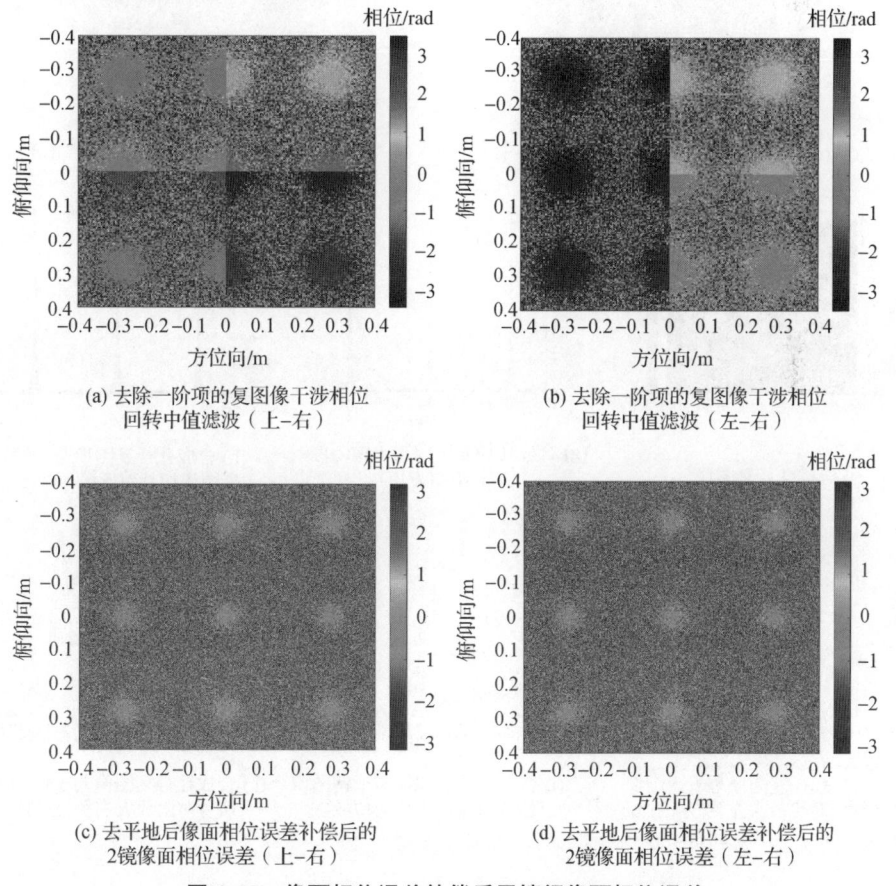

(c) 去平地后像面相位误差补偿后的
2镜像面相位误差（上-右）

(d) 去平地后像面相位误差补偿后的
2镜像面相位误差（左-右）

图 4.30　像面相位误差补偿后子镜间像面相位误差

将子镜复图像频谱搬移至相邻拼接，并进行合成孔径，仿真结果如图4.31所示。

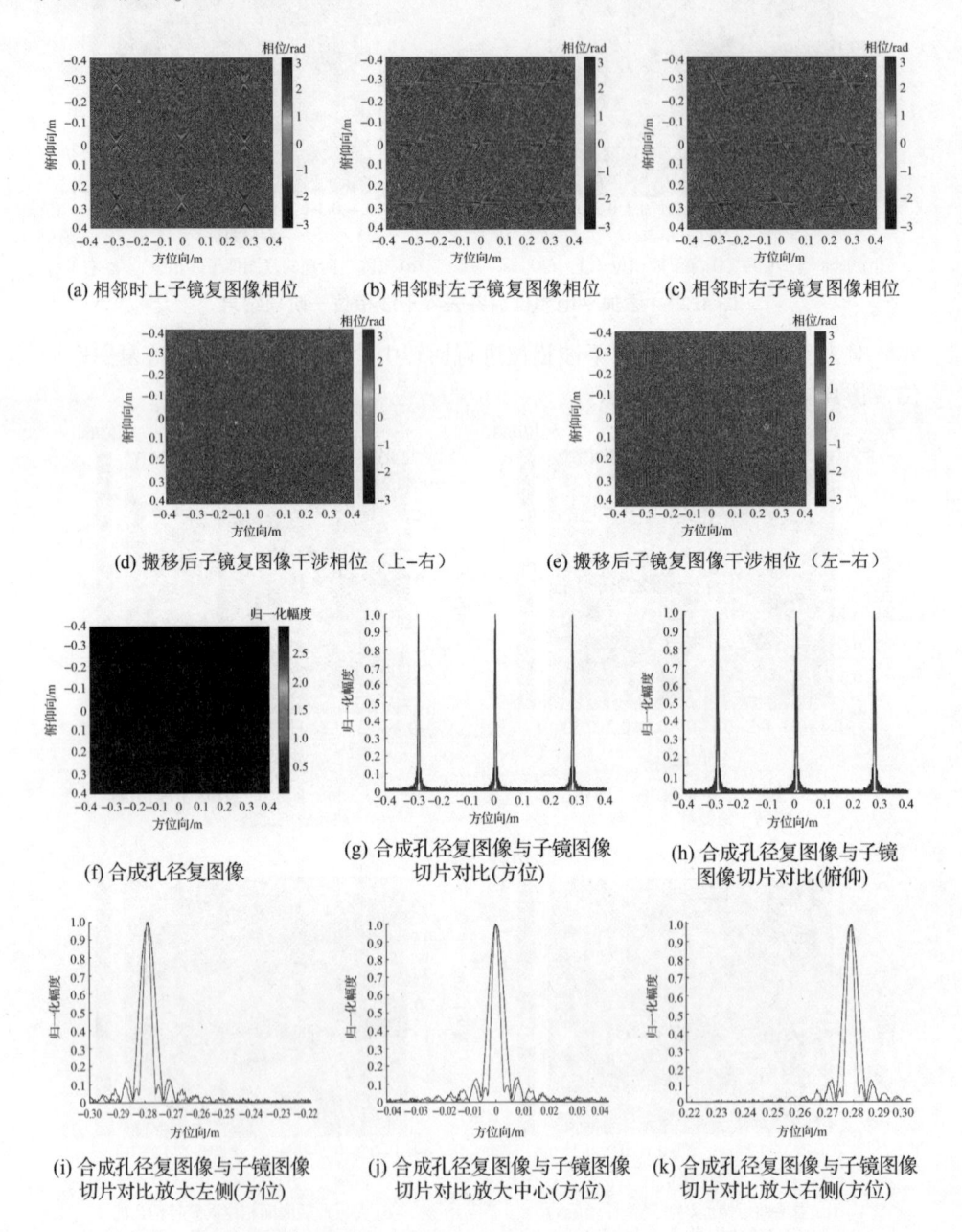

(a) 相邻时上子镜复图像相位

(b) 相邻时左子镜复图像相位

(c) 相邻时右子镜复图像相位

(d) 搬移后子镜复图像干涉相位（上−右）

(e) 搬移后子镜复图像干涉相位（左−右）

(f) 合成孔径复图像

(g) 合成孔径复图像与子镜图像切片对比(方位)

(h) 合成孔径复图像与子镜图像切片对比(俯仰)

(i) 合成孔径复图像与子镜图像切片对比放大左侧(方位)

(j) 合成孔径复图像与子镜图像切片对比放大中心(方位)

(k) 合成孔径复图像与子镜图像切片对比放大右侧(方位)

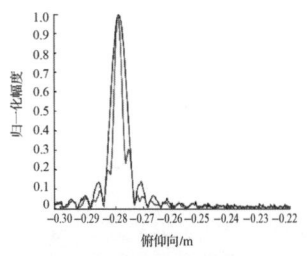

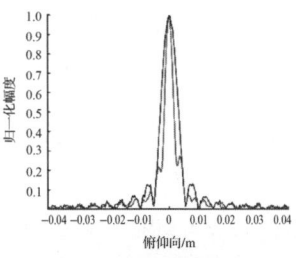

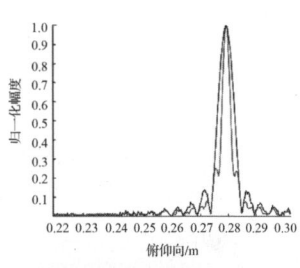

(l) 合成孔径复图像与子镜图像切片对比放大左侧(俯仰)　(m) 合成孔径复图像与子镜图像切片对比放大中心(俯仰)　(n) 合成孔径复图像与子镜图像切片对比放大右侧(俯仰)

(o) 合成孔径复图像光瞳相位　(p) 合成孔径复图像光瞳相位放大

图 4.31　像面相位误差补偿后合成孔径成像结果

3. 直接阵列探测器合成孔径成像仿真分析

（1）积分时间影响。

参考文献 [27]，本课题三子镜探测器组相干探测红外复图像形成的所需三类强度图像如下。

遮挡子镜接收孔径后，探测器采集的正交调制后的激光本振强度图像，定义为强度图像 Image_a，事先采集；遮挡激光本振发射准直器后，探测器采集的由子镜接收的光学信号强度图像，定义为强度图像 Image_b，实时采集；不遮挡子镜接收孔径和激光本振发射准直器时，探测器采集的正交调制后的激光本振与光学信号混频后的强度图像，定义为强度图像 Image_c，实时采集；选取合适的探测器积分时间，使得需要采集的强度图像均不饱和且强度均不小于探测器基底噪声强度。

于是可将激光本振改为波长可调谐的，又因强度图像 Image_c 为光学信号和激光本振的混频项，则其可表示为

$$\text{Image\_}c(x,y,n) = \int_{-T/2}^{T/2} \left\{ 2\sqrt{\text{Image\_}a(x,y,n,t)}\sqrt{\text{Image\_}b(x,y,n,t)} \cos\left[\pi k t^2 + \Phi(x,y,n,t) + \Delta\varphi_{img}(x,y,n)\right] \right\} dt$$

(4.28)

式中　xy——图像域的方位向坐标和俯仰向坐标（m）；

　　　n——图像帧数编号；

　　　k——本振信号调频率（Hz/s）；

　　　t——直接阵列探测器积分时间 T 内激光回波信号与激光本振的时间维（s）；

　　　$\Phi(x,y,n,t)$——光学信号为红外信号时红外信号附带的随机相位（rad）；

　　　$\Delta\varphi_{img}(x,y,n)$——光学信号复图像与激光本振的相位差（rad）。

若激光本振和激光回波信号幅度与初始相位在直接阵列探测器的积分时间 T 内与变量 t 无关。

当激光本振的中心波长为 λ_0，对应的中心频率为 $f_0=C/\lambda_0$ 时，假定积分时间为 T，那么在积分时间里，波长可调谐激光器的频率变化范围为 $\Delta f=k\cdot T$，对应波长变化范围为 $\Delta\lambda=\Delta f\cdot\lambda_0^2/C=k\cdot T\cdot\lambda_0^2/C$。

假定宽谱段红外信号混频在频域选通后的系统带宽为 B，设置波长可调谐激光本振信号的调频率 $k\geq B^2$ 时，积分时间 T 对红外复图像形成的影响较小。

假定中心波长 $\lambda_0=1.55\mathrm{um}$，参数汇总情况如表 4.7 所列。

表 4.7　参数汇总表

波长变化范围	对应频率变化范围	调频率	系统带宽	备注
$\Delta\lambda=8\times10^{-6}\mathrm{pm}$	$\Delta f\leq1\mathrm{kHz}$	$k=100\mathrm{kHz/s}$	$B\geq100\mathrm{Hz}$	
$\Delta\lambda=8\times10^{-4}\mathrm{pm}$	$\Delta f\leq1\mathrm{kHz}$	$k=10\mathrm{MHz/s}$	$B\geq10\mathrm{kHz}$	稳频激光器
$\Delta\lambda=8\times10^{-4}\mathrm{pm}$	$\Delta f\leq50\mathrm{kHz}$	$k=10\mathrm{MHz/s}$	$B\geq200\mathrm{Hz}$	
$\Delta\lambda=15\mathrm{nm}$	$\Delta f\geq1.87\mathrm{THz}$	$k=3.74\mathrm{GHz/us}$	$B\leq61\mathrm{MHz}$	
$\Delta\lambda=30\mathrm{nm}$	$\Delta f\geq3.74\mathrm{THz}$	$k=374\mathrm{MHz/us}$	$B\leq19\mathrm{MHz}$	波长可调谐激光器
$\Delta\lambda=30\mathrm{nm}$	$\Delta f\leq3.74\mathrm{THz}$	$k=3.74\mathrm{THz/us}$	$B\geq1\mathrm{MHz}$	

（2）激光本振波长固定/可调谐积分时间影响仿真分析。

①仿真参数。

本项目仿真采用瞬时宽带随机二相编码信号来模拟宽带红外信号，采用线性调频信号模拟（在 $k=B^2$ 条件下）波长可调谐激光本振，望远镜阵列仿真参数如表 4.8 所列。

表 4.8　望远镜阵列仿真参数

主要指标	值	主要指标	值
接收中心波长/μm	1.55	子码宽度/μs	5
子镜口径/mm	70	码长	100
子镜焦距/mm	780	信号时宽/μs	500
子镜个数	2	信号采样率/MHz	4
子镜间间距/m	0.3	信号采样点数	2000
探测器像元尺寸/μm	20	仿真像元规模	512×512
目标阵列与望远镜阵列之间距离/m	600	视场范围/mrad	13（0.75°）
瞬时信号带宽/MHz	0.2	信号调频率/(MHz/μm)	0.04
频率变化范围/MHz	20	波长变换范围/pm	0.16

②波长固定对点阵目标仿真结果。

对信号快时间域进行积分处理（积分时间 500μs），再进行合成孔径成像，点阵目标仿真结果如图 4.32 所示。

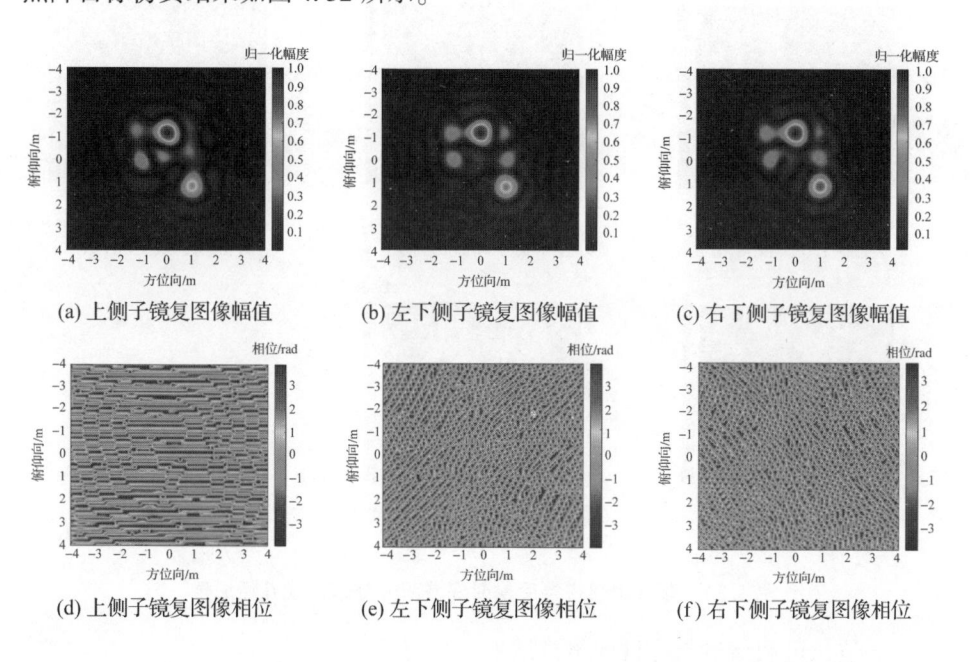

(a) 上侧子镜复图像幅值　(b) 左下侧子镜复图像幅值　(c) 右下侧子镜复图像幅值

(d) 上侧子镜复图像相位　(e) 左下侧子镜复图像相位　(f) 右下侧子镜复图像相位

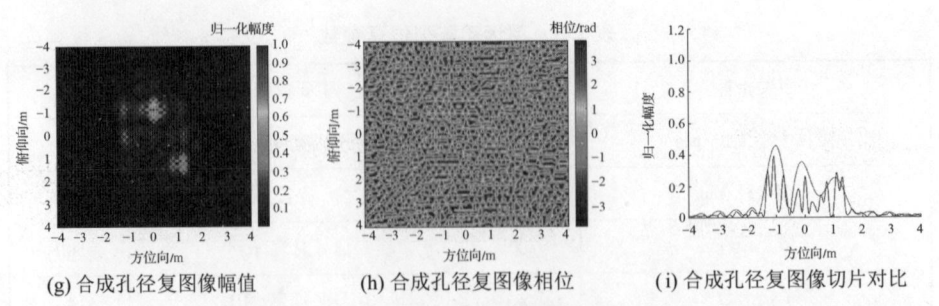

(g) 合成孔径复图像幅值　　　　(h) 合成孔径复图像相位　　　　(i) 合成孔径复图像切片对比

图 4.32　快时间域积分处理合成孔径成像

点阵目标图像频谱相邻拼接后的合成孔径成像仿真如图 4.33 所示。

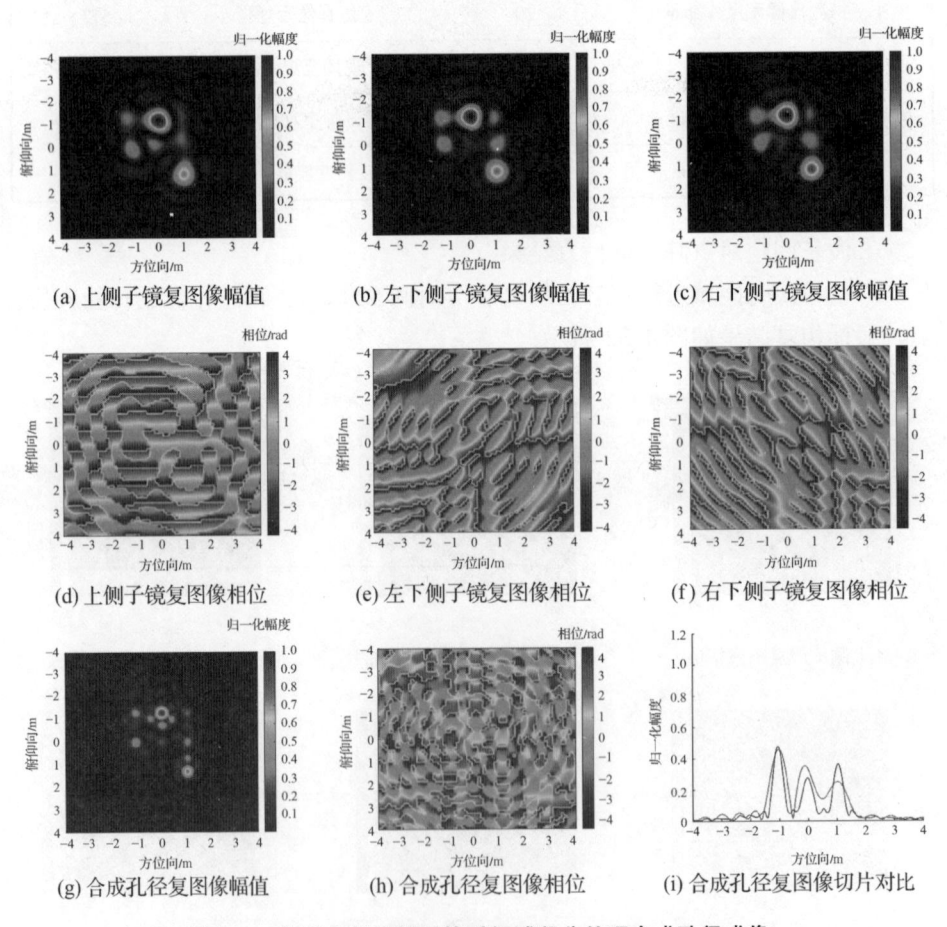

(a) 上侧子镜复图像幅值　　　　(b) 左下侧子镜复图像幅值　　　　(c) 右下侧子镜复图像幅值

(d) 上侧子镜复图像相位　　　　(e) 左下侧子镜复图像相位　　　　(f) 右下侧子镜复图像相位

(g) 合成孔径复图像幅值　　　　(h) 合成孔径复图像相位　　　　(i) 合成孔径复图像切片对比

图 4.33　频谱相邻拼接后快时间域积分处理合成孔径成像

③波长可调谐对点阵目标仿真结果。

第 4 章　相干探测红外成像

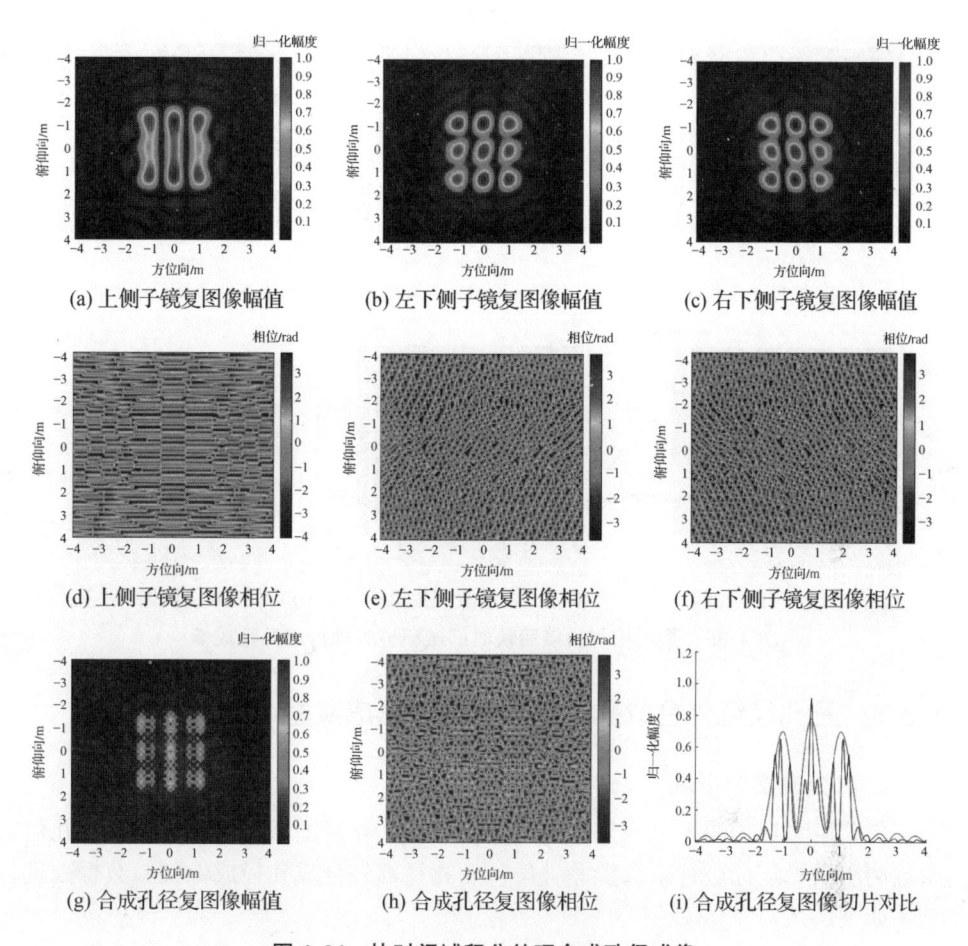

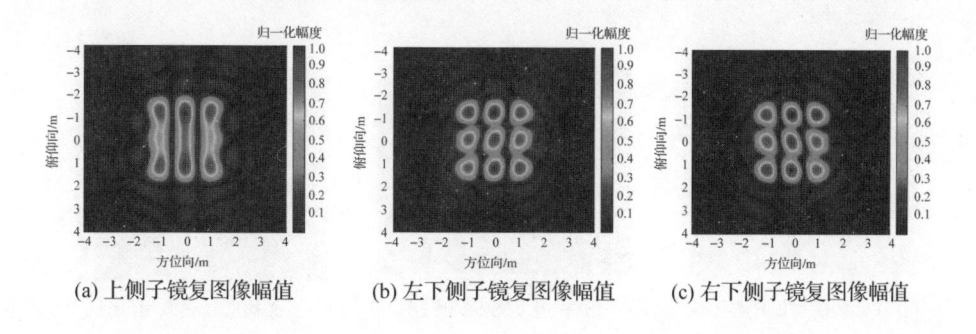

(a) 上侧子镜复图像幅值　　(b) 左下侧子镜复图像幅值　　(c) 右下侧子镜复图像幅值

(d) 上侧子镜复图像相位　　(e) 左下侧子镜复图像相位　　(f) 右下侧子镜复图像相位

(g) 合成孔径复图像幅值　　(h) 合成孔径复图像相位　　(i) 合成孔径复图像切片对比

图 4.34　快时间域积分处理合成孔径成像

点阵目标复图像频谱相邻拼接后的合成孔径成像仿真如图 4.35 所示。

(a) 上侧子镜复图像幅值　　(b) 左下侧子镜复图像幅值　　(c) 右下侧子镜复图像幅值

215

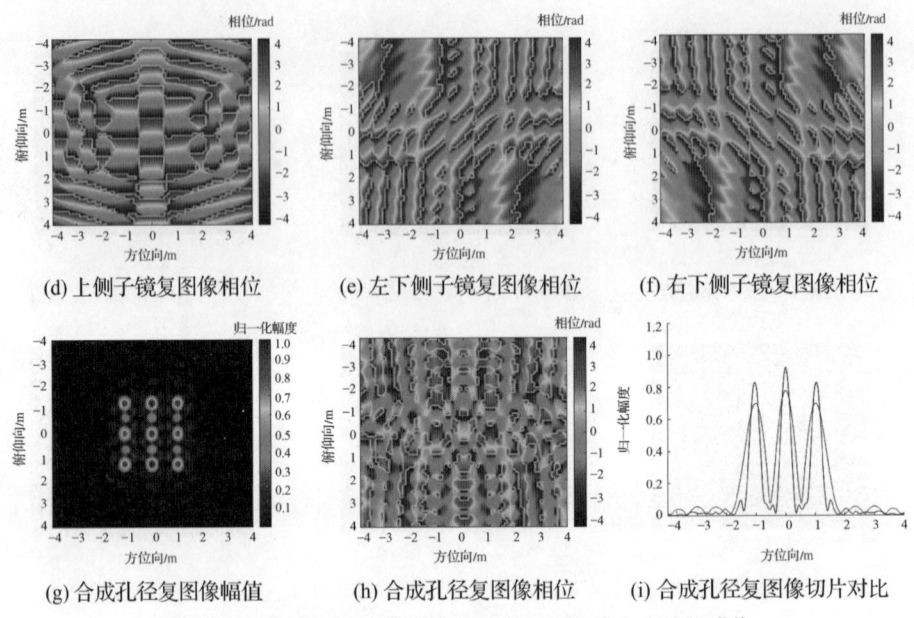

(d) 上侧子镜复图像相位　　(e) 左下侧子镜复图像相位　　(f) 右下侧子镜复图像相位

(g) 合成孔径复图像幅值　　(h) 合成孔径复图像相位　　(i) 合成孔径复图像切片对比

图 4.35　频谱相邻拼接后快时间域积分处理合成孔径成像

4.3.5　三孔径红外合成孔径成像复图像形成实验

1. 红外复图像形成

借鉴第 3 章的激光复图像形成方法，完成红外复图像重构，根据系统几何参数利用激光定标进行系统误差补偿，三孔径红外合成孔径成像实验数据处理结果如下。

红外复图像形成及其合成孔径成像实验中使用 $1.55\mu m$ 固定波长激光本振。在上述子镜红外相机结构下，基于 3 个子镜红外相机对距离 600m 楼房的墙面和窗户获得的红外复图像及其合成孔径成像结果如图 4.36 ~ 图 4.40 所示。

(a) 红外相机采集光强图像　　(b) 构造复图像幅度图　　(c) 构造复图像相位图

图 4.36　左下子镜形成红外复图像（熵：12.0934，对比度：0.4395）

(a) 红外相机采集光强图像　　(b) 构造复图像幅度图　　(c) 构造复图像相位图
图 4.37　右下子镜形成红外复图像（熵：12.0740，对比度：0.4705）

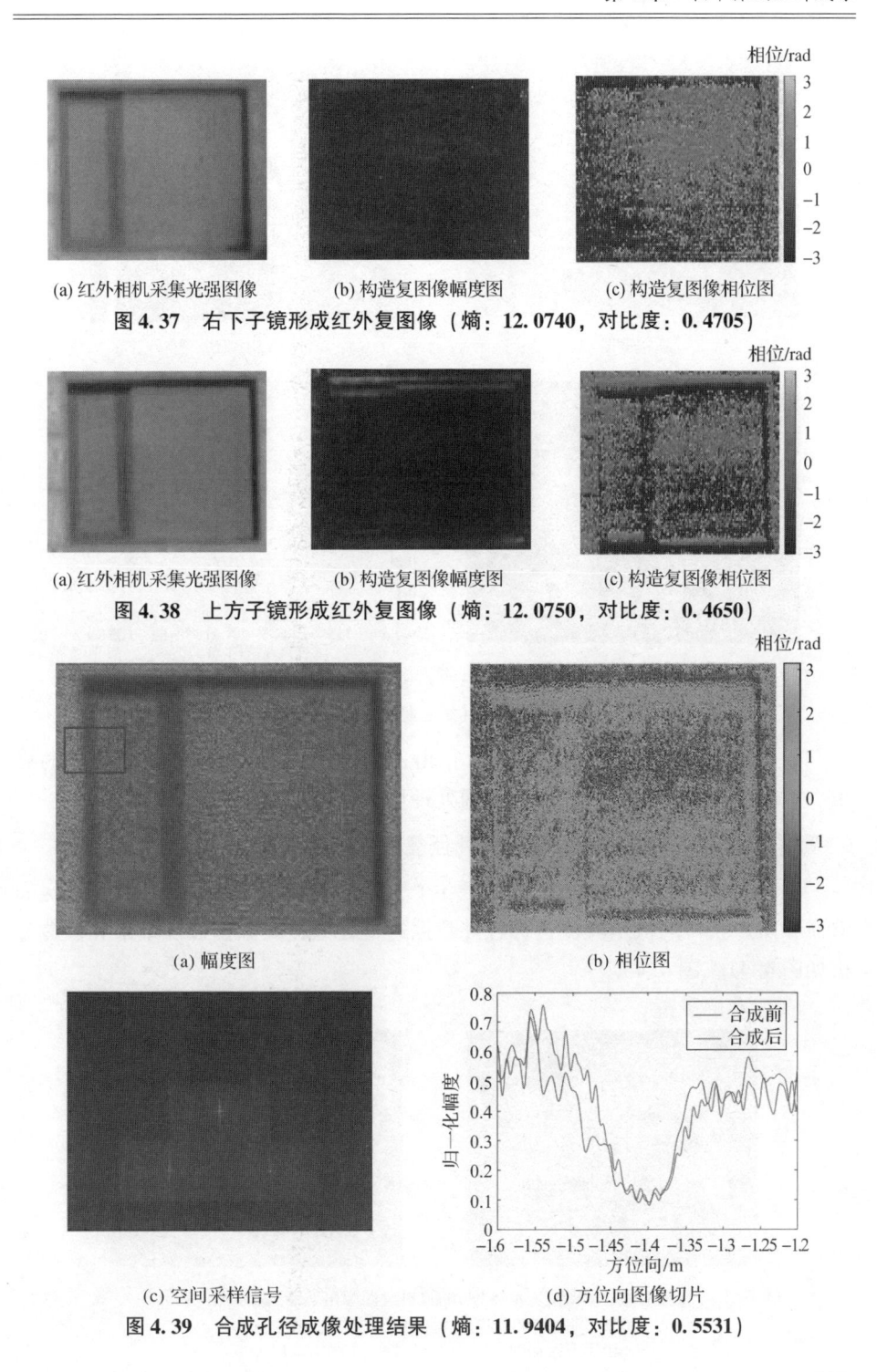

(a) 红外相机采集光强图像　　(b) 构造复图像幅度图　　(c) 构造复图像相位图
图 4.38　上方子镜形成红外复图像（熵：12.0750，对比度：0.4650）

(a) 幅度图　　　　　　　　　　　　　(b) 相位图

(c) 空间采样信号　　　　　　　　　(d) 方位向图像切片
图 4.39　合成孔径成像处理结果（熵：11.9404，对比度：0.5531）

217

(a) 幅度图　　　　　　　　　　　(b) 相位图

(c) 空间采样信号　　　　　　　　(d) 方位向图像切片

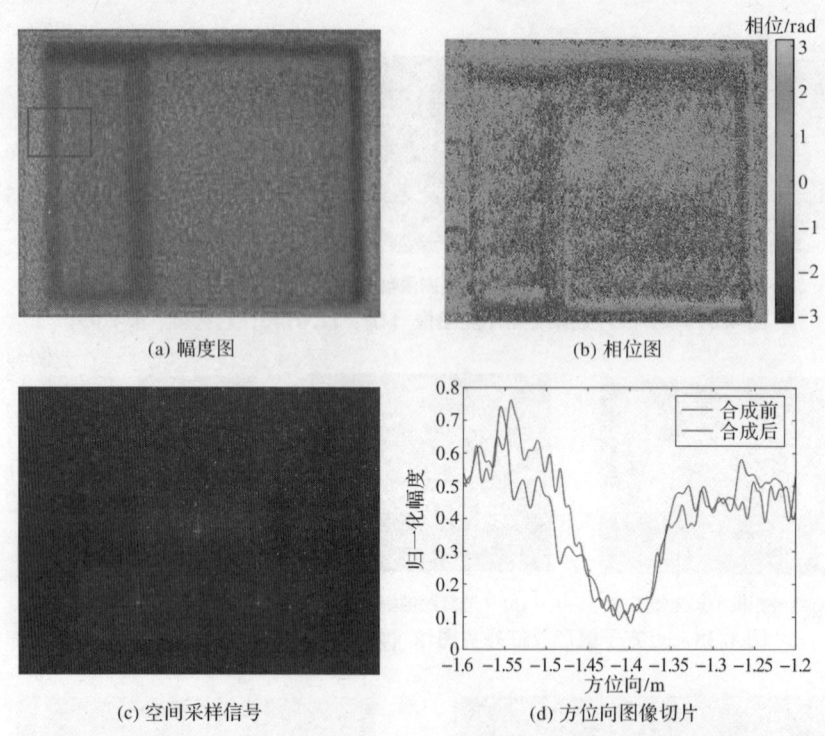

图 4.40　PGA 处理结果（熵：11.9299，对比度：0.5583）

图 4.40 中方位向图像切片为图 4.40（a）中方框标注部分在方位向的投影，由图中曲线可见，合成孔径成像处理增大了图像灰度变化的梯度。

2. 基于激光本振相干探测的三孔径复图像性能分析

基于激光本振相干探测，对基于 3 个子镜红外相机关于距离 600m 楼房的墙面和窗户获得的低信噪比目标红外数据进行处理，其数据处理结果和性能分析如图 4.41～图 4.43。

（1）左侧子镜。

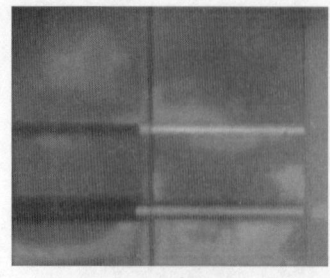

(a) 第1帧红外图像（左）与30帧红外复图像相干累积幅度图（右）
1帧图像熵10.6021，对比度0.095，信噪比2.64116dB
30帧图像熵10.4006，对比度0.3576，信噪比6.1776dB

第 4 章　相干探测红外成像

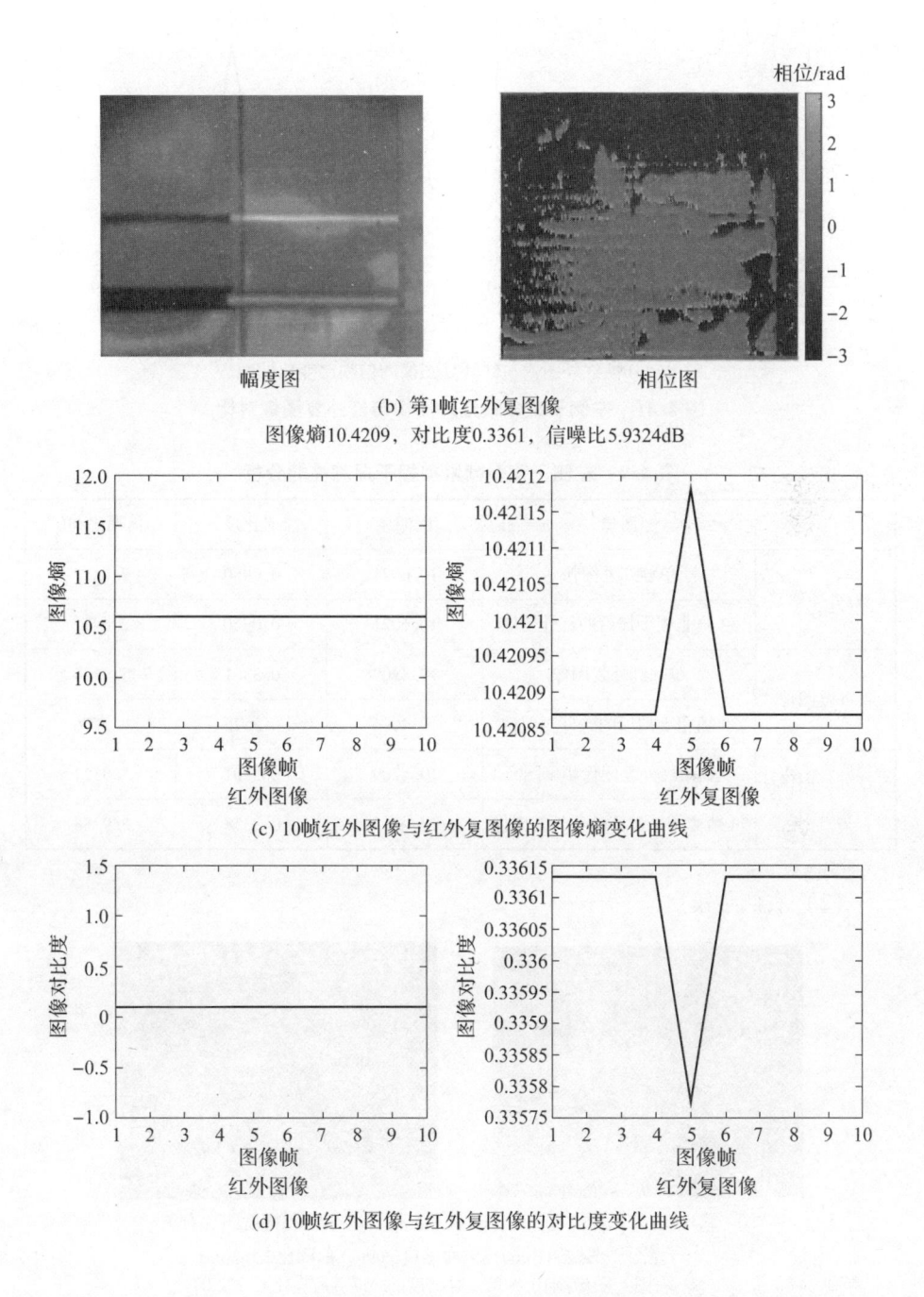

幅度图　　　　　　　　　　　　相位图

(b) 第1帧红外复图像
图像熵10.4209，对比度0.3361，信噪比5.9324dB

红外图像　　　　　　　　　　　红外复图像

(c) 10帧红外图像与红外复图像的图像熵变化曲线

红外图像　　　　　　　　　　　红外复图像

(d) 10帧红外图像与红外复图像的对比度变化曲线

219

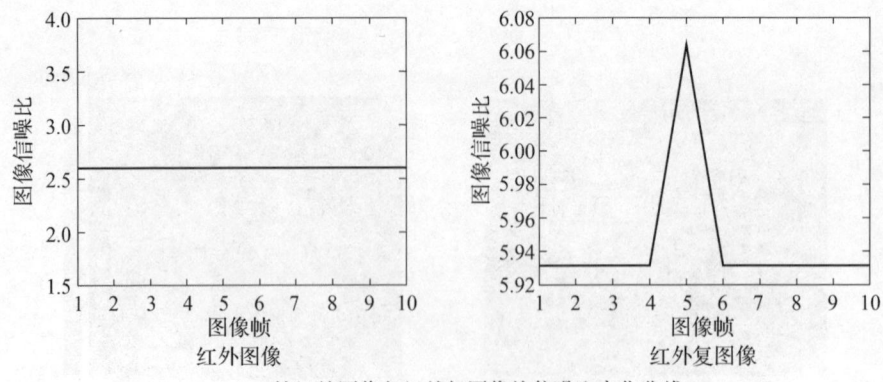

(e) 10帧红外图像与红外复图像的信噪比变化曲线

图 4.41　左侧子镜多帧红外图像与红外复图像对比

表 4.9　左侧子镜多帧累加相干探测性能分析

	图像	图像熵	对比度	信噪比/dB
红外图像	单帧红外图像	10.6021	0.0950	2.6412
	30帧非相干加后的红外图像	10.6021	0.0950	2.6412
红外复图像	单帧红外复图像	10.4209	0.3361	5.9324
	30帧相干加后的红外复图像	10.4006	0.3576	6.1776
红外复图像幅度图	单帧红外复图像幅度图	10.4209	0.3361	5.9324
	30帧非相干加后的红外复图像	10.4212	0.3358	5.9388

（2）右侧子镜。

(a) 第1帧红外图像（左）与30帧红外复图像相干累积幅度图（右）
左图：图像熵10.6018，对比度0.096，信噪比2.1636dB
右图：图像熵10.4838，对比度0.2827，信噪比4.1272dB

第 4 章 相干探测红外成像

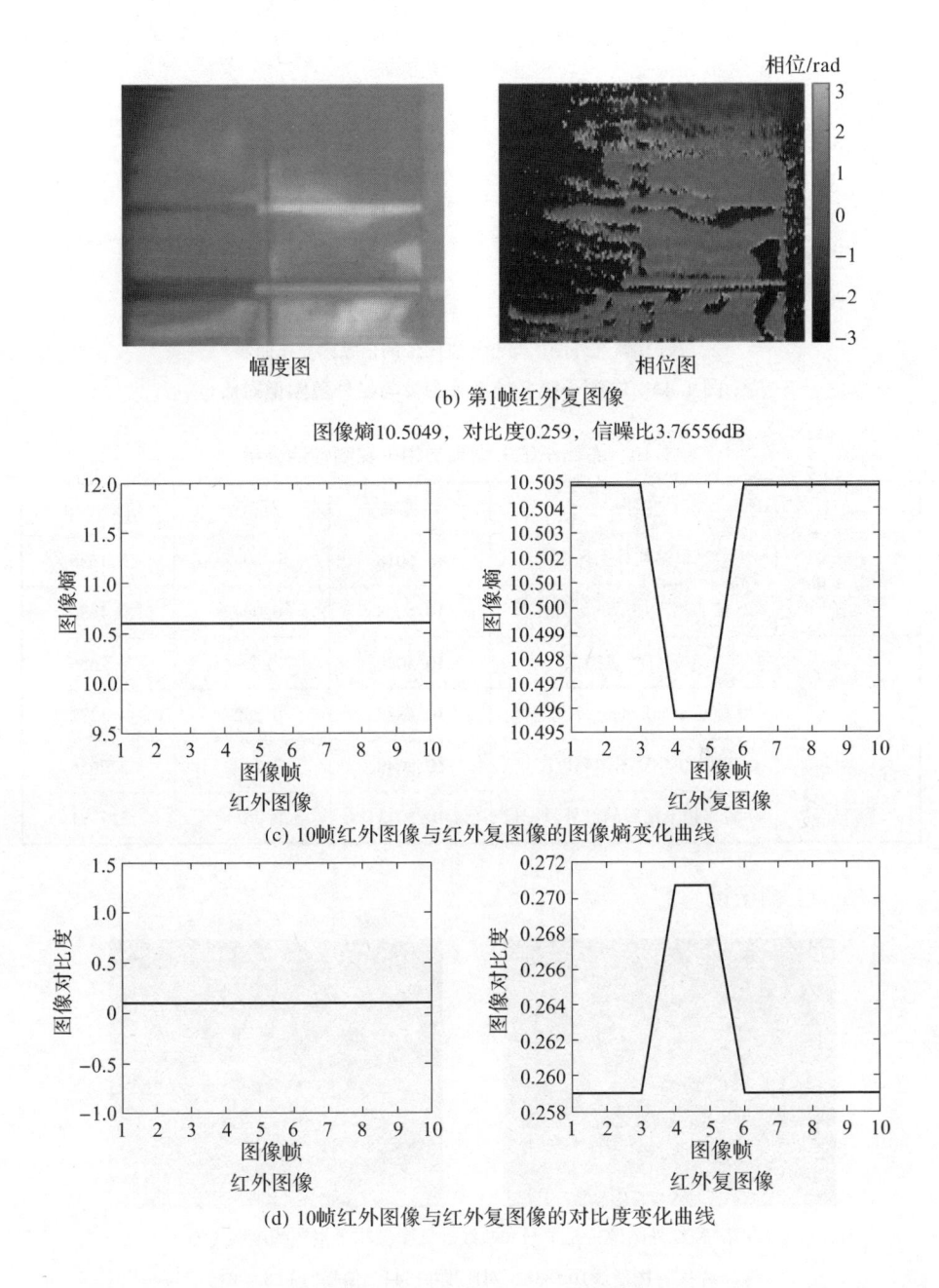

幅度图　　　　　　　　　　　相位图
(b) 第1帧红外复图像
图像熵10.5049，对比度0.259，信噪比3.76556dB

(c) 10帧红外图像与红外复图像的图像熵变化曲线

(d) 10帧红外图像与红外复图像的对比度变化曲线

221

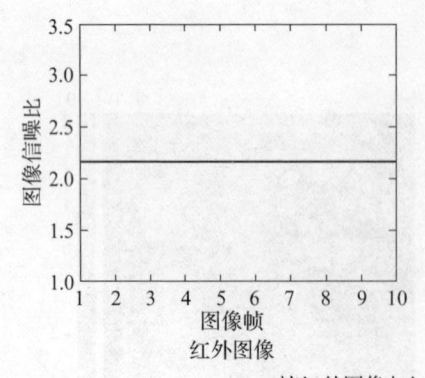

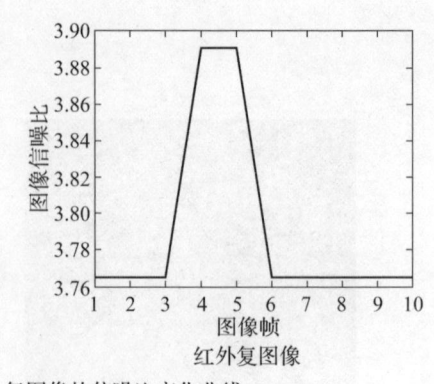

(e) 10帧红外图像与红外复图像的信噪比变化曲线

图 4.42　右侧子镜多帧红外图像与红外复图像对比

表 4.10　右侧子镜多帧累加相干探测性能分析

	图像	图像熵	对比度	信噪比/dB
红外图像	单帧红外图像	10.6018	0.0962	2.1636
	30 帧非相干加后的红外图像	10.6018	0.0962	2.1636
红外复图像	单帧红外复图像	10.5049	0.259	3.7656
	30 帧相干加后的红外复图像	10.4838	0.2827	4.1272
红外复图像幅度图	单帧红外复图像幅度图	10.5049	0.2590	3.7656
	30 帧非相干加后的红外复图像	10.5033	0.2611	3.7791

（3）上侧子镜。

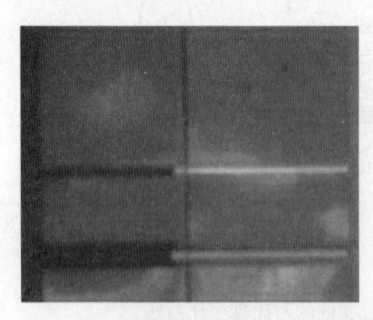

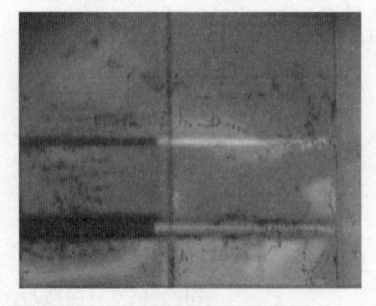

(a) 第1帧红外图像（左）与30帧红外复图像相干累积幅度图（右）
　　左图：图像熵10.5838，对比度0.1344，信噪比3.5831dB
　　右图：图像熵10.4015，对比度0.3601，信噪比6.1430dB

第 4 章　相干探测红外成像

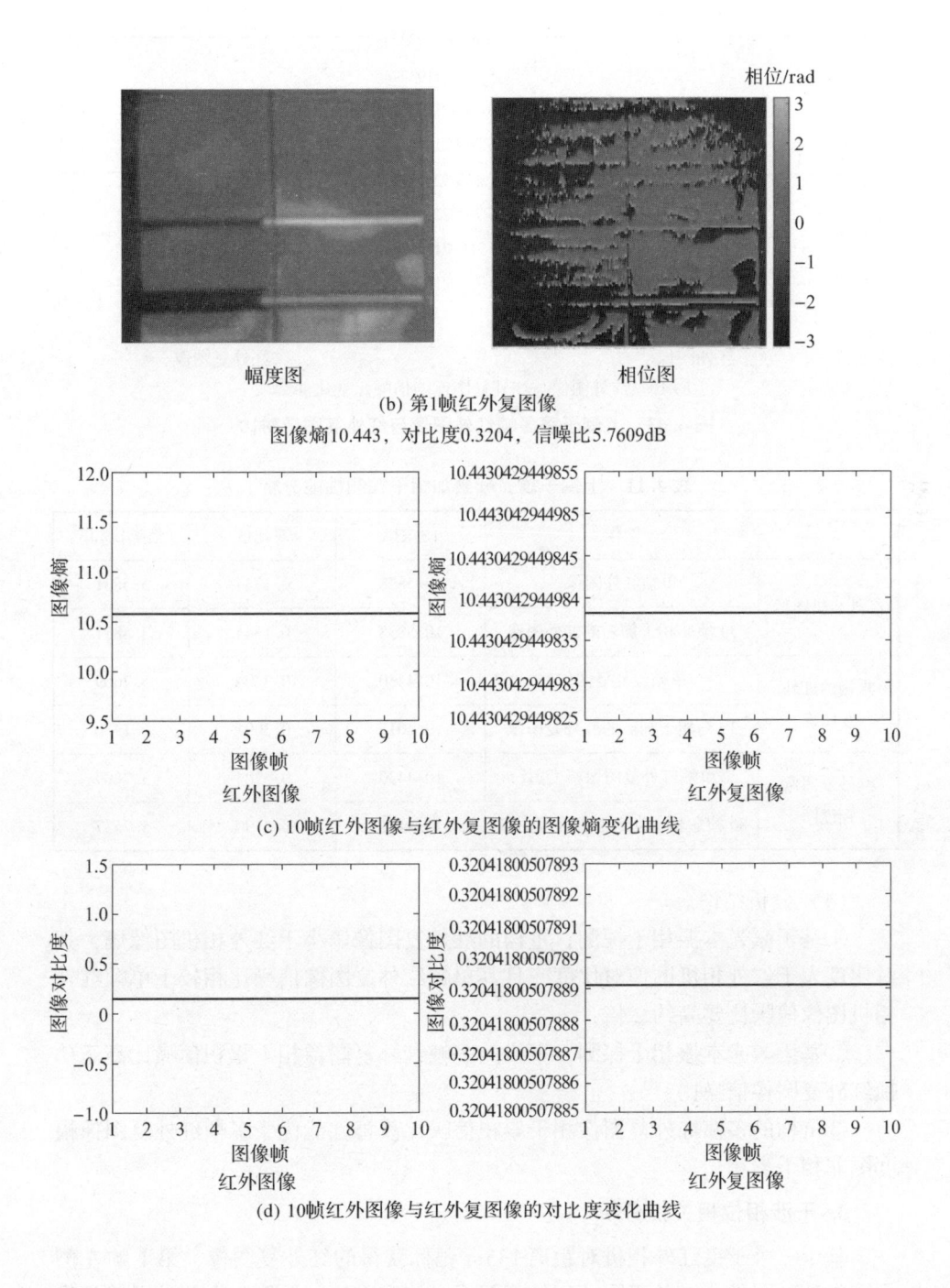

幅度图　　　　　　　　相位图
(b) 第1帧红外复图像
图像熵10.443，对比度0.3204，信噪比5.7609dB

红外图像　　　　　　　　红外复图像
(c) 10帧红外图像与红外复图像的图像熵变化曲线

红外图像　　　　　　　　红外复图像
(d) 10帧红外图像与红外复图像的对比度变化曲线

223

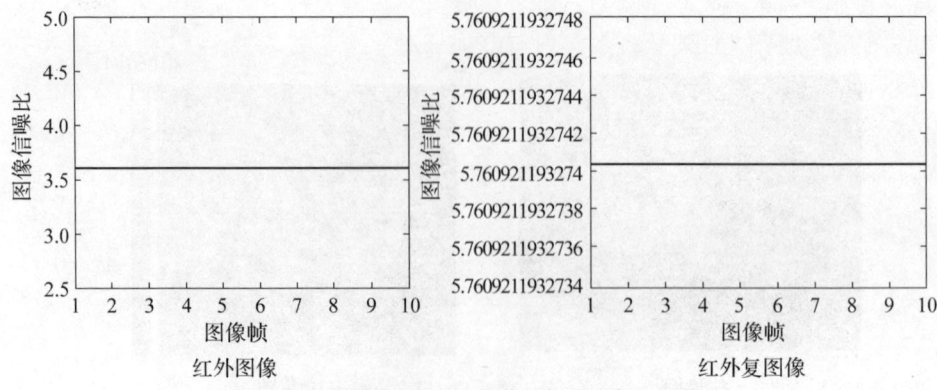

(e) 10帧红外图像与红外复图像的信噪比变化曲线

图 4.43　上侧子镜多帧红外图像与红外复图像对比

表 4.11　上侧子镜多帧累加相干探测性能分析

	图像	图像熵	对比度	信噪比/dB
红外相机图像	单帧红外图像	10.5838	0.1344	3.5831
	30 帧非相干加后的红外图像	10.5838	0.1344	3.5831
重构的红外复图像	单帧红外复图像	10.4430	0.3204	5.7609
	30 帧相干加后的红外复图像	10.4015	0.3601	6.1430
红外复图像幅度图	单帧红外复图像幅度图	10.4430	0.3204	5.7609
	30 帧非相干加后的红外复图像	10.4441	0.3190	5.7537

(4) 分析结论。

①基于激光本振相干探测，重构的红外复图像熵小于红外相机图像熵，其对比度大于红外相机图像对比度，且其单帧红外复图像信噪比相较于单帧红外相机图像信噪比要高约 2 倍；

②基于激光本振相干探测，重构的多帧红外复图像相干累积信噪比高于单帧红外复图像信噪比；

③重构的多帧红外复图像相干累积信噪比改善性能优于多帧红外复图像幅度图非相干累积。

3. 干涉相位相关性分析

基于三个子镜红外相机对距离 135m 靶标获得的红外复图像，第 1 帧左侧子镜红外复图像，以及不同帧红外复图像左侧和右侧、左侧和上侧的子镜间像面相位误差如图 4.44～图 4.47 所示。

实际数据处理结果和不同帧子镜间像面相位误差相关系数表明：

（1）在一定时间范围内，不同时刻子镜间干涉相位具有较高的相关系数，表明成像系统获取的相位具有稳定性；

（2）对静止目标，使用某个时刻子镜复图像估计的子镜间像面相位误差，用于实现其他时刻合成孔径成像处理的相位补偿，具有合理性；

（3）通过基线参数微调，可提高子镜间干涉相位的相关系数，表明成像系统的基线误差可通过软件补偿和校正。

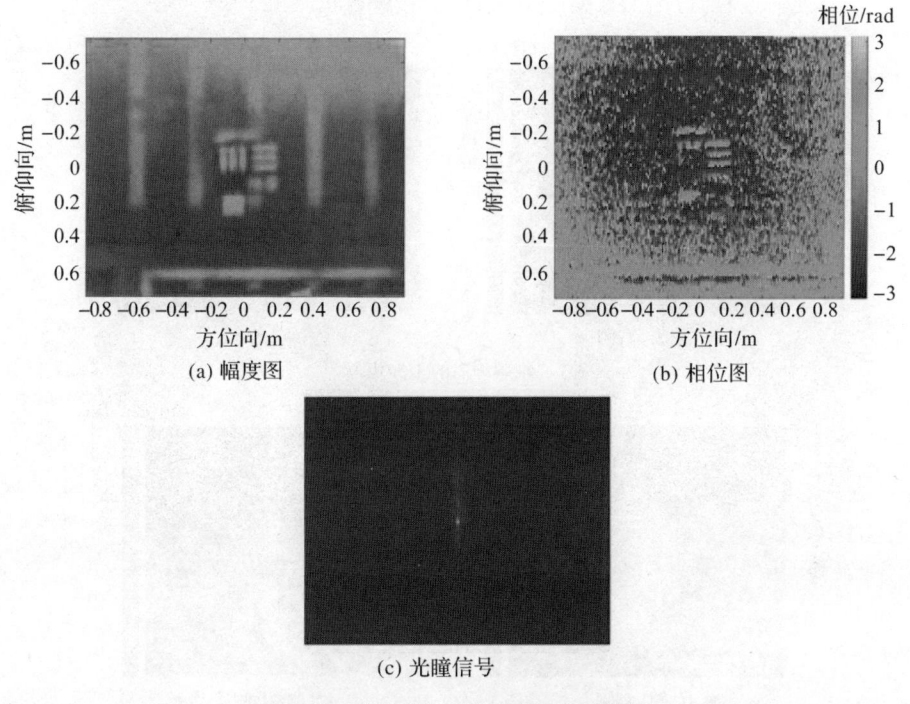

(a) 幅度图

(b) 相位图

(c) 光瞳信号

图 4.44 第 1 帧左侧子镜红外复图像

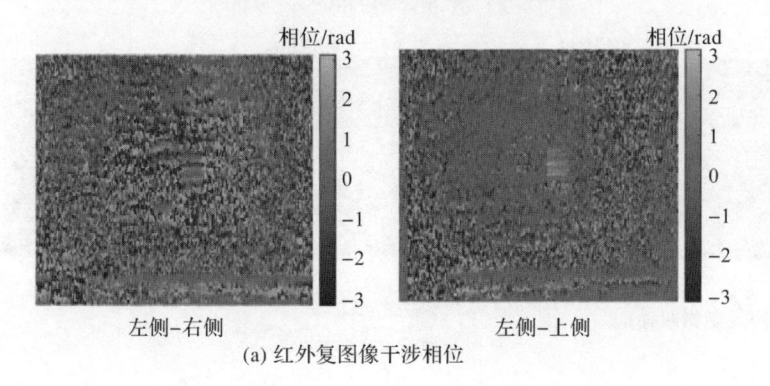

左侧-右侧

左侧-上侧

(a) 红外复图像干涉相位

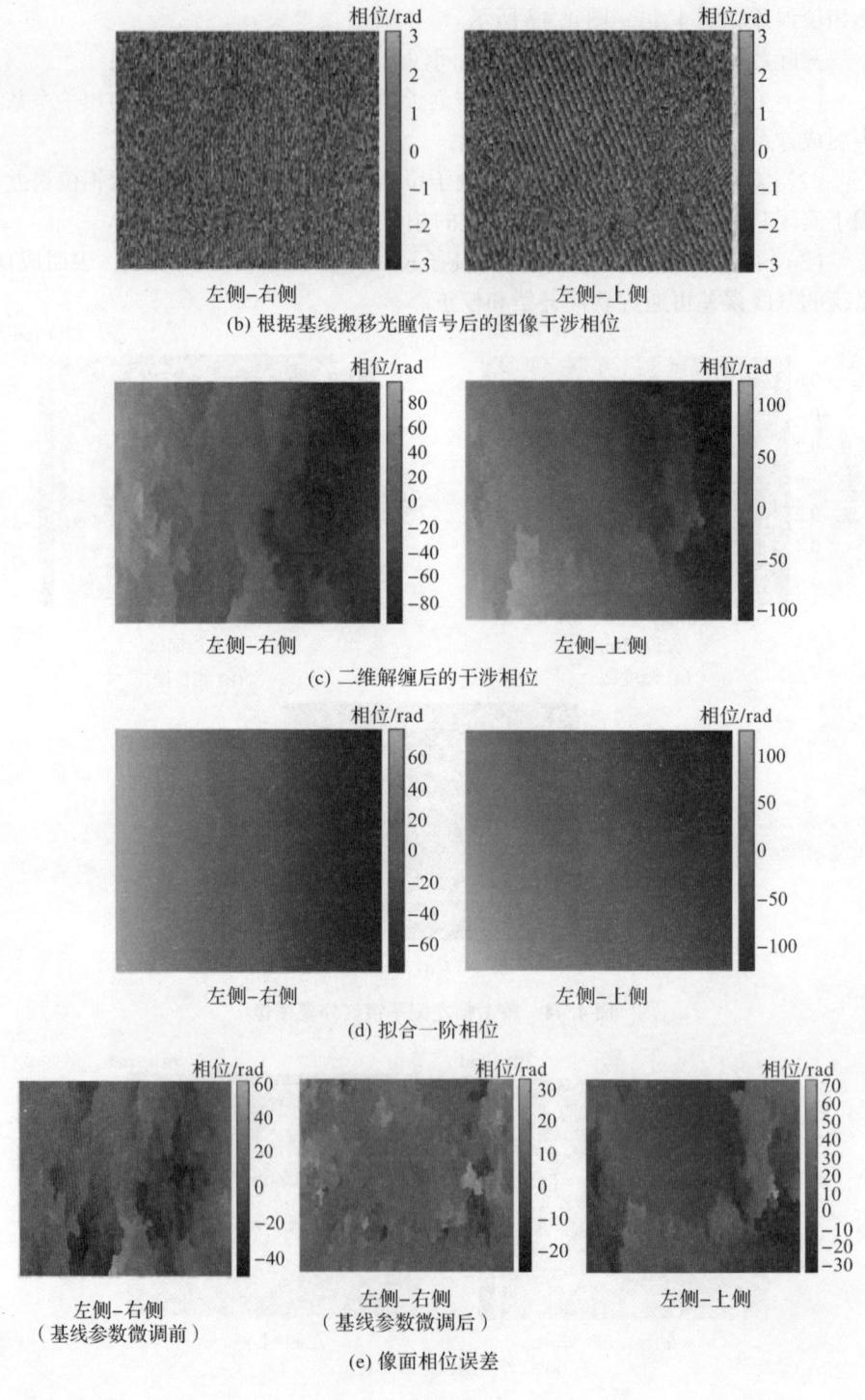

(b) 根据基线搬移光瞳信号后的图像干涉相位

(c) 二维解缠后的干涉相位

(d) 拟合一阶相位

左侧-右侧
（基线参数微调前）

左侧-右侧
（基线参数微调后）

左侧-上侧

(e) 像面相位误差

第 4 章　相干探测红外成像

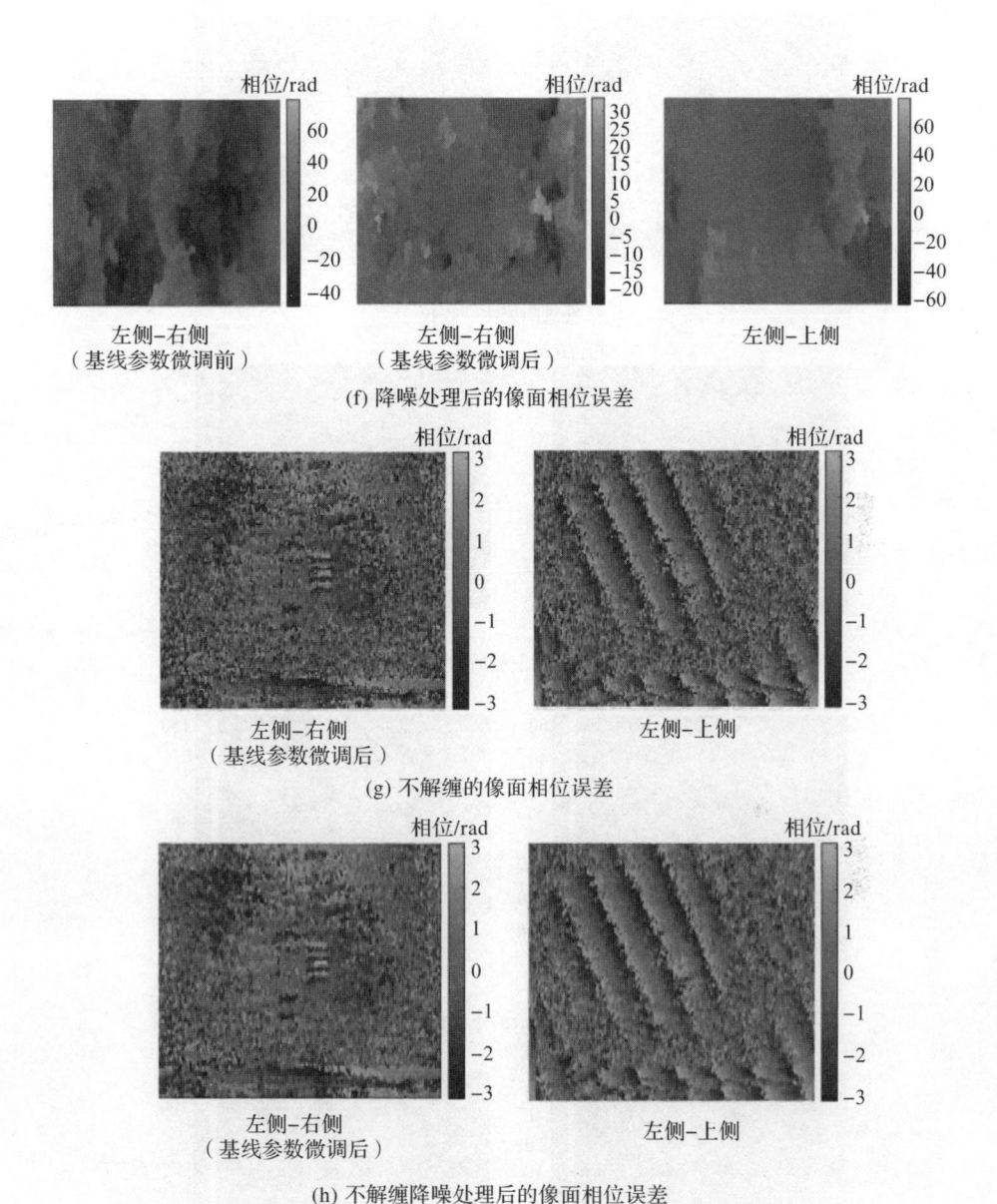

左侧-右侧
（基线参数微调前）

左侧-右侧
（基线参数微调后）

左侧-上侧

(f) 降噪处理后的像面相位误差

左侧-右侧
（基线参数微调后）

左侧-上侧

(g) 不解缠的像面相位误差

左侧-右侧
（基线参数微调后）

左侧-上侧

(h) 不解缠降噪处理后的像面相位误差

图 4.45　第 1 帧红外复图像干涉相位与像面相位误差

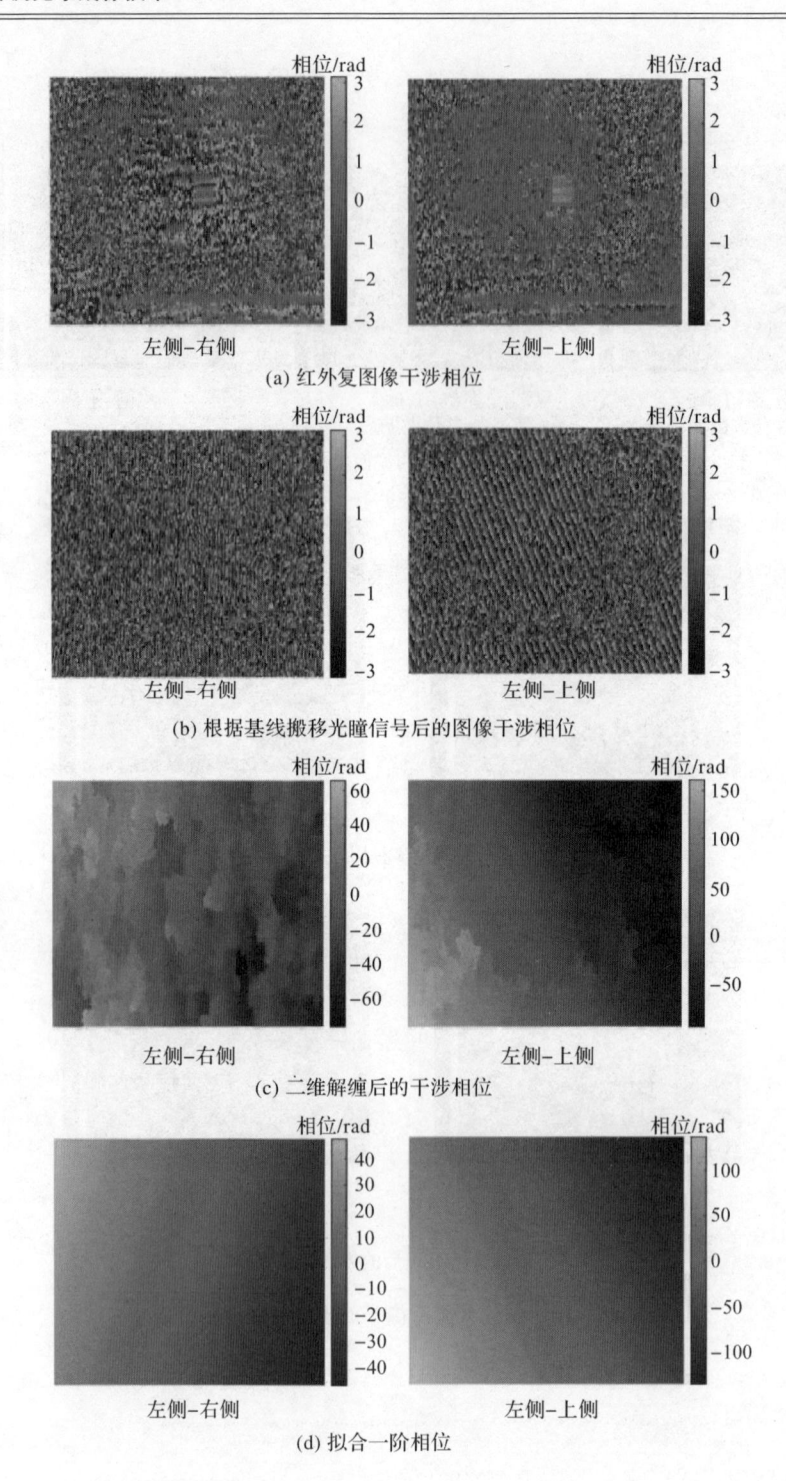

(a) 红外复图像干涉相位

(b) 根据基线搬移光瞳信号后的图像干涉相位

(c) 二维解缠后的干涉相位

(d) 拟合一阶相位

第 4 章 相干探测红外成像

左侧-右侧
（基线参数微调前）　　左侧-右侧
（基线参数微调后）　　左侧-上侧

(e) 像面相位误差

左侧-右侧
（基线参数微调前）　　左侧-右侧
（基线参数微调后）　　左侧-上侧

(f) 降噪处理后的像面相位误差

左侧-右侧（基线参数微调后）　　左侧-上侧

(g) 不解缠的像面相位误差

左侧-右侧（基线参数微调后）　　左侧-上侧

(h) 不解缠降噪处理后的像面相位误差

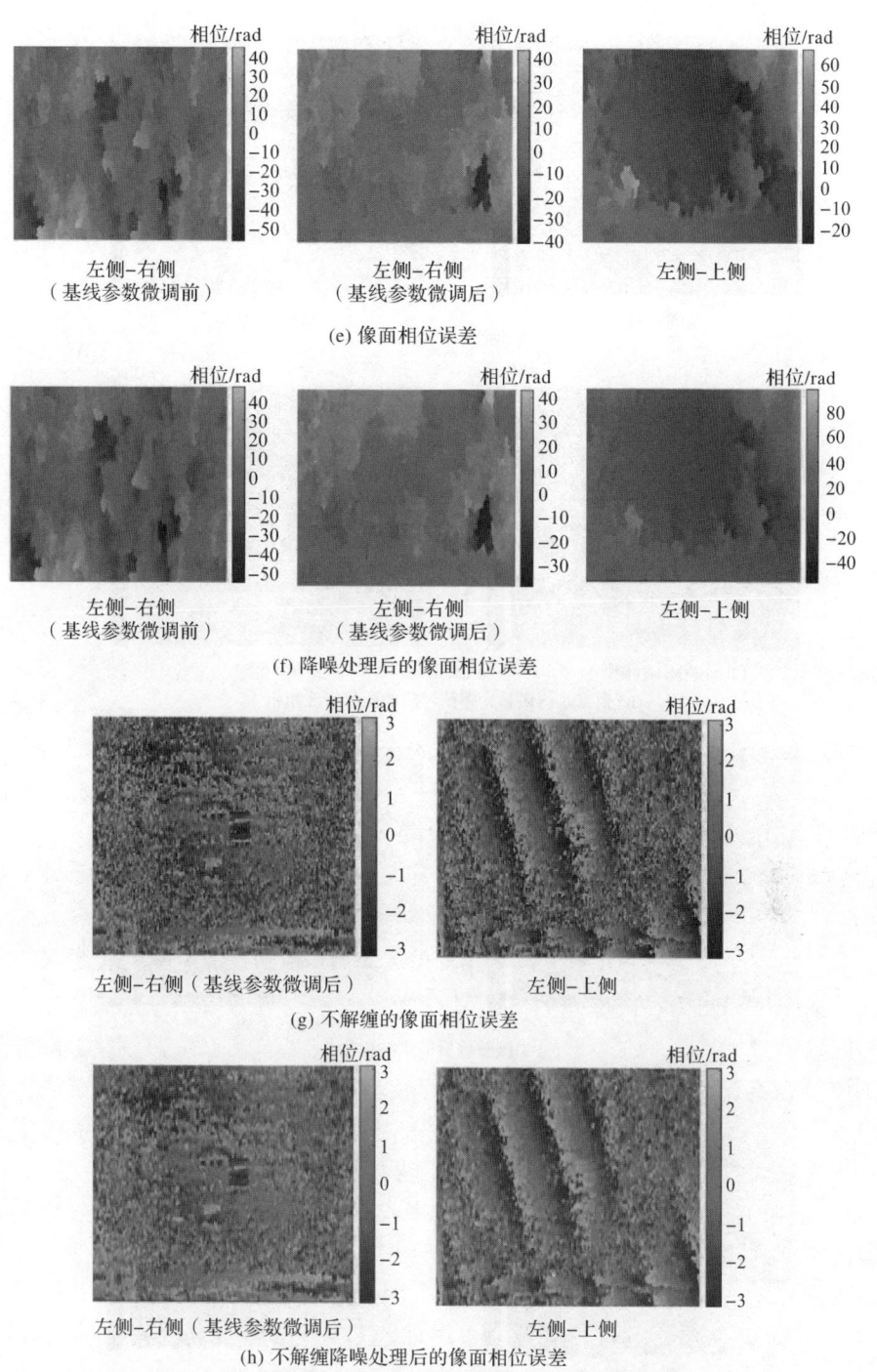

图 4.46　第 2 帧红外复图像干涉相位与像面相位误差

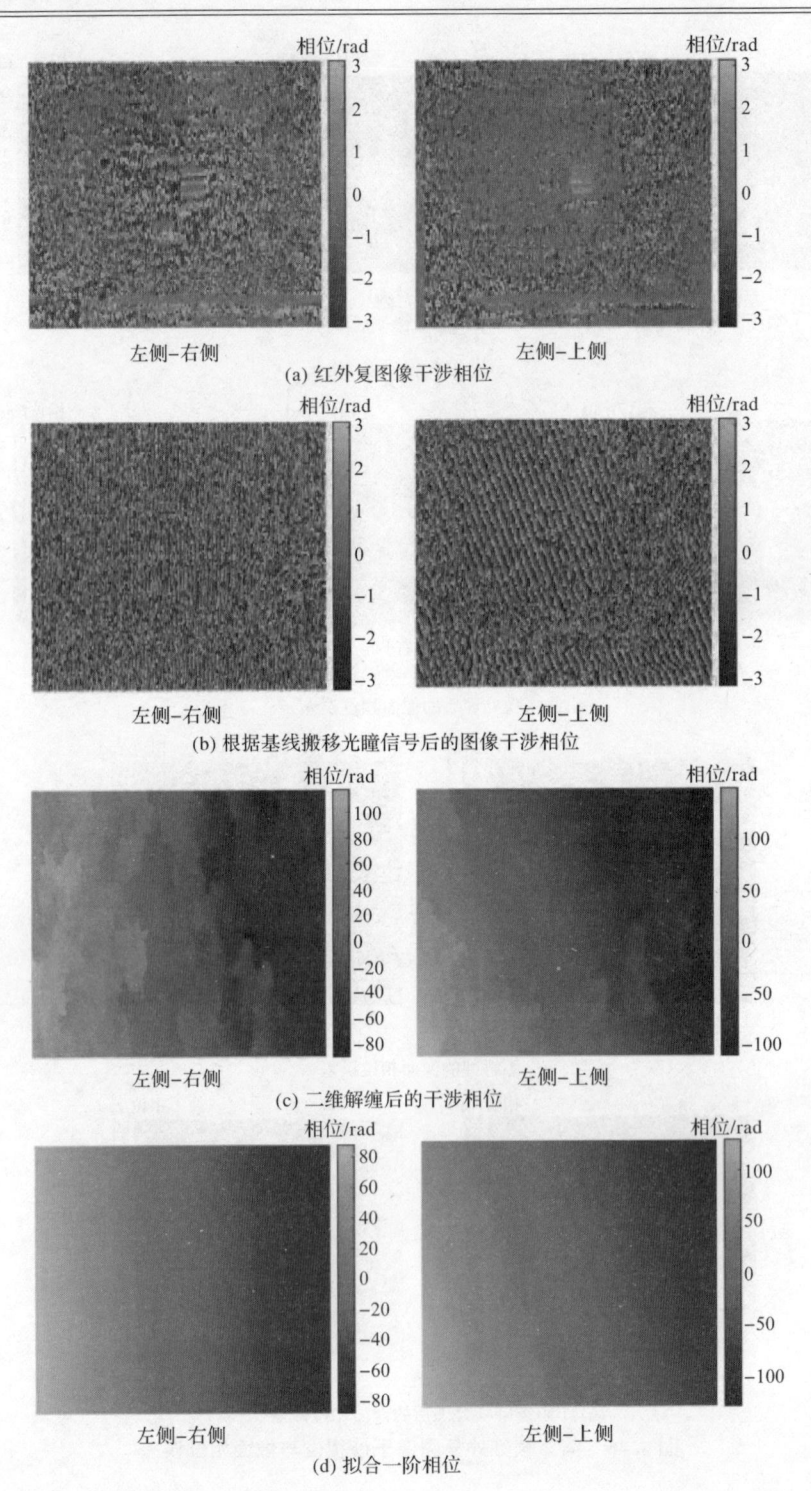

(a) 红外复图像干涉相位

(b) 根据基线搬移光瞳信号后的图像干涉相位

(c) 二维解缠后的干涉相位

(d) 拟合一阶相位

左侧–右侧（基线参数微调前） 左侧–右侧（基线参数微调后） 左侧–上侧

(e) 像面相位误差

左侧–右侧（基线参数微调前） 左侧–右侧（基线参数微调后） 左侧–上侧

(f) 降噪处理后的像面相位误差

左侧–右侧（基线参数微调后） 左侧–上侧

(g) 不解缠的像面相位误差

左侧–右侧（基线参数微调后） 左侧–上侧

(h) 不解缠降噪处理后的像面相位误差

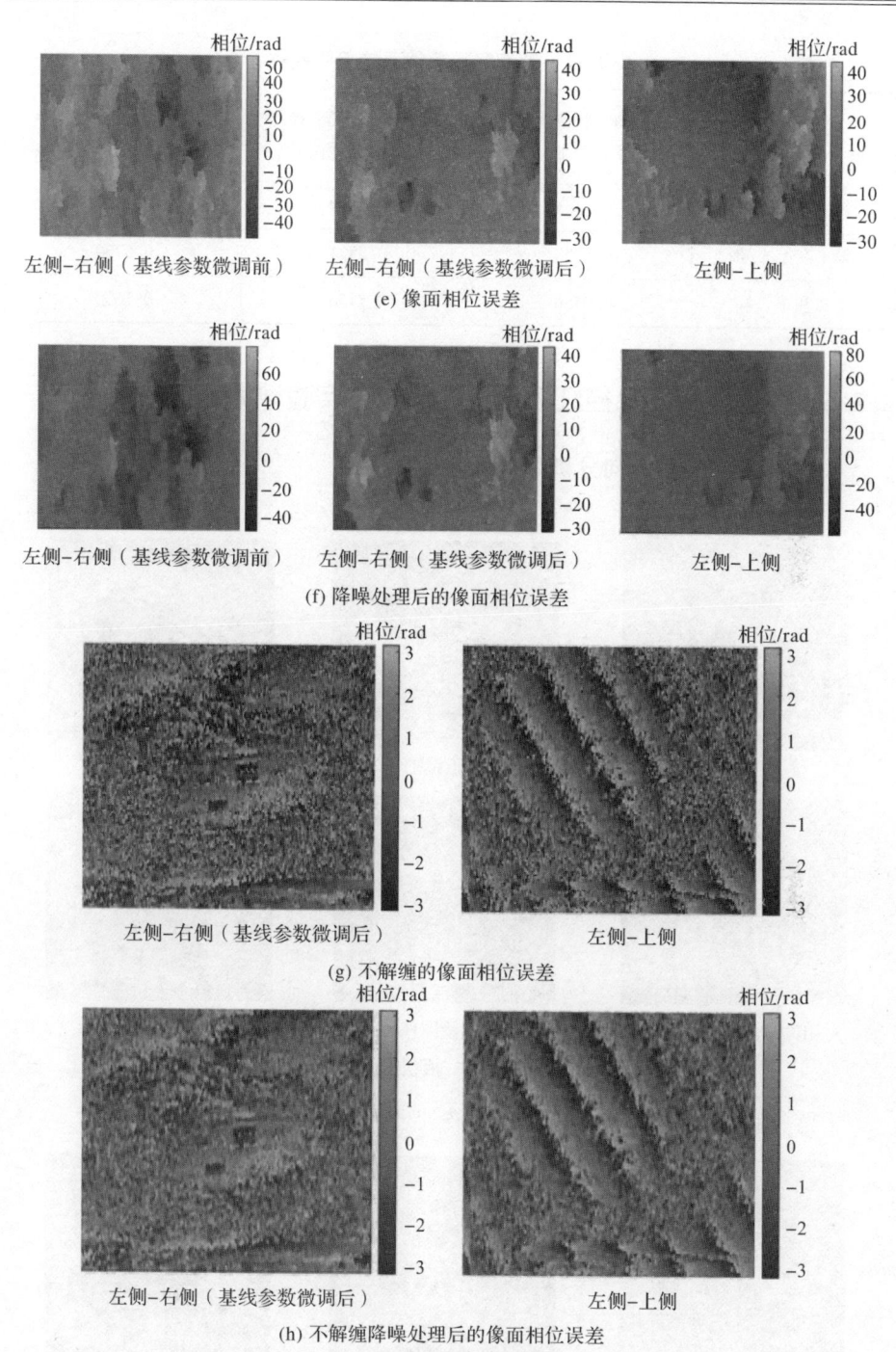

图 4.47 第 5 帧红外复图像干涉相位与像面相位误差

表 4.12 解缠降噪条件下的相关系数

相关系数	左侧-右侧子镜（基线参数微调前）	左侧-右侧子镜（基线参数微调后）	左侧-上侧子镜
第1和第2帧	0.0465	0.7119	0.5893
第1和第5帧	0.1833	0.5321	0.6750
第2和第5帧	0.0466	0.5156	0.7600

4.3.6 静止目标三孔径红外合成孔径成像实验数据处理

1. 重构复图像俯仰向分辨率降低分析

（1）相机原图。

(a) 左子镜图像　　(b) 右子镜图像　　(c) 上子镜图像

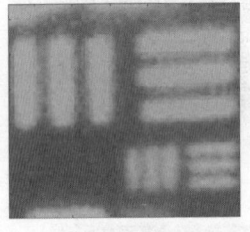

(d) 左子镜图像放大　　(e) 右子镜图像放大　　(f) 上子镜图像放大

图 4.48　相机原图

（2）相机原图俯仰向 1/4 低通滤波处理后图像。

(a) 左子镜图像　　(b) 右子镜图像　　(c) 上子镜图像

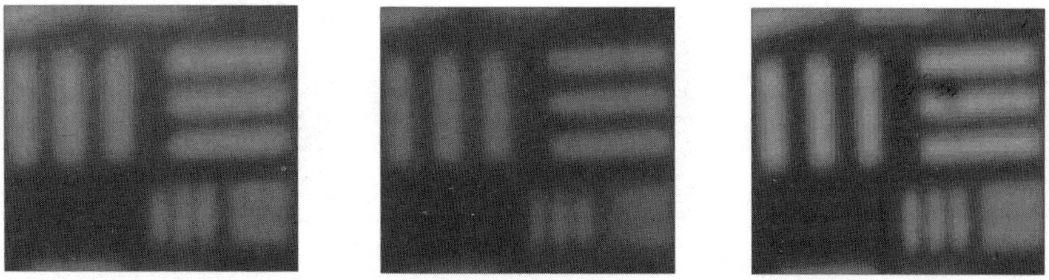

(d) 左子镜图像放大　　　　(e) 右子镜图像放大　　　　(f) 上子镜图像放大

图 4.49　相机原图俯仰向 1/4 低通滤波处理后图像

(3) 重构的复图像幅度图（等效相机原图俯仰向 1/4 低通滤波处理后的效果）。

(a) 左子镜图像　　　　　(b) 右子镜图像　　　　　(c) 上子镜图像

(d) 左子镜图像放大　　　　(e) 右子镜图像放大　　　　(f) 上子镜图像放大

图 4.50　重构的复图像幅度图

2. 线对靶标数据处理结果

基于三个子镜红外相机对距离 135m 大厦的靶标获得的红外复图像及其合成孔径成像结果如图 4.51～图 4.60 所示。

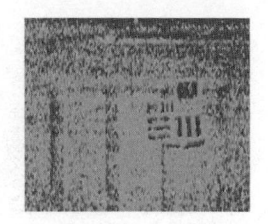

(a) 红外相机原图　　　　(b) 复图像幅度图　　　　(c) 复图像相位图

图 4.51　获取的红外相机原图及重构的复图像

(a) 左　　　　　　　(b) 右　　　　　　　(c) 上

(a) 三子镜对线对目标复图像幅度图

(a) 左　　　　　　　(b) 右　　　　　　　(c) 上

(b) 三子镜对线对目标复图像相位图

图 4.52　配准和共焦后的三子镜线对目标复图像

(a) 左　　　　　　　(b) 右　　　　　　　(c) 上

图 4.53　按子镜布局添加基线相位后的三子镜复图像相位

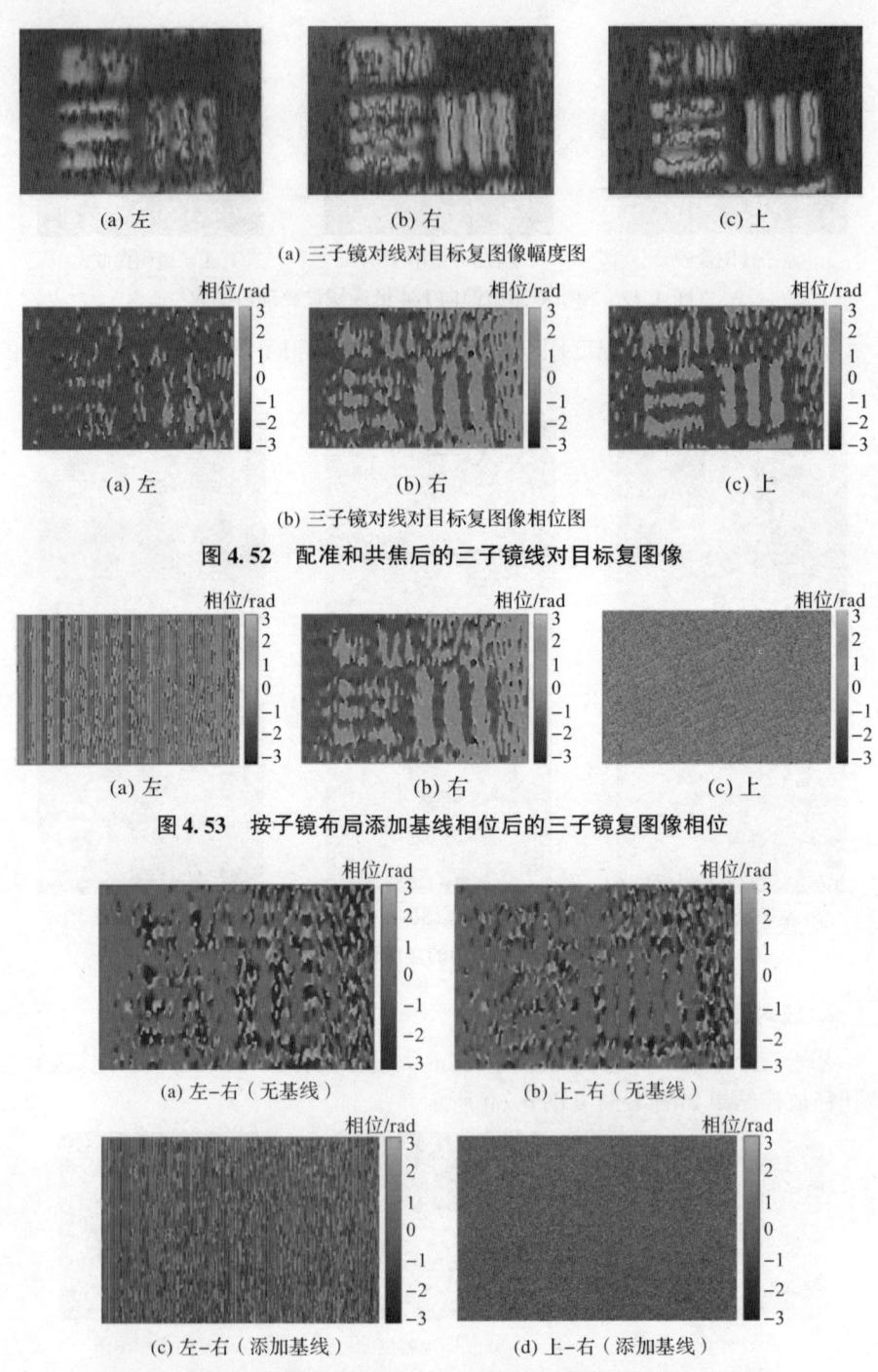

(a) 左-右（无基线）　　　　　　　(b) 上-右（无基线）

(c) 左-右（添加基线）　　　　　　　(d) 上-右（添加基线）

图 4.54　选定右子镜为参考的干涉相位及添加基线相位后的干涉相位

第4章 相干探测红外成像

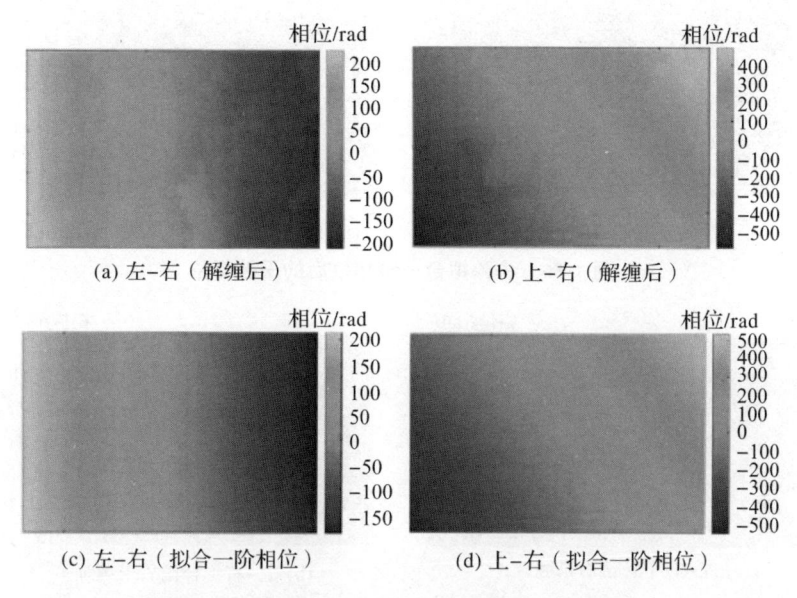

(a) 左-右（解缠后）

(b) 上-右（解缠后）

(c) 左-右（拟合一阶相位）

(d) 上-右（拟合一阶相位）

图4.55 解缠后的干涉相位及拟合的一阶相位

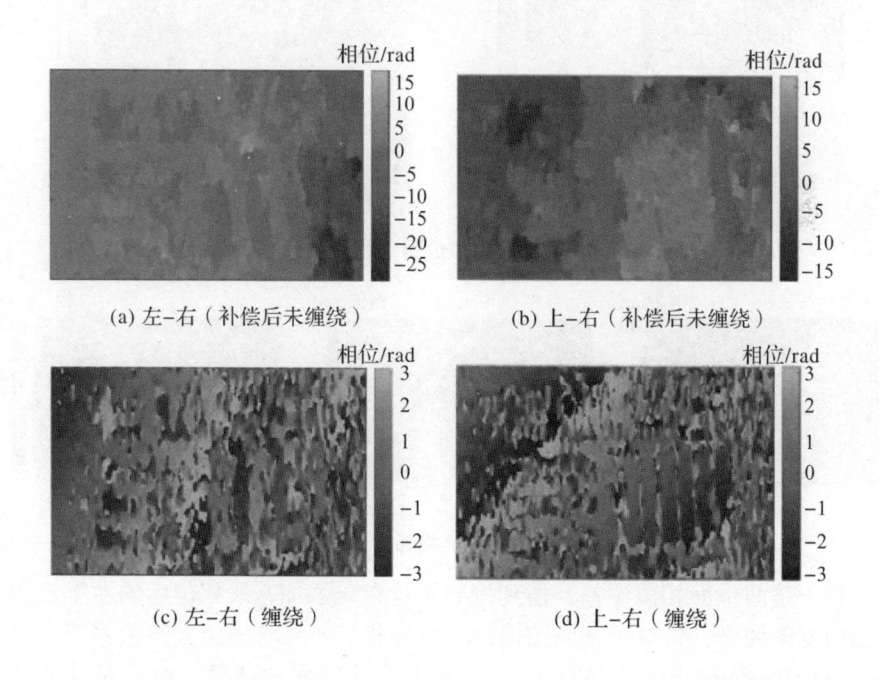

(a) 左-右（补偿后未缠绕）

(b) 上-右（补偿后未缠绕）

(c) 左-右（缠绕）

(d) 上-右（缠绕）

235

(e) 左-右（基线参数微调后缠绕）　　(f) 上-右（基线参数微调后缠绕）

图 4.56　去除拟合一阶相位后的干涉相位

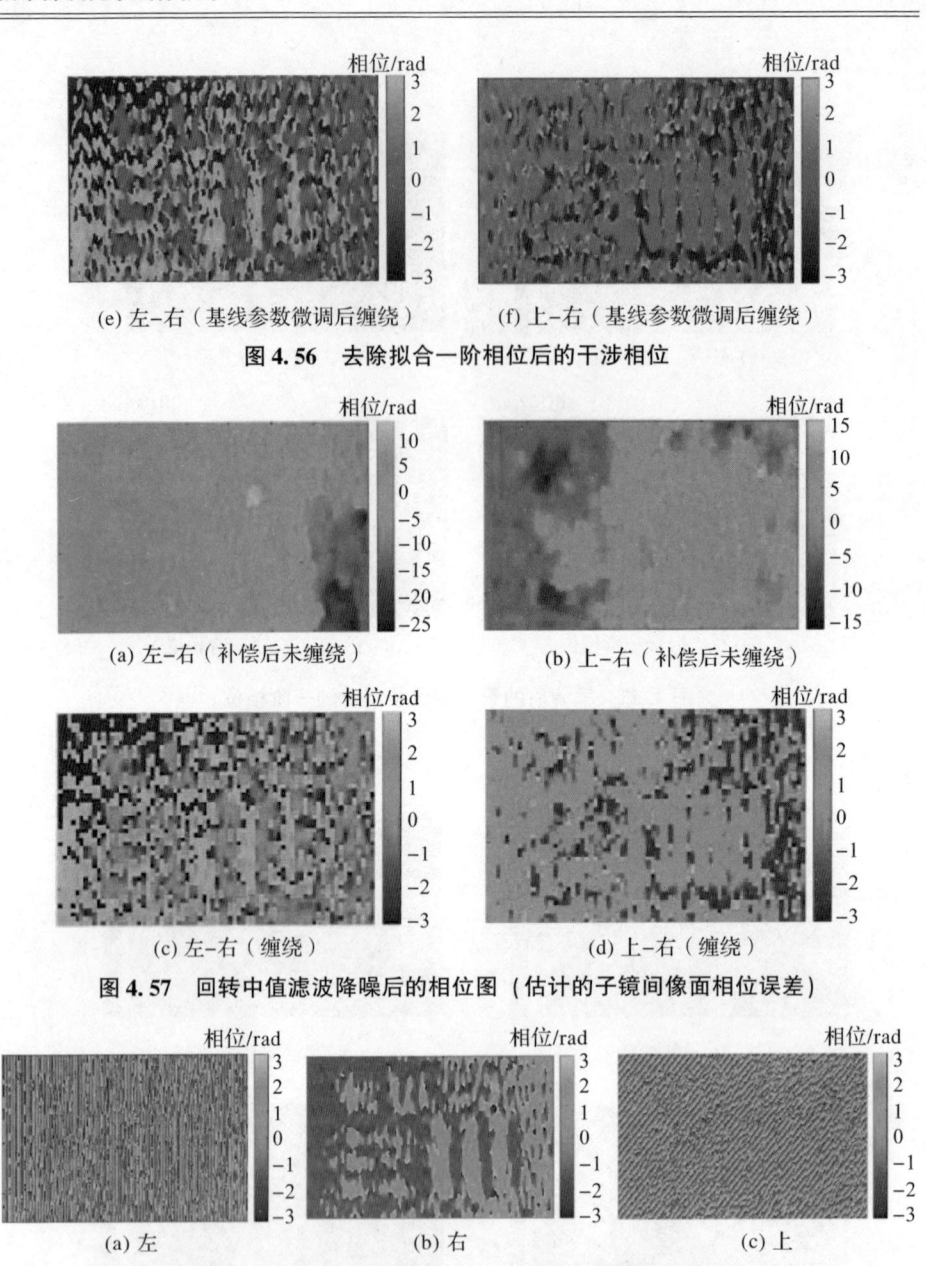

(a) 左-右（补偿后未缠绕）　　(b) 上-右（补偿后未缠绕）

(c) 左-右（缠绕）　　(d) 上-右（缠绕）

图 4.57　回转中值滤波降噪后的相位图（估计的子镜间像面相位误差）

(a) 左　　(b) 右　　(c) 上

图 4.58　子镜光瞳搬移至相邻位置后的复图像相位

将子镜间像面相位误差补偿到按照子镜布局添加基线相位后的左子镜和上子镜的复图像中，再对子镜复图像进行线性相位操作将子镜光瞳搬移至相邻位置（对应的子镜有效口径 50mm），形成合成孔径成像结果，然后通过子镜间的常数相位估计和补偿，进一步提高成像质量。在此过程中，根据拟合的一阶相位也可用来检查基线参数,该相位可用来检查基线参数,必要时对成像处理过程中的基线参数进行微调,并重新搬移光瞳信号。

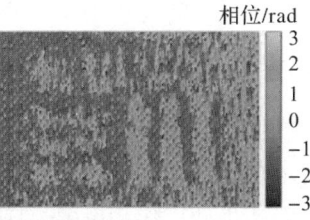

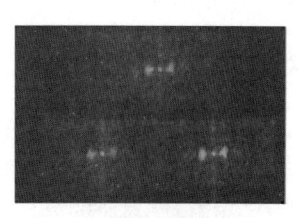

(a) 合成孔径复图像幅度图和相位图　　　　(b) 光瞳拼接情况

图 4.59　合成孔径复图像与对应的光瞳

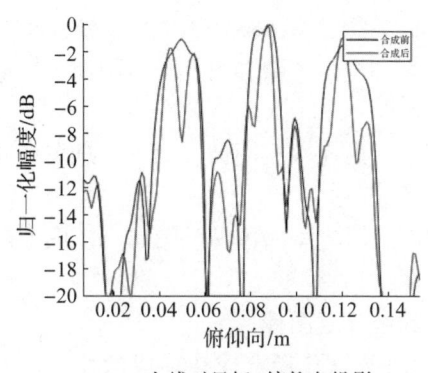

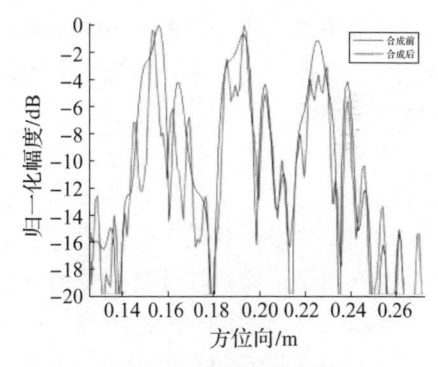

(a) 大线对目标-俯仰向投影
（分辨率提升2.75倍）

(b) 大线对目标方位向投影
（分辨率提升2.5倍）

(c) 小线对目标方位向投影
（分辨率提升2.33倍）

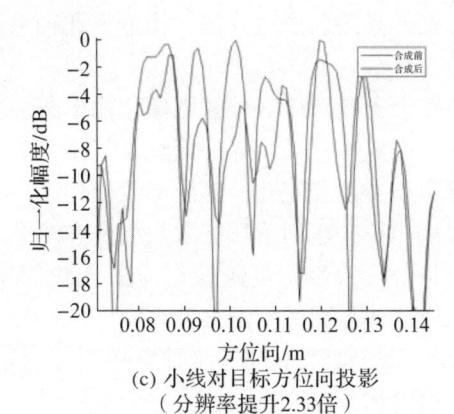

图 4.60　不同方向分辨率切片对比

因实验条件有限,实际数据处理过程中,选定某一时刻的子镜复图像估计子镜间像面相位误差,用于对其他时刻的子镜复图像进行像面相位误差补偿,由此验证该合成孔径成像方法的有效性。

以上合成孔径成像处理结果表明，合成孔径成像处理有效降低了红外复图像的熵，提高了红外复图像的对比度，且合成孔径图像分辨率较单孔径图像提升了2倍以上。

4.3.7　相对运动目标三孔径红外合成孔径成像实验数据处理

(1) 相对运动目标红外复图像形成算法的步骤如下。

①根据空间光调制器对激光本振的正交相位调制形式，将激光本振图像拆分为0°相位调制对应的第一激光本振图像和90°相位调制对应的第二激光本振图像；

②根据空间光调制器对激光本振的正交相位调制形式，将全息图像拆分为0°相位调制对应的第一全息图像和90°相位调制对应的第二全息图像；

③采用独立成分分析（Independent Component Analysis，ICA）算法，根据第一激光本振图像、第二激光本振图像、第一全息图像和第二全息图像，构造目标红外图像；

④根据二步相移数字全息原理，采用第一激光本振图像、第一全息图像和目标红外图像，构造红外复图像的实部图像；

⑤根据二步相移数字全息原理，采用第二激光本振图像、第二全息图像和目标红外图像，构造红外复图像的虚部图像；

⑥基于实部图像和虚部图像，构造得到红外复图像。

(2) 基于运动目标红外复图像形成算法的三孔径合成孔径成像算法步骤如下。

⑦根据运动目标红外复图像形成算法，构造三孔径系统中每个子镜对应的红外复图像；

⑧三孔径系统中每个子镜对应红外复图像均位于图像域，每个红外复图像由二维傅里叶逆变换至空间采样域，并形成红外复图像对应的光瞳信号；

⑨根据所述目标距离参数和三孔径系统参数，构造与每个子镜红外复图像对应的空间采样域线性相位、空间采样域常数相位和图像域线性相位；

⑩三孔径系统中每个子镜红外复图像对应的光瞳信号乘以空间域线性相位，实现多个子镜对应红外复图像的配准处理；

⑪三孔径系统中每个子镜红外复图像对应的光瞳信号乘以空间域常数相位，使光瞳信号的相位同相；

⑫三孔径系统中每个子镜红外复图像对应的光瞳信号经二维傅里叶变换处理，变换至图像域，形成子镜对应红外复图像；

⑬三孔径系统中每个子镜红外复图像乘以图像域线性相位，对每个子镜红外复图像对应的光瞳信号进行平移处理；

⑭将红外复图像配准处理、空间采样域常数相位补偿处理、光瞳信号平移、子镜间常数相位估计和补偿处理后的多个子镜对应红外复图像相干累加，形成三孔径系统的高分辨率合成孔径成像结果。

在红外阵列探测器积分时间设置为10ms的条件下，形成的单帧全息图像和多帧叠加全息图如图4.61所示。

(a) 单帧全息图　　　(b) 20帧叠加全息图　　　(c) 40帧叠加全息图

图4.61　单帧全息图像和多帧叠加全息图

红外相机像元尺寸为20um，镜头焦距约为500mm，像元角分辨率为40urad，150m处子镜复图像分辨率为6mm（方位）×24mm（俯仰），合成孔径分辨率为3mm（方位）×12mm（俯仰）。像元规模为320（俯仰向）×256（方位向）的红外相机在135m距离处的视场约为1.73m（俯仰向）×1.38m（方位向）。红外相机设置帧率为100f/s，并连续拍摄了40帧全息图，红外靶标在全息图中向方位向负方向运动约240个像元，即成像系统所在平台在0.4s内转动9.6mrad（0.55°），平均转速约为0.024rad/s（1.4°/s）。

与静止目标合成孔径成像不同，成像系统在采集多帧全息图的同时，无法获取连续相对运动目标的红外信号强度图像。为解决该问题，本节采用ICA算法，该算法输入拆分后的全息图，两个全息图分别对应激光本振的0°相位调制和90°相位调制，经算法处理后输出全息图对应的连续相对运动目标红外信号强度图的估计结果。将红外靶标作为连续相对运动目标，其实际数据处理如图4.62所示。

(a) 激光本振0°相位　　　(b) 激光本振90°相位　　　(c) 红外信号强度图
　　调制对应的全息图　　　　　调制对应的全息图

图4.62　相对运动目标红外信号强度图像估计

根据基线参数，通过子镜复图像线性相位操作，将对应光瞳信号搬移至子镜布局位置后，子镜间干涉相位经解缠和拟合处理后形成一阶拟合相位，该相位可用来检查基线参数，必要时对成像处理过程中的基线参数进行微调，并重新搬移光瞳信号。再对子镜复图像进行线性相位操作将子镜光瞳搬移至相邻位置（对应的子镜有效口径 50mm），形成合成孔径成像结果，然后通过子镜间的常数相位估计和补偿，进一步提高成像质量。

　　实际数据经裁剪后，根据以上处理方法，连续相对运动目标的单个子镜对应红外复图像与子镜间常数相位补偿后的三孔径合成孔径成像结果如图 4.63 ~ 图 4.67 所示。

(a) 幅度图　　　　(b) 相位图　　　　(c) 光瞳信号

图 4.63　单孔径对应红外复图像

(a) 左侧-右侧子镜干涉相位　　(b) 左侧-上侧子镜干涉相位

图 4.64　子镜间干涉相位

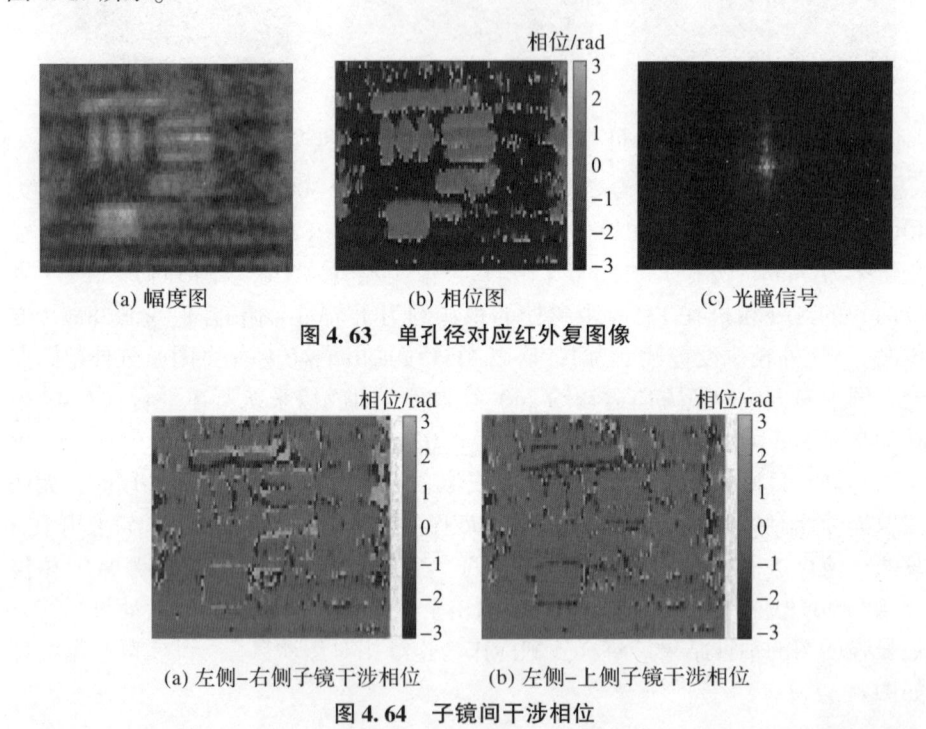

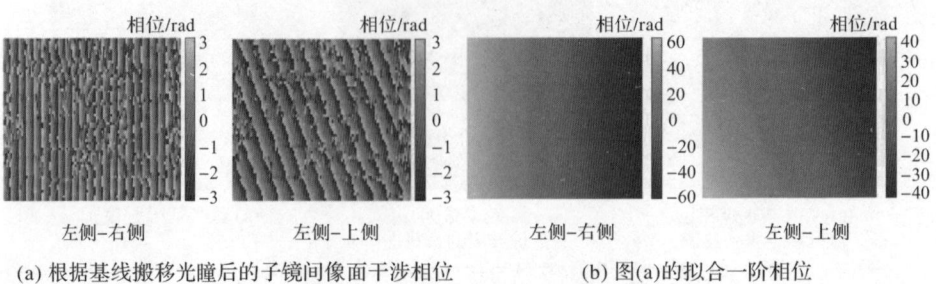

(a) 根据基线搬移光瞳后的子镜间像面干涉相位　　(b) 图(a)的拟合一阶相位

第 4 章 相干探测红外成像

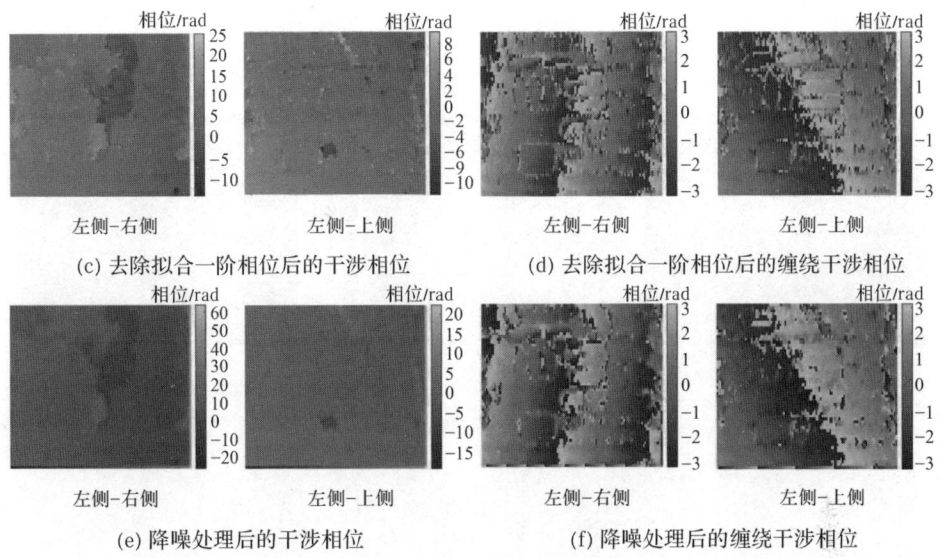

左侧-右侧　　　左侧-上侧　　　左侧-右侧　　　左侧-上侧

(c) 去除拟合一阶相位后的干涉相位　　(d) 去除拟合一阶相位后的缠绕干涉相位

左侧-右侧　　　左侧-上侧　　　左侧-右侧　　　左侧-上侧

(e) 降噪处理后的干涉相位　　(f) 降噪处理后的缠绕干涉相位

图 4.65 根据基线搬移光瞳后的子镜间干涉相位及其拟合一阶相位

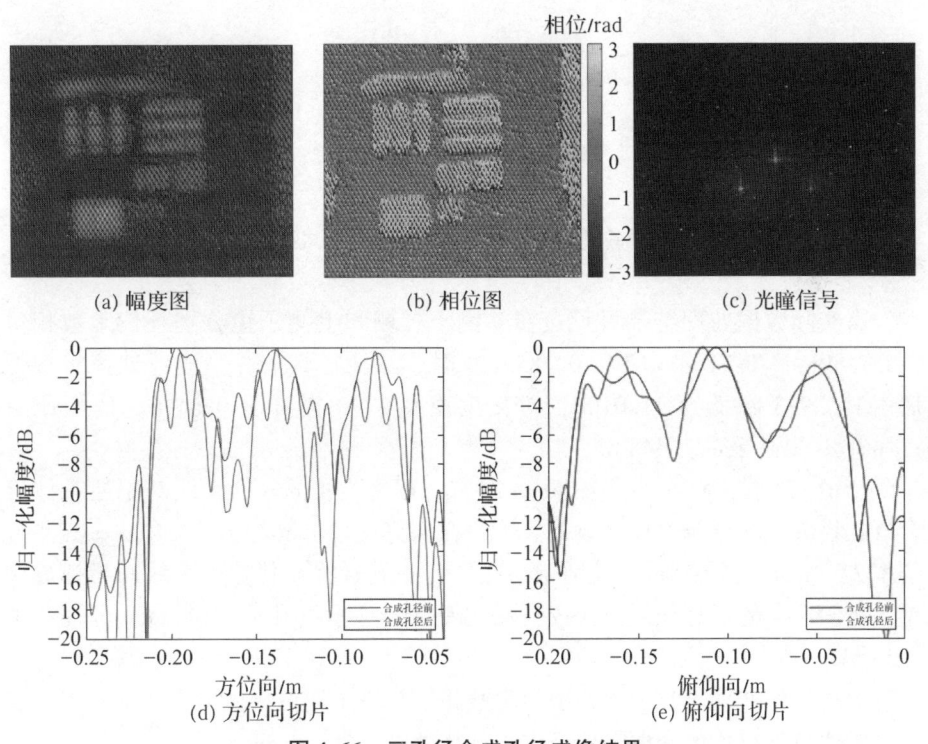

(a) 幅度图　　(b) 相位图　　(c) 光瞳信号

(d) 方位向切片　　(e) 俯仰向切片

图 4.66 三孔径合成孔径成像结果

241

(a) 幅度图　　(b) 相位图　　(c) 光瞳信号

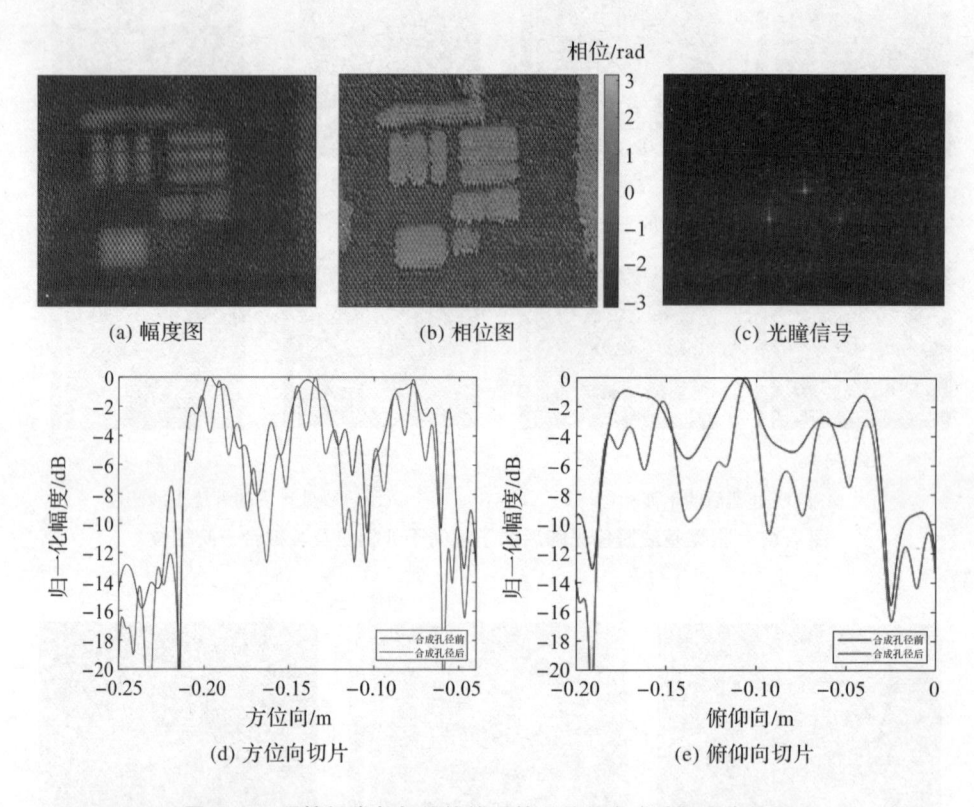

(d) 方位向切片　　(e) 俯仰向切片

图4.67　子镜间常数相位补偿后的三孔径合成孔径成像结果

由实际数据处理结果可见，在左侧、右侧和上侧子镜分别补偿常数相位 -2.7489rad、0.7854rad 和 -0.7854rad 时，三孔径合成孔径成像处理将图像熵由 11.3973 降低至 11.0100，对比度由 0.3780 提升至 0.6416，信噪比由 8.1661dB 提高至 12.6448dB。

子镜在方位向的分辨率在 6mm 左右，宽度为 12mm 的大线对不便于评价合成孔径成像的分辨率提升效果。子镜在俯仰向的计算分辨率 24mm，实测分辨率 27.9mm。以 50mm 子镜有效口径进行三孔径光瞳拼接，大线对目标成像结果在俯仰向的切片如下，合成孔径成像将分辨率提升至 11.8mm，即提高了 2.36 倍。

上述成像处理过程中的子镜间常数相位估计采用遍历搜索方法，并以合成孔径成像结果对比度和信噪比最大为优化准则。

4.4 小结

本章研究了基于相干探测的红外综合孔径与稀疏阵列红外合成孔径成像技术，并对相干探测红外成像原理和方法进行了分析，且分别对其进行了实验系统设计和验证。

红外综合孔径成像方法和实验验证了激光本振相干探测红外干涉成像方法的有效性。由于综合孔径成像是干涉成像的一种实现方式，而干涉成像是光学合成孔径成像的基础，该实验也验证了相干探测红外合成孔径成像的可行性。相对于传统光学成像系统，该系统成像处理可在计算机中用软件实现，可减少系统硬件复杂度，其稀疏布局的特点使得系统尺寸和重量大幅减少。本章光纤扩束准直器结构原理样机基线较长，使得其近场条件下不模糊视场较小，未来在远场条件下，可通过在内视场设置多平衡探测器结构，减小基线长度，扩大不模糊视场。多通道综合孔径红外成像方法对形成新体制大口径天文观测望远镜和科学仪器具有重要意义。

稀疏阵列红外合成孔径成像方法仿真与三孔径红外合成孔径成像实验表明，在阵列低稀疏度的情况下，阵列随机布局与压缩感知重构方法均可减少因稀疏孔径造成的图像副瓣影响，尤其适用于目标场景较为稀疏的条件下。在阵列高稀疏度的情况下，可通过相干探测复图像在数字域进行处理，以多子镜光瞳拼接尺寸实现合成孔径，在适当降低分辨率提升的幅度下，减少图像副瓣影响。

本章实验使用现有直接阵列探测器结合空间光路混频实现相干探测，传统直接探测器积分电路的存在，可大幅减少探测器数据量，但积分对相干探测也有一定影响。激光本振条件下探测器信号动态范围较小，后续可考虑将探测器改造成平衡探测结构；与此同时，为在数字域实施合成孔径成像，对探测器像面相位误差一致性也要进行控制。为相干探测红外成像，研制新的激光本振红外相干阵列探测器具有重要意义。

参考文献

[1] 周程灏,王治乐,朱峰. 大口径光学合成孔径成像技术发展现状[J]. 中国光学, 2017, 10(01): 25-38.

[2] 胡斌,李创,相萌,等. 可展开空间光学望远镜技术发展及展望[J]. 红外与激光工程, 2021, 50(11):347-362.

[3] 詹虎. 载人航天工程巡天空间望远镜大视场多色成像与无缝光谱巡天[J]. 科学通报,2021,66(11):1290-1298.

[4] 王锟,王博甲,许博谦,等.在轨组装式空间望远镜光机结构关键技术[J]. 航天器工程, 2024, 33(05):110-117.

[5] HALE D D S, BESTER M, DANCHI W C, et al. The berkeley infrared spatial interferometer: A heterodyne stellar interferometer for the mid-infrared[J]. Astrophysical Journal, 2000, 537(2):998-1012.

[6] WISHNOW E H, MALLARD W, RAVI V, et al. Mid-Infrared interferometry with high spectral resolution[C]//Optical and Infrared Interferometry II. SPIE. San Diego, California, United States: Society of Photo-Optical Instrumentation Engineers (SPIE), 2010.

[7] FINN T. The Heterodyne Instrument for the Far Infrared-An Instrument for the Herschel Space Observatory[J]. Proceedings of Science, 2008:8.

[8] FARRAH D, SMITH K E, ARDILA D, et al. Far-Infrared instrumentation and technological development for the next decade[J]. Journal of Astronomical Telescopes, Instruments, and Systems, 2019, 5(2):020901-020901.

[9] KALTENEGGER L, FRIDLUND M. Characteristics of proposed 3 and 4 telescope configurations for Darwin and TPF-I[J]. Proceedings of the International Astronomical Union, 2005, 1(C200):255-258.

[10] 李道京,周凯,郑浩,等. 激光本振红外光谱干涉成像及其艇载天文应用展望(特邀)[J]. 光子学报, 2021, 50(02):9-20.

[11] 薛永,苗俊刚,万国龙. 8mm波段二维综合孔径微波辐射计(BHU-2D)[J]. 北京航空航天大学学报, 2008(09):1020-1023.

[12] 何宝宇,吴季. 二维综合孔径微波辐射计圆环结构天线阵及其稀疏方法[J]. 电子学报, 2005(09):1607-1610.

[13] 李春来,张洪波,朱新颖. 深空探测 VLBI 技术综述及我国的现状和发展[J]. 宇航学报, 2010, 31(8):1893-1899.

[14] 李道京,吴疆,周凯,等. 天基6.5m衍射综合孔径红外射电望远镜[J]. 激光与光电子学进展, 2023, 60(10):285-292.

[15] 魏小峰. 光学合成孔径系统成像性能优化与分析[D].郑州:解放军信息工程大学, 2015.

[16] 刘肖尧. 辐射状多子镜稀疏孔径阵列成像性能研究[D].南京:南京邮电大学, 2020.

[17] 赵娟,王大勇,万玉红,等. 光学稀疏孔径成像系统复合阵列设计的仿真研究[J]. 光子学报, 2009, 38(08):1967-1971.

[18] 李烈辰,李道京,黄平平. 基于变换域稀疏压缩感知的艇载稀疏阵列天线雷达实孔径成像[J]. 雷达学报, 2016, 5(01):109-117.

[19] BROWN A J. Equivalence relations and symmetries for laboratory, LIDAR, and planetary Müeller matrix scattering geometries[J]. JOSA A, 2014, 31(12):2789-2794.

[20] BROWN A J, MICHAELS T I, BYRNE S, et al. The case for a modern multiwavelength, polarization-sensitive LIDAR in orbit around Mars[J]. Journal of Quantitative Spectroscopy and Radiative Transfer, 2015, 153:131-143.

［21］ 周凯,李道京,王烨菲,等. 衍射光学系统红外光谱目标探测性能[J]. 红外与激光工程,2021,50(08):168-175.

［22］ 王海涛,朱永凯,蔡佳慧,等. 光学综合孔径望远镜的 UV 覆盖和孔径排列的研究[J]. 光学学报,2009,29(04):1112-1116.

［23］ 吴疆,李道京,崔岸婧,等. 星载 10m 合成孔径相干成像望远镜和波前估计[J]. 光子学报,2023,52(01):21-34.

［24］ 丁鹭飞,耿富录,陈建春. 雷达原理[M]. 6 版. 北京:电子工业出版社,2020.

［25］ 石光明,刘丹华,高大化,等. 压缩感知理论及其研究进展[J]. 电子学报,2009,37(05):1070-1081.

［26］ 彭华峰,陈鲸,张彬. 天基光电望远镜极限星等探测能力研究[J]. 光电工程,2007,(08):1-5.

［27］ CUI A J, LI D J, WU J, et al. Complex image reconstruction and synthetic aperture laser imaging for moving targets based on direct-detection detector array[J]. Optics Express,2024,32(7):12569-12586.

作者简介

李道京：男，1964年生。1986年和1991年在南京理工大学分别获通信与电子系统专业工学学士和硕士学位。1986年至2006年在西安电子工程研究所从事地面雷达的研制工作。2003年7月在西北工业大学电路与系统专业获工学博士学位，同年10月进入中国科学院电子学研究所通信与信息工程专业做博士后，2006年3月出站正式进入中国科学院电子学研究所工作。现任中国科学院空天信息创新研究院微波成像全国重点实验室研究员、博士生导师，主要研究方向为雷达系统和信号处理，近年研究工作集中在微波和光学成像前沿交叉技术。已经发表学术论文160余篇，出版专著6部，获得授权发明专利30余项。

崔岸婧：女，1997年生。2020年在西安电子科技大学获得电子信息工程专业工学学士学位，2020年至2025年在中国科学院大学攻读博士学位，研究方向为阵列探测器合成孔径激光成像方法。

高敬涵：男，1997年生。2020年在大连海事大学获得通信工程专业工学学士学位，2020年至2025年在中国科学院大学攻读博士学位，研究方向为衍射光学系统激光雷达技术。

吴疆：男，1999年生。2020年在中国地质大学（武汉）获得通信工程专业工学学士学位，2020年至2025年在中国科学院大学攻读博士学位，研究方向为相干探测红外信号处理技术。